AF261715

LEÇONS

D'OPTIQUE GÉOMÉTRIQUE

A L'USAGE

DES ÉLÈVES DE MATHÉMATIQUES SPÉCIALES,

PAR

E. WALLON,

ANCIEN ÉLÈVE DE L'ÉCOLE NORMALE SUPÉRIEURE,
PROFESSEUR AU LYCÉE JANSON-DE-SAILLY.

PARIS,

GAUTHIER-VILLARS, IMPRIMEUR-LIBRAIRE
DU BUREAU DES LONGITUDES, DE L'ÉCOLE POLYTECHNIQUE,
Quai des Grands-Augustins, 55.

1900

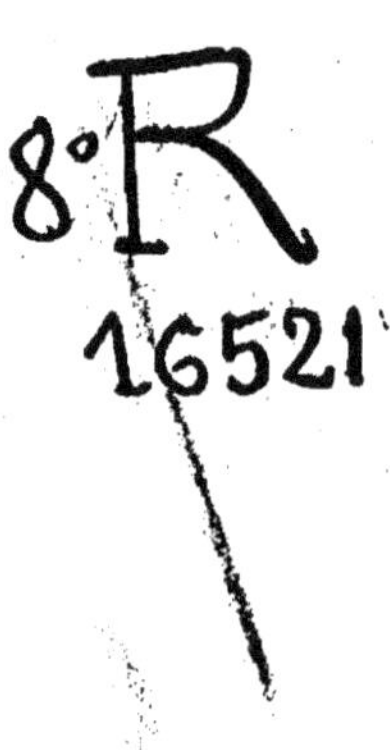

LEÇONS
D'OPTIQUE GÉOMÉTRIQUE.

PARIS. — IMPRIMERIE GAUTHIER-VILLARS,

26413   Quai des Grands-Augustins, 55.

LEÇONS

D'OPTIQUE GÉOMÉTRIQUE

A L'USAGE

DES ÉLÈVES DE MATHÉMATIQUES SPÉCIALES,

PAR

E. WALLON,

ANCIEN ÉLÈVE DE L'ÉCOLE NORMALE SUPÉRIEURE,
PROFESSEUR AU LYCÉE JANSON-DE-SAILLY.

PARIS,

GAUTHIER-VILLARS, IMPRIMEUR-LIBRAIRE
DU BUREAU DES LONGITUDES, DE L'ÉCOLE POLYTECHNIQUE,
Quai des Grands-Augustins, 55.

—

1900

PRÉFACE.

En publiant ces *Leçons d'Optique géométrique*, professées au Lycée Janson-de-Sailly, je suis heureux de donner satisfaction au vœu que mes élèves m'avaient exprimé avec une affectueuse et flatteuse insistance.

Ils mettaient d'ailleurs à ma disposition des notes très complètes ; et les cahiers de cours de l'un d'entre eux, M. C. Polart, que je dois remercier ici tout particulièrement, ont souvent abrégé pour moi le travail de rédaction.

Aussi bien n'étaient-ils pas tous, en quelque façon, mes collaborateurs ? Par leurs questions, leurs objections parfois, plus simplement par leurs hésitations et leurs doutes, dénonçant le manque de rigueur dans un raisonnement ou le défaut de clarté dans une démonstration, les élèves ont sur l'enseignement de leur maître une influence pour ainsi dire journalière. Si, pendant cette période longue déjà de quinze années, mes Leçons ont pu gagner en rigueur, en clarté, en méthode, j'ai conscience d'en être, pour une grande part, redevable à ceux qui les ont suivies : leur action a comme continué celle des maîtres auprès desquels j'avais pris le goût de ces études d'Optique, et auxquels je garde une profonde reconnaissance, Bertin et Ad. Martin.

Je ne pouvais donc pas me refuser à entreprendre un travail qu'ils croyaient pouvoir être utile à eux-mêmes et à leurs successeurs.

J'ai reproduit mon Cours tel qu'il a été professé ; je n'y ai rien voulu ajouter, et j'ai même isolé, sous forme de Compléments, les questions que je traite, en conférences, pour les seuls candidats à l'École Normale.

Je souhaite que cette publication puisse rendre service à mes élèves, à leurs camarades et à tous ceux qu'intéressent les problèmes de l'Optique géométrique.

E. WALLON.

Septembre 1899.

LEÇONS
D'OPTIQUE GÉOMÉTRIQUE.

CHAPITRE I.

PROPAGATION DE LA LUMIÈRE.

1. Sources de lumière. — Nous appelons *source de lumière* tout corps qui produit sur notre œil la sensation lumineuse, soit qu'il émette réellement de la lumière, soit qu'il renvoie simplement celle qu'il reçoit lui-même d'autres corps.

Nous appelons *point lumineux* une source dont les dimensions sont négligeables par rapport à la distance où nous la considérons, et qui envoie de la lumière dans toutes les directions.

2. Propagation rectiligne de la lumière. — L'observation nous montre que la lumière se propage même dans le vide, puisque nous voyons les astres à travers le vide interplanétaire, puisque aussi nous voyons les objets à travers le vide barométrique; et qu'elle se propage en ligne droite, car si nous admettons dans une chambre noire, par une petite ouverture, un pinceau de lumière solaire, ce pinceau, facilement visible à cause des poussières qu'il éclaire sur son passage, affecte la forme d'un cône à bords très nets.

Nous appelons *rayon lumineux* toute droite suivant laquelle se propage de la lumière.

3. Corps opaques, transparents, translucides. — Nous appelons *opaque* un corps qui, interposé entre une source lumineuse et notre œil, nous empêche de recevoir d'elle aucune lumière; un

W.   1

corps est dit *translucide* qui, dans les mêmes conditions, laisse de la lumière parvenir à notre œil, mais sans nous permettre de distinguer la forme et la position exactes de la source. Enfin les corps *transparents* sont ceux qui nous laissent voir les objets placés derrière eux.

4. Ombres et pénombres. — Quand un corps opaque est devant une source de lumière, il empêche les rayons qu'elle émet de pénétrer dans une certaine portion de l'espace; c'est ce qu'on appelle la *région d'ombre*.

Si nous supposons d'abord la source lumineuse de dimensions négligeables, elle sera invisible de tout point situé, derrière le corps opaque, à l'intérieur du cône ayant son sommet au point lumineux et ses génératrices tangentes au corps opaque : elle sera visible de tout point extérieur à ce cône, qui sépare ainsi l'espace en deux régions, l'une d'ombre, l'autre de lumière.

Si, au contraire, la source lumineuse présente des dimensions appréciables, c'est trois régions que nous aurons à distinguer : dans la première, aucun rayon lumineux partant de la source ne peut parvenir : c'est la région d'ombre; de tout point qui s'y trouve compris, la source est complètement invisible. Pour un point de la seconde, les rayons lumineux ne sont interceptés qu'en partie, et la source est partiellement visible : c'est la région de pénombre. La troisième enfin, région de pleine lumière, comprend les points où peuvent arriver librement tous les rayons lumineux venant de la source.

Si, pour fixer les idées, nous considérons deux sphères S et S', la première étant la source de lumière et la seconde le corps opaque, les trois régions seront délimitées par les cônes ayant pour génératrices, le premier, ou cône d'ombre, les tangentes communes extérieures, le second, ou cône de pénombre, les tangentes communes intérieures aux deux sphères.

Si, d'ailleurs, c'est la source qui a le plus petit diamètre (*fig.* 1), les deux cônes, derrière le corps opaque, vont en s'ouvrant indéfiniment; la région de pénombre est l'espace annulaire qu'ils comprennent entre eux.

Quand, au contraire, la source est la sphère de plus grand diamètre (*fig.* 2), le cône d'ombre a son sommet derrière le corps

opaque; seule, sa première nappe appartient à la région d'ombre
qui, par conséquent, n'est plus indéfinie. Quant à la seconde
nappe, elle fait partie de la région de pénombre : d'un point tel

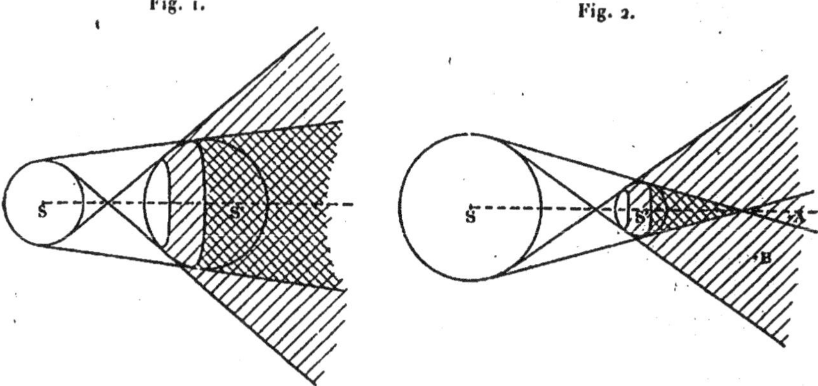

que A, qui s'y trouve placé, on peut voir les portions marginales
de la source, qui apparaît comme un anneau lumineux, anneau
régulier si le point A est sur la ligne des centres, irrégulier dans le
cas contraire. D'un point tel que B, placé entre les cônes d'ombre
et de pénombre, on voit la source sous la forme d'un croissant
dont l'étendue augmente à mesure qu'on s'éloigne du cône
d'ombre.

Sur le corps opaque lui-même, les cercles de contact des deux
cônes délimitent deux calottes d'ombre et de pleine lumière et
une zone de pénombre.

C'est à cet ordre de phénomènes que se rattachent les éclipses
de Soleil et de Lune. Lorsque la Lune est entre la Terre et le
Soleil, le cône d'ombre de la Lune peut, suivant la distance relative
de la Terre et de la Lune, atteindre la surface de notre globe soit
par sa première, soit par sa seconde nappe, mais toujours au voisinage du sommet; de sorte qu'il n'intéresse jamais qu'une étendue
assez restreinte, pour laquelle il y a dans le premier cas éclipse
totale, dans le second cas éclipse annulaire de Soleil; pour les
points atteints par le cône annulaire de pénombre, il y a éclipse
partielle.

Quand, au contraire, la Terre passe entre le Soleil et la Lune,
c'est toujours par sa première nappe que le cône d'ombre de la

4

Terre atteint la Lune; mais l'ombre portée par la Terre peut couvrir de façon complète ou incomplète le disque lunaire; il y a alors éclipse de Lune, totale ou partielle.

5. Formation des images par petite ouverture. — Quand on interpose entre un écran et une source de lumière, de dimensions appréciables, une lame opaque percée d'une petite ouverture, on voit se former sur l'écran une image renversée de la source.

Si celle-ci au contraire est réduite à un point, c'est la forme de l'ouverture que reproduit la tache lumineuse formée sur l'écran.

La loi de propagation rectiligne de la lumière suffit à justifier la formation de ces images.

Des rayons émanés d'un point lumineux P (*fig.* 3), l'ouverture laisse passer un pinceau conique, et celui-ci éclaire sur l'écran une

Fig. 3.

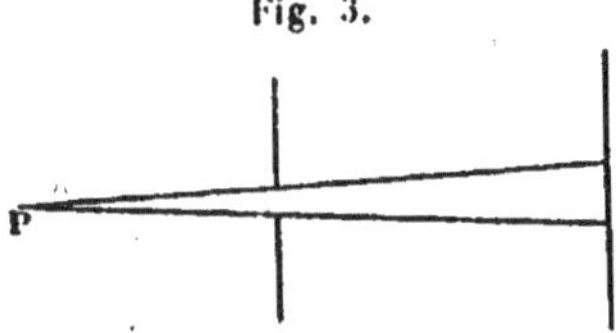

tache dont la forme est, de façon générale, liée à celle de l'ouverture, et lui est semblable si la lame et l'écran sont parallèles.

Lorsque, au contraire, la source a une certaine étendue, si c'est, ar exemple, une bande lumineuse AB (*fig.* 4), chacun de ses

Fig. 4.

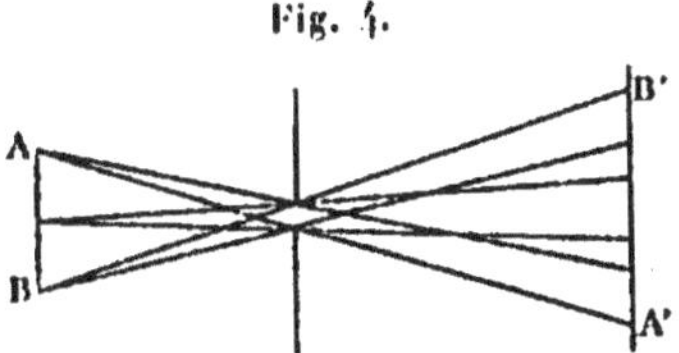

points fournit un pinceau semblable : les pinceaux se croisent à l'ouverture, qu'ils ont comme section commune, et donnent sur l'écran des taches qui empiètent les unes sur les autres. L'ensemble de ces taches élémentaires constitue alors une figure dont la forme, indépendante de celle de l'ouverture, reproduit celle de la source, et, de façon plus précise, est semblable à la projection de la source sur un plan parallèle à l'écran.

La netteté est fort mauvaise; on peut l'améliorer, en même temps qu'on diminue l'éclairement, en réduisant la surface de l'ouverture. Mais la netteté ne peut être ainsi indéfiniment augmentée : on se trouve bientôt en présence de phénomènes nouveaux, qui viennent singulièrement compliquer le problème, et qui se trouvaient masqués lorsque l'ouverture était relativement grande.

Si nous prenons, en effet, une source de lumière sensiblement réduite à un point, et si nous diminuons progressivement l'ouverture, nous remarquons que la tache ne décroît pas en étendue au delà d'une certaine limite, et un examen attentif au moyen d'appareils grossissants nous montre qu'elle présente un aspect assez complexe : autour d'une région centrale, éclairée, nous pouvons constater la présence d'une série d'anneaux concentriques, alternativement sombres et brillants; ces phénomènes se rattachent à ce qu'on appelle la *diffraction;* ils sont dus à ce que, si la lumière se propage en ligne droite, comme nous l'avons constaté, elle peut suivre aussi, en dehors de la ligne droite, des chemins brisés, qui s'en écartent d'ailleurs extrêmement peu.

Les phénomènes de diffraction jouent un rôle considérable dans l'étude approfondie des instruments d'optique. Nous allons montrer très sommairement comment la théorie actuellement admise sur la nature de la lumière rend compte du mode de propagation qui leur donne naissance.

6. Notions sommaires sur la théorie des ondulations. — On admet qu'un point lumineux est le siège d'un mouvement vibratoire extrêmement rapide, qui, à partir de ce point, se propage dans tous les sens, et avec la même vitesse suivant toutes les directions si le milieu ambiant est homogène, et n'est pas constitué par un corps cristallisé dans un système autre que le système cubique.

La propagation d'un mouvement vibratoire exigeant l'intervention d'un milieu élastique qui le transmette, et la lumière se propageant même dans le vide, on a été forcé d'admettre que la transmission a lieu ici par l'intermédiaire d'un fluide échappant à nos moyens de pondération, fluide existant dans tous les corps, et même dans ce que nous appelons le vide : c'est l'*éther.*

On nomme *longueur d'onde* l'espace que parcourt, pendant la durée d'une oscillation complète de la source, chacune des vi-

tesses vibratoires successivement communiquées par cette source
à l'éther qui l'environne. Si n est le nombre d'oscillations complètes qu'exécute en une seconde le point lumineux, si λ est la
longueur d'onde, et si V est la vitesse de propagation de la lumière,
nous avons évidemment entre ces trois quantités la relation

$$V = n\lambda.$$

Au bout d'un temps quelconque t, une même vitesse du mouvement vibratoire se trouve transmise à tous les points d'une même
sphère ayant comme centre le point lumineux ; c'est la *surface de
l'onde ;* tous ses points sont ébranlés, au même instant, de façon
identique.

La surface de l'onde est donc sphérique ; mais, à une distance
assez grande du point lumineux, un élément de cette surface peut
être regardé comme plan.

Considérons à un moment donné la surface MM' de l'onde
(*fig.* 5), dans une position intermédiaire entre la source lumineuse S

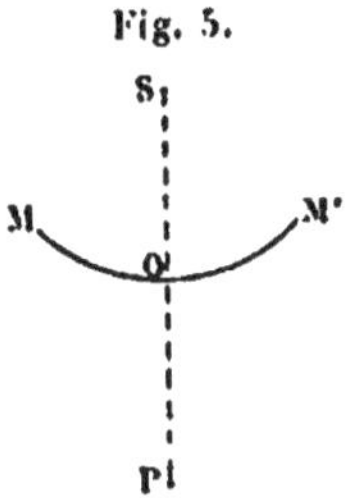
Fig. 5.

et un point éclairé P : tous ses points doivent être regardés comme
des centres d'ébranlement secondaires, identiques entre eux. Tous
enverront donc de la lumière au point P ; mais comme ils en sont
séparés par des distances différentes, les vitesses égales qu'ils envoient à P y arrivent après avoir parcouru des chemins inégaux
et par conséquent à des époques différentes : de sorte qu'à un
même instant les vitesses vibratoires reçues par P des divers points
de MM' sont des vitesses parties du point S à des époques différentes ; elles ne correspondent pas à une même phase du mouvement vibratoire, sont par conséquent discordantes et se détruisent
mutuellement pour partie ; le calcul, en tenant compte de la longueur des chemins parcourus, montre que seules les parties très

voisines du point O, où la direction SP coupe la surface de l'onde, envoient utilement de la lumière au point P.

C'est ce qu'on appelle le *principe d'Huyghens*.

La théorie des ondulations justifie donc la loi de propagation rectiligne de la lumière; mais elle permet de prévoir aussi, puisque la portion utile de l'onde n'est pas rigoureusement réduite au point O, que la lumière puisse, pour aller d'un point à un autre, s'écarter un peu de la ligne droite; qu'elle puisse, par exemple, contourner un obstacle de très petites dimensions placé entre S et P; il suffit que, couvrant le point O et les points immédiatement voisins, cet écran cependant ne masque pas de façon complète la portion de la surface d'onde qui envoie utilement de la lumière au point P.

Inversement, Fresnel, complétant le principe d'Huyghens, a montré que chaque élément de la surface d'onde n'envoie utilement de la lumière que dans une direction normale, du côté opposé à la source : de sorte que l'ébranlement parti des divers points de l'onde au temps t se trouve transmis, au temps $t + \theta$, sur la surface enveloppant les sphères décrites des divers points de l'onde avec un rayon égal à $V\theta$. Si le milieu reste homogène et identique à lui-même, et que par conséquent V ne change pas, les surfaces successives de l'onde seront ainsi des sphères concentriques, de rayon croissant. Si, au contraire, la lumière subit soit des réflexions, soit des réfractions, la surface de l'onde cesse en général d'être sphérique.

C'est le principe des *ondes enveloppes*.

Nous pouvons maintenant donner du rayon lumineux une définition plus générale en disant que c'est une ligne constamment normale aux surfaces successives de l'onde lumineuse.

CHAPITRE II.

PHOTOMÉTRIE.

7. Formule de Bouguer. — La Photométrie a pour but la mesure et l'évaluation numérique des quantités de lumière, en dehors d'ailleurs de toute hypothèse sur la nature de la lumière.

Elle repose sur l'équation fondamentale de Bouguer.

Celle-ci peut être établie par voie expérimentale, en partant de la notion des éclairements égaux, la seule qui nous soit immédiatement fournie par le sens de la vue.

Lorsque les deux moitiés d'une même surface, ou bien deux surfaces identiques, observées dans des conditions identiques, produisent sur notre œil la même sensation lumineuse, nous disons que ces deux surfaces sont également éclairées.

De même, lorsqu'une surface, observée pendant un certain temps, produit sur notre œil une sensation lumineuse qui ne se modifie pas, nous disons que l'éclairement de cette surface est constant.

De là, nous pouvons passer à la notion de quantités de lumière égales, en disant que deux surfaces également éclairées reçoivent, par unité de surface, la même quantité de lumière, et qu'une surface dont l'éclairement est constant reçoit, par unité de surface et dans des temps égaux, des quantités de lumière égales.

Nous appellerons source constante une source qui, placée devant une surface, dans une position invariable, y produit un éclairement constant. On peut réaliser une telle source au moyen d'une lampe où brûle à l'air libre, dans des conditions bien déterminées, et avec un débit constant, un corps de composition définie et donnant une combustion complète, comme l'acétate d'amyle, par exemple; cette lampe étant placée à poste fixe derrière un diaphragme dont l'ouverture, limitant une petite portion de la flamme, est garnie d'un verre dépoli, nous pouvons considérer l'ouverture comme constituant une source constante dont la position et l'orientation sont parfaitement définies.

Nous placerons (*fig.* 6) une de ces lampes, soit L_4, en face d'un écran A_4 d'assez petites dimensions et assez éloignée pour

Fig. 6.

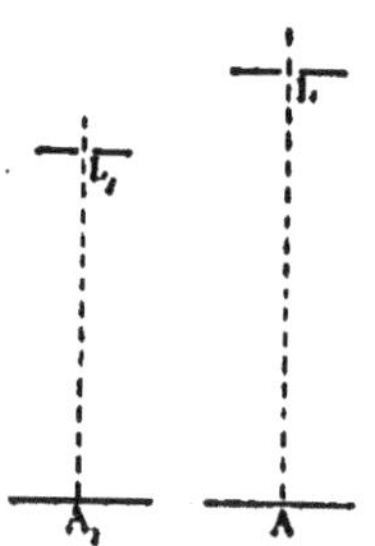

que nous puissions considérer comme parallèles les droites allant d'un point de la source aux divers points de l'écran — et inversement — et pour que l'éclairement nous paraisse uniforme; et nous laisserons invariable ce système.

A côté de ce premier écran, et dans le même plan, nous en disposerons un second, A, semblable, que nous éclairerons au moyen d'une seconde lampe L; dans celle-ci, nous pourrons faire varier l'ouverture du diaphragme, mais de façon à connaître toujours la surface de cette ouverture, qui restera semblable à elle-même et gardera constamment le même centre. Nous utiliserons, par exemple, la disposition indiquée par M. Cornu : le diaphragme (*fig.* 7) est formé de deux lames glissant l'une sur l'autre et

Fig. 7.

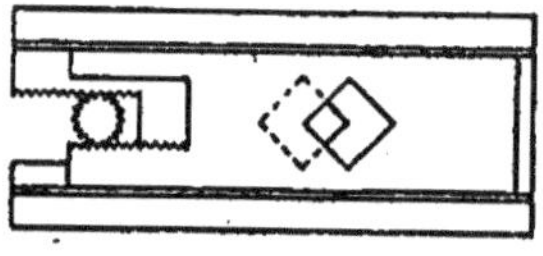

percées d'ouvertures égales, carrées, à diagonale verticale : les lames, au moyen de crémaillères engrenant de part et d'autre d'un même pignon fixe, se déplacent en sens inverse, horizontalement, de quantités égales. L'ouverture réelle du diaphragme, formée par la surface commune aux deux carrés, satisfait aux conditions requises.

Cette lampe L est placée et orientée de telle sorte que les surfaces de la source et de l'écran soient toutes deux perpendiculaires à la direction commune des rayons lumineux, c'est-à-dire à la droite joignant le centre de la surface éclairante au centre de la surface éclairée.

L'observateur se place de façon à voir à la même distance et sous la même obliquité les deux écrans A et A_1; et il commence par régler la distance AL ou l'ouverture du diaphragme en L jusqu'à ce que les deux écrans soient également éclairés.

Si, dans des expériences successives, modifiant la position, l'orientation et l'étendue de la source L, nous ramenons toujours l'éclairement sur A à être égal à l'éclairement sur A_1, qui reste invariable, nous pourrons dire que, dans toutes ces expériences, l'unité de surface de A reçoit la même quantité de lumière.

1° On fait varier la distance $AL = d$, en déplaçant L sur la perpendiculaire commune, mais en laissant toujours parallèles les surfaces éclairante et éclairée; et l'on maintient l'égalité d'éclairement en augmentant l'ouverture du diaphragme.

Comparant alors les valeurs de la distance d et de la surface s donnée à la source, on trouve que l'on a, aux diverses distances,

$$\frac{s}{d^2} = \text{const.}$$

Si je désigne par q la quantité de lumière reçue par l'écran A, et par s' la surface de cet écran, je puis représenter l'éclairement sur A par le rapport

$$\frac{q}{s'},$$

et l'expérience précédente me montre que $\frac{q}{s'}$ est lié à $\frac{s}{d^2}$ par une fonction telle que $\frac{q}{s'}$ prenne des valeurs égales pour des valeurs égales de $\frac{s}{d^2}$, le premier quotient devant d'ailleurs s'annuler quand $s = 0$ ou quand $d = \infty$. Ces conditions seront satisfaites aussi simplement que possible si nous admettons que $\frac{q}{s'}$ est proportionnel à $\frac{s}{d^2}$.

Pour justifier cette hypothèse, je puis d'ailleurs m'appuyer sur les considérations suivantes. Je suppose que j'aie trouvé deux sources identiques entre elles, et qui, isolément, pour une même valeur de s et de d, donnent A sur un éclairement égal à celui de A_1. Si, plaçant ces deux sources au voisinage immédiat l'une de l'autre, je réunis sur A la lumière qu'elles émettent, je dois admettre que A reçoit une quantité double de lumière; mais je n'ai fait, en somme, que doubler la surface de l'une des sources. Je puis donc dire que, en doublant l'étendue de la surface éclairante (on suppose toujours cette surface très petite par rapport à la distance), je double la quantité de lumière reçue par l'écran; et que, de façon générale, $\frac{q}{s'}$ est proportionnel à s.

Nous écrirons donc

$$\frac{q}{s'} = \mathrm{E}\,\frac{s}{d^2},$$

E étant une constante qui, d'après l'équation même, représente la quantité de lumière envoyée normalement par l'unité de surface éclairante à l'unité de surface éclairée, placée à l'unité de distance. E est donc caractéristique de la source; nous l'appellerons *éclat* de la source, dont l'*intensité* ([1]) sera Es, c'est-à-dire la quantité de lumière envoyée normalement par la source tout entière à l'unité de surface, placée à l'unité de distance.

2° On fait tourner (*fig.* 8) la source autour d'un axe vertical passant par son centre, de façon que la normale à sa surface soit inclinée d'un angle α sur la direction des rayons lumineux, toujours perpendiculaire à l'écran, dont la distance reste la même. Pour maintenir l'égalité d'éclairement sur A et sur A_1, il faut donner à la source L une surface t, et l'on trouve que

$$t = \frac{s}{\cos\alpha}.$$

([1]) On emploie aussi, pour désigner ce que nous appelons ici *intensité*, l'expression de *pouvoir éclairant*, et pour l'éclat, les expressions d'*éclat intrinsèque* et de *pouvoir émissif spécifique*.

L'éclairement sur A n'a pas changé, il est donc toujours $E\frac{s}{d^2}$; mais si je ramène l'ouverture à la surface s, l'éclairement, étant proportionnel à l'étendue de la source, deviendra

$$E\frac{s}{d^2}\frac{s}{i} = E\frac{s}{d^2}\cos\alpha.$$

3° Je déplace la source sur une circonférence de centre A, et

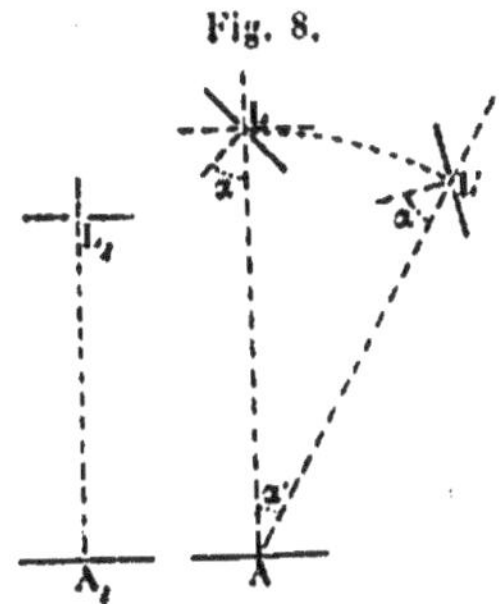

Fig. 8.

l'amène en L′ (*fig.* 8) de façon que la normale à l'écran fasse un angle α' avec la direction des rayons lumineux : l'obliquité de la source par rapport à cette direction est toujours α, et la distance est encore d.

Pour maintenir l'égalité d'éclairement, je dois donner à l'ouverture une surface

$$u = \frac{i}{\cos\alpha'} = \frac{s}{\cos\alpha\cos\alpha'},$$

et si je ramène cette ouverture à la surface s, je réduirai l'éclairement à

$$E\frac{s}{d^2}\frac{s}{u} = E\frac{s}{d^2}\cos\alpha\cos\alpha'.$$

De sorte qu'en somme, si je considère une surface s' recevant de la lumière d'une surface s, placée à distance d, les normales aux surfaces éclairante et éclairée faisant respectivement, avec la direction des rayons lumineux, des angles α et α', la quantité de lumière reçue sera

$$q = E\frac{ss'\cos\alpha\cos\alpha'}{d^2}.$$

C'est la formule de Bouguer.

— On peut y parvenir aussi par des considérations théoriques.

Nous partirons de cette hypothèse qu'une source lumineuse constante émet autour d'elle, suivant toutes les directions, et dans l'unité de temps, une quantité de lumière donnée; cela sans avoir besoin d'ailleurs de savoir ce qu'est réellement une quantité de lumière.

C'est-à-dire que cette fois nous prendrons comme fondamentale la notion de quantité de lumière, et que nous en déduirons celle d'éclairement; l'éclairement d'une surface étant défini par la quantité de lumière que reçoit, dans l'unité de temps, l'unité de surface.

1° Supposons d'abord la source lumineuse réduite à un point; j'entends par là une source de dimensions négligeables envoyant de la lumière dans toutes les directions : il est clair qu'un point mathématique ne pourrait émettre de la lumière.

La quantité totale qu'elle émet dans l'unité de temps, soit Q, se répartit sur des sphères concentriques de rayon croissant : à une distance d, l'unité de surface reçoit

$$\frac{Q}{4\pi\,d^2} = \frac{Q}{4\pi}\,\frac{1}{d^2}.$$

$\frac{Q}{4\pi}$ est une constante caractéristique de la source, et, de façon précise, la quantité de lumière que le point lumineux envoie normalement, à l'unité de distance, sur l'unité de surface.

Nous retrouvons ainsi, tout d'abord, la loi du carré des distances.

2° La lumière se propageant en ligne droite, nous devons admettre que la lumière émise, par le point lumineux, dans un cône dont il est le sommet, reste enfermée dans ce cône, et que par conséquent les diverses sections d'un cône ayant le point lumineux pour sommet sont, dans l'unité de temps, traversées par la même quantité de lumière.

Fig. 9.

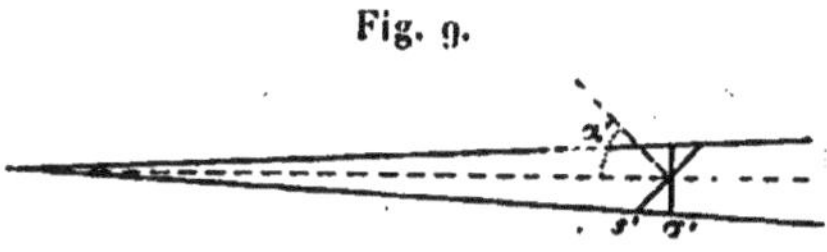

Considérons un tel cône (*fig.* 9) d'ouverture assez petite pour qu'on puisse regarder une section droite comme égale à la projection orthogonale d'une section oblique prise à la même distance d du sommet : soient s' et σ' les surfaces de la section oblique et de la section droite, α' l'angle qu'elles font entre elles.

La section droite reçoit dans l'unité de temps

$$\frac{Q}{4\pi}\,\frac{1}{d^2}\,\sigma',$$

et cette même quantité de lumière se répartit sur la section oblique, de surface

$$s' = \frac{\sigma'}{\cos\alpha'},$$

qui reçoit, par conséquent, par unité de surface,

$$\frac{1}{s'}\,\frac{Q}{4\pi}\,\frac{1}{d^2}\,\sigma' = \frac{Q}{4\pi}\,\frac{\cos\alpha'}{d^2},$$

c'est-à-dire que l'éclairement sur une surface oblique est proportionnel au cosinus de l'obliquité : c'est la loi de Lambert.

3° Au lieu d'un point lumineux, prenons comme source une petite surface éclairante, que nous supposerons plane et d'éclat uniforme; entendant par là que des éléments égaux, si petits qu'ils soient, envoient dans le même temps sur l'unité de surface, normalement et à l'unité de distance, la même quantité de lumière. Il est naturel d'admettre que, dans ces conditions, la quantité de lumière envoyée sur l'unité de surface à l'unité de distance est proportionnelle à l'étendue s de la source.

Alors, la source plane étant normale à la direction des rayons lumineux, la surface éclairée s', d'obliquité α', étant à une distance d, recevra, par unité de surface, une quantité de lumière

$$\frac{q}{s'} = E s \,\frac{\cos\alpha'}{d^2},$$

la constante E, ou éclat de la source, ayant ici la signification que nous lui avons donnée plus haut.

4° Supposons maintenant à la surface éclairante une certaine obliquité.

L'observation des phénomènes naturels nous amène à étendre la loi de Lambert à la surface éclairante.

Nous savons, en effet, que la surface des planètes nous semble plane et uniformément éclairée. Considérons à la surface de la planète deux éléments limités, entre deux parallèles voisins de l'équateur, par des couples de plans parallèles équidistants; de telle sorte que ces deux éléments aient même projection sur le grand cercle perpendiculaire à la direction des rayons lumineux; prenons (*fig.* 10) l'un d'eux, soit $a_1 a'_1$ au centre, l'autre, $a_2 a'_2$

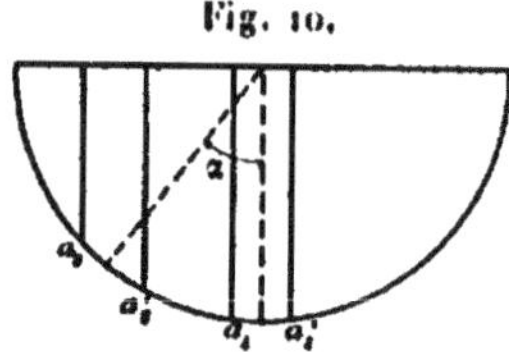

Fig. 10.

vers le bord : puisqu'ils ont même projection, leurs surfaces s_1 et s_2 sont, α étant l'angle des deux normales, dans le rapport

$$\frac{s_1}{s_2} = \cos \alpha.$$

Le premier émet une quantité de lumière Es_1, et notre œil en reçoit une fraction

$$h_1 E s_1 \frac{1}{d^2};$$

nous recevons, du second,

$$h_2 E s_2 \frac{1}{d^2};$$

car nous devons les considérer comme ayant même éclat et comme étant à la même distance; d'ailleurs, seule l'obliquité varie de l'un à l'autre, de sorte que la valeur du rapport $\frac{h_2}{h_1}$ représente l'influence de l'obliquité. Or, puisque les deux éléments nous paraissent également éclairés, c'est que

$$h_1 E s_1 = h_2 E s_2,$$
$$\frac{h_2}{h_1} = \frac{s_1}{s_2} = \cos \alpha :$$

c'est bien la loi de Lambert.

Ceci posé, la quantité de lumière envoyée par un élément de surface s, d'éclat E, à un élément s', placé à une distance d, les normales aux surfaces s et s' faisant respectivement avec la direction des rayons lumineux les angles α et α', sera

$$q = E\frac{ss'\cos\alpha\cos\alpha'}{d^2}.$$

Mais il ne faut pas oublier que cette relation est applicable seulement au cas où les surfaces sont de dimensions assez petites, par rapport à leur distance, pour qu'on puisse considérer comme égales et parallèles les droites joignant les divers points de l'une à un même point de l'autre.

La formule de Bouguer peut, mais toujours sous cette même réserve, se généraliser au cas d'une source qui n'est pas plane. Nous pouvons, en effet, diviser la surface éclairante en éléments plans; pour tous ces éléments, α' et d seront les mêmes, et la quantité totale de lumière reçue par la surface éclairée s' sera

$$Q = \frac{Es'\cos\alpha'}{d^2}\Sigma s\cos\alpha,$$

c'est-à-dire que nous pouvons substituer à la surface éclairante sa projection $\sigma = \Sigma s\cos\alpha$ sur un plan perpendiculaire à la direction des rayons lumineux.

8. Comparaison des intensités lumineuses. — Le but principal de la Photométrie est de comparer entre elles les intensités lumineuses des diverses sources; nous avons appelé ainsi le produit

$$Es \quad \text{ou} \quad E\Sigma s\cos\alpha$$

suivant que la source est plane ou de forme quelconque; c'est-à-dire la quantité de lumière envoyée par la source à l'unité de surface dans l'unité de temps, normalement, et à l'unité de distance.

Pour cette comparaison, nous nous appuierons évidemment sur la formule de Bouguer, mais en réduisant autant que possible le nombre des variables.

Nous nous servirons des deux sources à comparer pour éclairer deux écrans voisins, sous la même obliquité; et pour arriver plus sûrement à réaliser cette dernière condition, nous disposerons les écrans et les sources elles-mêmes, si elles sont planes, normalement à la direction des rayons lumineux.

Il est bien entendu que les deux écrans seront observés à la même distance, et sous la même obliquité, voisine de zéro.

Nous ferons varier les distances d_1 et d_2 des deux sources jusqu'à ce que les écrans paraissent également éclairés, laissant libre la surface totale des deux sources si nous voulons comparer les *intensités;* limitant les surfaces, par des écrans, à des ouvertures égales si c'est la comparaison des *éclats* que nous avons en vue.

Nous aurons alors, dans le premier cas,

$$\frac{E_1 s_1}{E_2 s_2} = \frac{d_1^2}{d_2^2},$$

et, dans le second,

$$\frac{E_1}{E_2} = \frac{d_1^2}{d_2^2},$$

c'est-à-dire que nous sommes ramenés à de simples mesures de distances.

Reste à choisir une unité d'intensité, ou, plus directement, une unité de quantité de lumière.

On s'est longtemps servi, et l'on se sert encore souvent, comme unité d'intensité lumineuse, du *carcel.* C'est l'intensité lumineuse d'une lampe du système Carcel brûlant à l'heure 42^{gr} d'' ile de colza épurée, dans des conditions bien déterminées (m.. ae de 23^{mm}, de diamètre et flamme de 40^{mm} de hauteur).

A l'étranger, on a employé des bougies de diverses natures.

Le Congrès des électriciens de 1881 a adopté l'étalon proposé par M. Violle : il est fondé sur ce principe, qu'un même corps se solidifiant toujours à la même température, un métal inaltérable à l'air présentera toujours, au moment où il se solidifie, le même éclat. On prend alors comme unité la quantité de lumière émise en direction normale par 1^{cmq} de surface de platine fondu, au moment de la solidification.

On amène un creuset de chaux, contenant du platine fondu au chalumeau, sous un écran de platine présentant une ouverture de 1^{cmq}. Les rayons émis verticalement sont réfléchis horizontalement par un miroir plan, dont on a déterminé expérimentalement le pouvoir réflecteur.

Comme unité pratique, on a pris le $\frac{1}{20}$ de l'unité Violle; c'est ce qu'on appelle la *bougie décimale.*

W.

L'étalon Violle ne peut guère être employé dans la pratique courante; il sert surtout à établir des étalons secondaires.

Un des plus commodes est la lampe à acétate d'amyle avec écran de 1^{cmq}, soit sous la forme que le général Sebert a fait adopter par le Congrès de Photographie de 1889, soit sous celle que lui a donnée M. Hefner et qui est devenue l'étalon légal allemand. La première est égale à 0,00513 unités Violle, la seconde à 0,0513 ([1]).

M. Crova a montré qu'il serait nécessaire de garnir d'un écran diffusant homogène, tel qu'un verre finement dépoli, l'ouverture du diaphragme limitant la flamme de ces lampes à l'acétate d'amyle.

L'unité Violle n'a pas été rattachée au système d'unités absolues C.G.S. M. Cornu a fait voir qu'elle ne pouvait pas l'être dans l'état actuel de la Science.

9. Photomètres. — Nous ne nous occuperons ici que des photomètres, les plus simples, mais aussi les plus imparfaits, dont la théorie n'exige l'intervention d'aucun principe d'Optique physique.

Le *photomètre de Bouguer* (*fig.* 11) est constitué par deux feuilles de carton; l'une est légèrement pliée et présente deux ouvertures circulaires garnies de papier dioptrique : on dispose

Fig. 11.

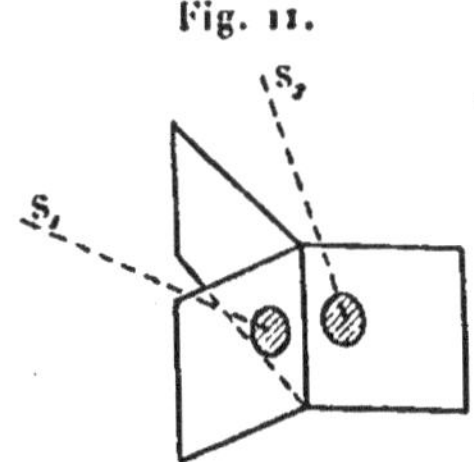

les deux sources à comparer S_1 et S_2 sur des lignes sensiblement normales aux deux ouvertures; elles sont séparées par la seconde feuille, celle-ci prolongeant le plan bissecteur de l'angle que

---

([1]) *Congrès international de Photographie.* Bruxelles, 1891. (*Rapport général de la Commission permanente.* Paris, Gauthier-Villars et fils; 1891.)

forme la première. L'observateur se place à l'intérieur de cet angle, de façon à voir à peu près normalement et à la même distance les deux surfaces translucides, qu'il amène à être également éclairées en faisant varier la distance d'une des deux sources.

Dans le *photomètre de Rumford* (*fig.* 12), une baguette opaque B est placée verticalement devant un écran : les deux sources

Fig. 12.

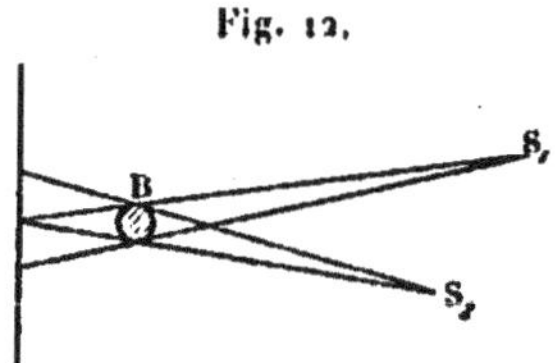

sont disposées en avant, de part et d'autre et à petite distance du plan qui, passant par l'axe de la baguette, est perpendiculaire à l'écran : chacune d'elles projette sur l'écran une ombre sur laquelle l'autre envoie de la lumière ; on a ainsi deux pénombres, dont l'éclairement est plus facile à comparer que celui de deux taches lumineuses, l'œil ayant une sensibilité plus grande pour la comparaison des demi-teintes. On amène, pour plus de facilité, ces deux pénombres à se juxtaposer exactement, ce que l'on obtient en faisant varier la distance de la baguette à l'écran ; on écarte alors ou rapproche l'une des sources, jusqu'à ce qu'on ne distingue plus les deux moitiés de la tache grise ainsi formée. Pour l'observation, il faut se placer du même côté que les sources si l'écran est opaque ; il vaut beaucoup mieux prendre un écran translucide et observer par transparence.

Le *photomètre de Foucault* (*fig.* 13) est une modification du

Fig. 13.

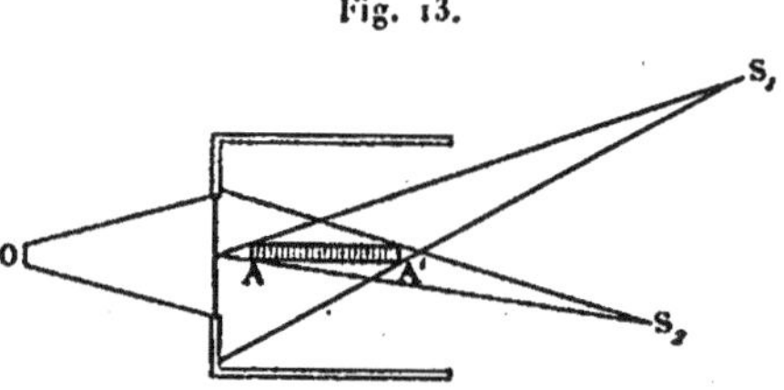

précédent : l'écran translucide est de forme circulaire ; il est disposé dans le fond d'une boîte cubique ouverte par sa face antérieure, et un tube conique, terminé par un œilleton, fixe la position de l'œil en O sur une normale au centre de l'écran; à l'intérieur de la boîte et perpendiculairement à l'écran, est une lame opaque AA′ qui peut être déplacée suivant sa propre direction. Les deux sources sont placées en avant, extérieurement, de chaque côté de la lame et dans des directions très peu obliques; les deux pénombres peuvent être amenées à se juxtaposer en réglant la distance de la lame à l'écran, dont chacune d'elles couvre ainsi la moitié. On fait alors varier la distance de l'une des sources jusqu'au moment où l'œil ne distingue plus l'une de l'autre les deux moitiés du cercle.

Le *photomètre de Bunsen* est fondé sur cette observation qu'une tache d'huile sur une feuille de papier blanc se détache en sombre sur le fond si le système est éclairé par devant, en clair s'il est éclairé par derrière : on peut donc admettre que, si elle ne se distingue plus du fond, les deux faces sont également éclairées.

L'écran E, dont la tache occupe le centre, est disposé au milieu d'une règle à laquelle il est perpendiculaire.

Les deux sources S_1 et S_2 peuvent se mouvoir sur les deux moitiés de la règle, et leurs distances à l'écran sont données par des divisions métriques : on fait varier l'une de ces distances jusqu'à faire disparaître la tache.

On augmente la sensibilité en disposant de part et d'autre de l'écran, comme dans le *photomètre de Edge* (*fig.* 14), deux miroirs à 45°, M_1 et M_2; l'œil, placé en O dans le prolongement de

Fig. 14.

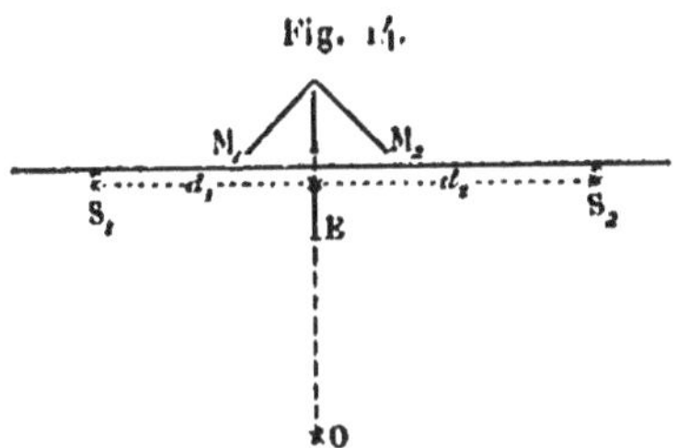

l'écran, voit alors de la tache deux images, qu'on cherche à faire disparaître en même temps. Ce résultat ne peut pas toujours être atteint, ainsi qu'il est facile de s'en rendre compte en examinant de plus près la théorie qu'on a donnée du phénomène.

Soient I_1 et I_2 les intensités des deux sources, d_1 et d_2 leurs distances à l'écran, r la fraction de lumière reçue que réfléchit l'écran, t la fraction transmise par transparence, ρ et τ les quantités correspondantes pour la partie tachée.

Je suppose que la tache disparaisse des deux côtés à la fois : c'est que, des deux côtés, elle émet par unité de surface la même quantité de lumière que le fond, c'est-à-dire qu'on a, d'un côté,

$$\frac{I_1}{d_1^2} r + \frac{I_2}{d_2^2} t = \frac{I_1}{d_1^2} \rho + \frac{I_2}{d_2^2} \tau,$$

$$\frac{I_1}{d_1^2} (r - \rho) = \frac{I_2}{d_2^2} (\tau - t),$$

et de l'autre,

$$\frac{I_2}{d_2^2} (r - \rho) = \frac{I_1}{d_1^2} (\tau - t).$$

Pour que ces deux équations puissent être simultanément satisfaites, il faut que

$$r - \rho = \tau - t$$

ou

$$r + t = \rho + \tau;$$

et alors

$$\frac{I_1}{I_2} = \frac{d_1^2}{d_2^2}.$$

Or, si nous prenons pour unité la quantité de lumière reçue par unité de surface, r représente la lumière réfléchie, t la lumière transmise, et

$$1 - (r + t)$$

la lumière absorbée, soit a. La condition

$$r + t = \rho + \tau$$

revient donc à

$$a = \alpha,$$

c'est-à-dire qu'il faut que le pouvoir absorbant soit le même pour la tache que pour le reste de l'écran : cette condition est en général à peu près réalisée. Si elle ne l'est pas de façon suffisante, on ne pourra faire disparaître la tache que dans une des deux images à la fois. On mesurera les distances d_1 et d_2, et l'on aura

$$\frac{I_1}{d_1^2} (r - \rho) = \frac{I_2}{d_2^2} (\tau - t),$$

puis on fera varier les distances de façon à obtenir la disparition dans l'autre image; soient d_1' et d_2' les nouvelles distances

$$\frac{I_2}{d_2'^2}(r-\rho) = \frac{I_1}{d_1'^2}(\tau - l);$$

divisant membre à membre

$$\frac{I_1}{I_2} = \frac{\sqrt{d_1^2\, d_1'^2}}{\sqrt{d_2^2\, d_2'^2}}.$$

Au lieu de cette méthode, comparable à celle de l'inversion dans l'emploi de la balance, on en peut utiliser une autre, qui correspond à la double pesée.

Elle consiste à laisser à poste fixe, d'un côté de l'écran, et à une distance d, une source constante S, et à disposer successivement, de l'autre côté, les sources S_1 et S_2 que l'on veut comparer.

Soient d_1 et d_2 les distances auxquelles il faut placer ces sources pour faire disparaître la tache du côté, par exemple, où elles sont disposées; nous avons successivement

$$\frac{I_1}{d_1^2}(r-\rho) = \frac{I}{d^2}(\tau - l),$$

$$\frac{I_2}{d_2^2}(r-\rho) = \frac{I}{d^2}(\tau - l),$$

et, par conséquent,

$$\frac{I_1}{I_2} = \frac{d_1^2}{d_2^2},$$

quel que soit le rapport $\dfrac{r-\rho}{\tau - l}$.

10. Remarques générales. — 1° On ne peut réellement amener à égalité l'éclairement de deux surfaces que si elles présentent la même teinte; d'où il résulte que les méthodes précédentes ne peuvent permettre de comparer avec quelque précision que les intensités de deux sources ayant la même coloration; et ceci s'applique non seulement au photomètre de Bouguer, mais à tous les autres. Supposons, par exemple, qu'on place devant un photomètre à pénombres une source rougeâtre et une source blanche : l'ombre portée par la première recevra de la lumière blanche, l'autre de la lumière rouge; il arrivera donc sur la première pénombre moins de lumière rouge que sur tout le reste de l'écran, et par contraste elle paraîtra verte; nous aurons ainsi à comparer une teinte rouge et une teinte verte. On ne peut faire de mesures photométriques un peu précises, quand il s'agit de sources colorées, qu'en se servant d'instruments, appelés *spectrophotomètres,* qui dispersent la lumière et permettent de faire successivement la comparaison des intensités dans les diverses couleurs simples.

2° Même avec deux sources de même nature, la précision des mesures, avec les méthodes précédentes, est assez médiocre. Une observation d'Arago permet de l'évaluer grossièrement.

Soient S_1 et S_2 deux sources d'égale intensité I, placées devant un photomètre de Rumford, par exemple; P_1 et P_2 les pénombres correspondantes, d_1 et d_2 les distances, que je suppose différentes; soit $d_1 > d_2$. L'éclairement sur P_1 sera $\dfrac{I}{d_2^2}$, sur P_2 il sera $\dfrac{I}{d_1^2}$, et sur le fond

$$\frac{I}{d_1^2} + \frac{I}{d_2^2}.$$

La différence d'éclairement entre le fond et la pénombre P_1, qui est la plus éclairée, est

$$\frac{I}{d_1^2},$$

et cette différence est à l'éclairement sur P_1 comme

$$\frac{I}{d_1^2} : \frac{I}{d_2^2} = \frac{d_2^2}{d_1^2}.$$

Or, faisant varier d_1, on trouve que la pénombre P_1 ne se distingue plus du fond lorsque

$$d_1 = 8\, d_2.$$

Le rapport $\dfrac{d_2^2}{d_1^2}$ est alors $\dfrac{1}{64}$.

Donc nous ne distinguons pas l'un de l'autre deux éclairements qui diffèrent de $\dfrac{1}{64}$.

Les photomètres fondés sur les phénomènes de l'Optique physique permettent d'atteindre une précision bien supérieure.

CHAPITRE III.

RÉFLEXION DE LA LUMIÈRE PAR LES SURFACES PLANES.

11. Lois générales de la réflexion. — Si nous faisons, dans une chambre noire, tomber un pinceau de rayons solaires sur la surface de séparation de deux milieux, nous constatons que ce pinceau se divise; qu'une portion de la lumière pénètre dans le second milieu, et qu'une autre est renvoyée vers le premier, suivant des directions géométriquement déterminées; qu'enfin une certaine quantité de lumière, d'autant moindre que la surface de séparation est plus parfaitement polie, est renvoyée, vers le premier milieu, dans toutes les directions.

Ainsi, en général, quand un faisceau lumineux rencontre la surface de séparation de deux milieux, il donne naissance à un faisceau transmis, ou réfracté, à un faisceau réfléchi et à de la lumière diffusée, cette diffusion n'étant autre chose d'ailleurs qu'une réflexion par les aspérités de la surface.

La marche du faisceau réfléchi est déterminée par les lois suivantes :

Si nous appelons *plan d'incidence* le plan qui comprend le rayon lumineux incident et la normale menée, par le point d'incidence, à la surface réfléchissante :

1° Le rayon réfléchi reste dans le plan d'incidence;

2° Le rayon réfléchi et le rayon incident font avec la normale des angles égaux.

Ces lois définissent d'ailleurs le chemin le plus court que la lumière puisse suivre pour aller d'un point à un autre, situé dans le même milieu, en touchant la surface.

Une vérification grossière des lois de la réflexion est fournie par l'appareil de Silbermann. Sur un limbe divisé vertical se meuvent deux alidades : chacune d'elles est munie d'un système de deux diaphragmes dont les ouvertures égales permettent le passage d'un pinceau lumineux cylindrique parallèle au limbe et dirigé vers son centre : là est disposé un petit miroir plan, perpendiculaire à la ligne 0°-180° de la division.

A l'aide d'une petite glace de renvoi, on fait tomber sur le miroir, suivant une des alidades, un pinceau de rayons solaires, et l'on cherche à donner à l'autre alidade une position telle que le pinceau réfléchi traverse les deux diaphragmes dont elle est munie : on trouve que cela est toujours possible, ce qui vérifie la première loi ; et qu'à ce moment les alidades occupent sur le limbe des positions symétriques par rapport à la ligne 0°-180°, ce qui confirme la seconde loi.

Le théodolite permet une vérification plus précise : il se compose essentiellement d'un limbe vertical divisé et d'une lunette, mobile autour du centre du limbe, au plan duquel son axe optique reste parallèle.

On vise (*fig.* 15) à travers cette lunette une étoile S, qu'on choisit dans le voisinage immédiat du pôle, pour que sa position reste invariable pendant l'expérience. Après avoir noté sur le

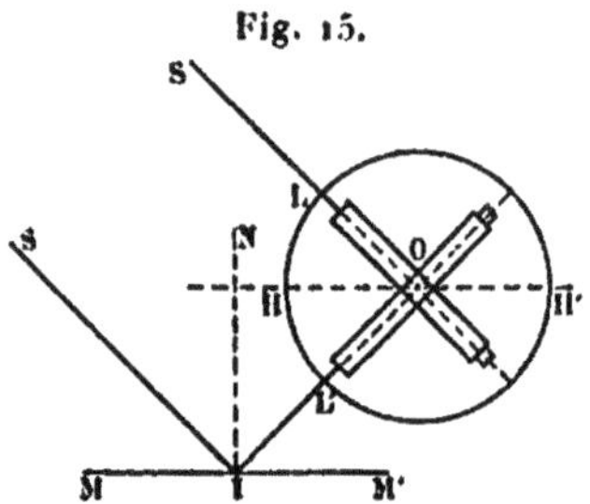

Fig. 15.

limbe la direction OL de l'axe optique, on fait mouvoir la lunette de façon à viser l'image de l'étoile dans un bain de mercure MM′ placé à côté de l'instrument ; et l'on trouve qu'alors l'axe optique occupe, par rapport au diamètre horizontal HH′ du limbe, une position OL′ symétrique de la première.

L'égalité des angles LOH et L′OH entraîne celle des angles SIN, OIN que font, avec la normale en I à la surface du bain, la portion incidente et la portion réfléchie du rayon lumineux qui, dans la seconde visée, se propage suivant l'axe de la lunette.

12. Miroirs plans. — Soient (*fig.* 16) un miroir plan M et un rayon lumineux qui, parti d'un point P_1, rencontre le miroir en I et se réfléchit suivant IR. Si j'abaisse du point P_1 une perpendiculaire sur le miroir, la première loi de la réflexion m'assure que

Fig. 16.

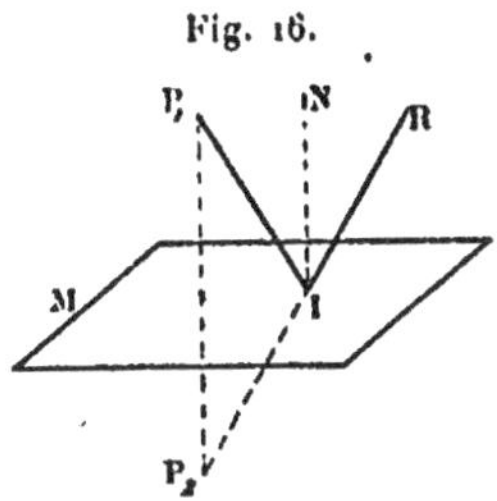

cette perpendiculaire est dans un même plan avec IR et par suite qu'elle coupe la direction IR; soit P_2 le point d'intersection : les angles IP_1P_2 et IP_2P_1 sont respectivement égaux aux angles P_1IN et RIN d'incidence et de réflexion; donc le triangle P_1IP_2 est isoscèle, et le point P_2 est symétrique de P_1 par rapport au miroir : ce point sera donc commun aux portions réfléchies de tous les rayons émanés de P_1; les portions incidentes forment un cône de sommet P_1, les portions réfléchies formeront un cône de sommet P_2, et l'œil, placé dans ce second cône, reportera au sommet P_2 l'impression lumineuse; P_2 est l'image de P_1; elle est virtuelle, puisqu'elle n'est formée que par des prolongements de rayons et ne peut être reçue sur un écran.

Nous pouvons maintenant construire de façon complète la marche d'un rayon lumineux allant du point P_1 à un point donné O en touchant le miroir (*fig.* 17) : nous n'avons qu'à joindre P_2O pour avoir la portion réfléchie IO; la portion incidente sera P_1I; mais pour que la lumière puisse réellement suivre cette route, il faut que P_2O rencontre réellement le miroir et, par conséquent, que P_2 se trouve compris dans un cône de sommet O, admettant comme section la surface réfléchissante; P_1 se trouvera compris alors dans un cône symétrique du précédent.

Donc pour que, d'un point P_1, de la lumière puisse parvenir à un point O, où est, par exemple, l'œil d'un observateur, en touchant le miroir M, il faut que ce point P_1 soit, en avant du miroir, dans un cône ayant comme sommet le point O′, symé-

trique de O, et pour section M. Ainsi se trouve déterminé ce que
nous appellerons le *champ* du miroir, c'est-à-dire la portion de
l'espace où doit se trouver un point lumineux pour que l'œil,

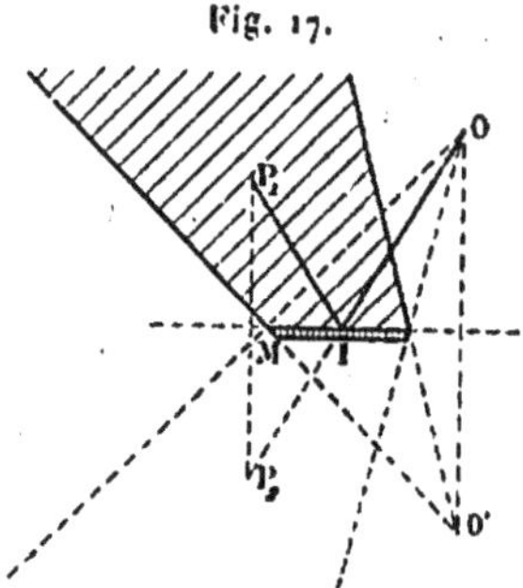

Fig. 17.

placé dans une position donnée, puisse en voir l'image dans le
miroir.

Un objet lumineux étant compris dans le champ, l'ensemble
des images fournies de chacun de ses points constituera une image
virtuelle de l'objet; elle sera symétrique de l'objet, et ne lui sera
pas superposable.

13. **Problème du miroir tournant.** — Considérons (*fig.* 18)
un miroir plan M, et un rayon lumineux $P_1 I$ qui s'y réfléchit suivant IR; nous supposons que le miroir tourne d'un angle α autour

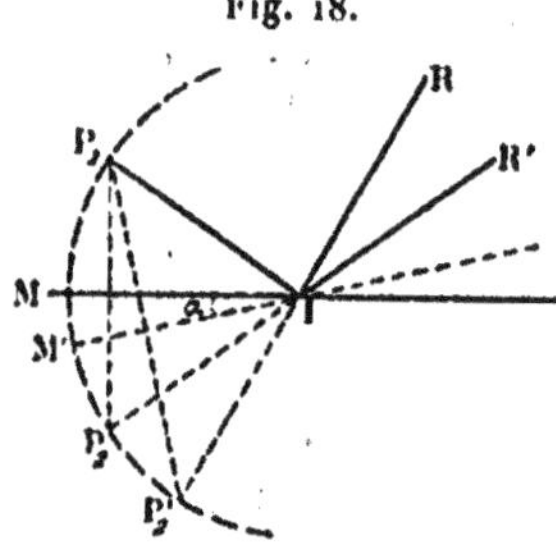

Fig. 18.

d'un axe perpendiculaire, par le point d'incidence, au plan d'incidence; on demande de quel angle tournera le rayon réfléchi.

Soit M' la nouvelle position du miroir; le rayon réfléchi IR
passait par P_2, symétrique de P_1 par rapport à M; le nouveau

rayon réfléchi IR′ passe par P′$_2$, symétrique de P$_1$ par rapport
à M′; les points P$_1$, P$_2$, P′$_2$ sont sur une même circonférence de
centre I; dans cette circonférence, l'angle inscrit P$_2$P$_1$P′$_2$, égal à
celui des miroirs, a comme mesure la moitié de l'arc P$_2$P′$_2$, et
l'angle au centre P$_2$IP′$_2$ égal à celui des rayons réfléchis, a comme
mesure l'arc entier : donc l'angle de rotation du rayon réfléchi est
double de l'angle de rotation du miroir.

14. Miroirs plans parallèles. — Soient deux miroirs plans
M et M′ parallèles entre eux, et un point lumineux S situé dans
leur intervalle (*fig.* 19).

Les rayons lumineux qui, émanés de S, rencontrent d'abord le
miroir M, donnent une première image S$_1$, puis se réfléchissent
une seconde fois sur M′ et donnent une nouvelle image S$_2$, symé-

Fig. 19.

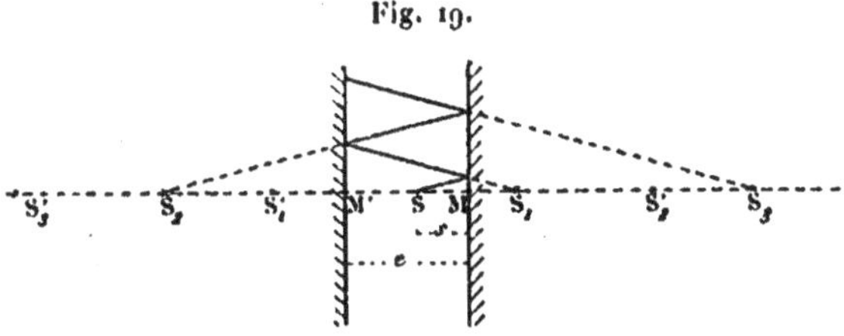

trique de S$_1$ par rapport à M′; et ainsi de suite : ce qui nous
fournit une série indéfinie d'images, situées toutes sur la perpendiculaire MM′.

Si nous caractérisons la position de chaque image par sa distance au miroir qui ne l'a pas formée, la distance de S$_1$, comptée
à partir de M′, est, en appelant e l'écartement des miroirs et s la
distance du point lumineux S au miroir M,

$$s_1 = e + s;$$

la distance de S$_2$, comptée à partir de M, est

$$s_2 = e + s + e = 2e + s;$$

et, de façon générale, la distance de l'image S$_n$, formée par les
rayons ayant subi n réflexions successives, dont la première sur le

miroir M, est

$$s_n = ne + s$$

comptée à partir de M′ si n est impair, et de M si n est pair.

De même, les rayons qui subissent leur première réflexion sur M′ nous donnent une série indéfinie d'images S′₁, S′₂, ..., et la distance s'_n de l'image S′$_n$ est

$$s'_n = ne + e - s$$

comptée à partir de M si n est impair, et de M′ si n est pair.

Dans les deux séries, chacune des images est, d'ailleurs, située toujours en avant du miroir auquel est rapportée sa position.

L'éclat des images va s'affaiblissant, chaque réflexion donnant lieu à une perte de lumière; de plus, les intervalles qui séparent les images voisines et qui, comme il est facile de le voir, sont alternativement égaux à $2(e-s)$ et à $2s$, sont vus sous une obliquité croissante par l'observateur placé entre les deux miroirs, de sorte que les images se confondent assez vite les unes avec les autres.

15. **Miroirs plans inclinés.** — Soient maintenant (*fig.* 20) deux miroirs plans M et M′ faisant entre eux un angle γ, et, compris dans cet angle, un point lumineux S dont nous définirons la

Fig. 20.

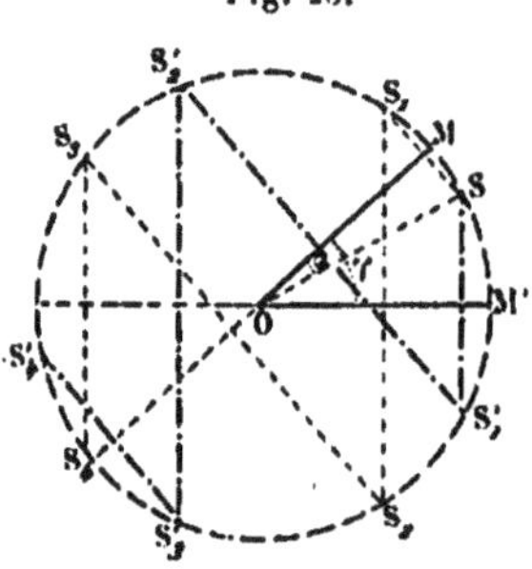

position par sa distance angulaire α au miroir dont il est le plus voisin, M par exemple; α est, par conséquent, inférieur à $\frac{\gamma}{2}$.

Nous prendrons comme plan du Tableau un plan passant

par S et perpendiculaire à la ligne d'intersection des deux miroirs.

Toutes les images seront dans ce plan, sur une circonférence de rayon OS.

Considérons d'abord les images que fournissent les rayons dont la première réflexion a lieu sur le miroir M : nous aurons ainsi après une réflexion S_1, après deux réflexions S_2 et après n réflexions S_n.

Nous caractériserons la position de chaque image par sa distance angulaire σ_n au miroir qui ne l'a pas formée, distance comptée en avant du miroir; nous avons ainsi, pour l'image S_1, rapportée à M′,

$$\sigma_1 = \gamma + \alpha;$$

pour S_2, rapportée à M,

$$\sigma_2 = 2\gamma + \alpha;$$

et, pour S_n, rapportée à M ou à M′, suivant que n est pair ou impair,

$$\sigma_n = n\gamma + \alpha.$$

Cette série d'images n'est pas indéfinie; pour que S_n, formée par M′, par exemple, donne lieu à une nouvelle image S_{n+1}, il faut que les rayons dont les prolongements se coupent en S_n puissent rencontrer la surface réfléchissante du miroir M; et, par conséquent, que S_n soit en avant de cette surface; donc il faut que, de façon générale, S_n soit en avant du miroir qui ne l'a pas formée et, comme c'est à ce miroir qu'est rapportée sa distance angulaire σ_n, que

$$\sigma_n < \pi.$$

Le numéro d'ordre de la dernière image et, par conséquent, le nombre d'images de cette première série, sera la plus petite valeur de n qui satisfasse à l'inégalité

$$\sigma_n > \pi,$$

ou

$$n\gamma + \alpha > \pi.$$

Les rayons qui subissent leur première réflexion sur M′ donneront de même une série d'images $S'_1, S'_2, \ldots, S'_n$ dont les distances angulaires seront respectivement

$$\sigma'_1 = \gamma + (\gamma - \alpha),$$
$$\sigma'_2 = 2\gamma + (\gamma - \alpha),$$
$$\dots\dots\dots\dots\dots,$$
$$\sigma'_n = n\gamma + (\gamma - \alpha),$$

comptées à partir de M ou de M′ suivant que n est impair ou pair; et le nombre d'images de cette seconde série sera donné par la plus petite valeur de n qui satisfasse à l'inégalité

$$n\gamma + (\gamma - \alpha) > \pi.$$

Examinons les divers cas qui peuvent se présenter :

1° L'angle des miroirs est compris un nombre entier et pair de fois dans la circonférence : $2\pi = 2K\gamma$ ou $\gamma = \dfrac{\pi}{K}$.

Les inégalités deviennent :

Pour la première série....... $n\dfrac{\pi}{K} + \alpha > \pi$;

Pour la seconde série........ $n\dfrac{\pi}{K} + \gamma - \alpha > \pi$;

la plus petite valeur de n qui satisfasse à la première est K, puisque α est par hypothèse inférieur à γ, et même à $\dfrac{\gamma}{2}$; il en est de même pour la seconde inégalité. Nous aurons donc K images dans chaque série; mais, pour la dernière image de chaque série, la distance est

$$\sigma_n = \pi + \alpha, \qquad \sigma'_n = \pi + \gamma - \alpha,$$
$$\sigma_n + \sigma'_n = 2\pi + \gamma;$$

or ces distances angulaires, étant comptées en avant des deux miroirs, ont, comme partie commune, l'angle γ des miroirs; la somme des parties non communes est donc 2π, c'est-à-dire que les images S_n et S'_n sont confondues entre elles.

De sorte qu'en résumé nous avons, dans ce premier cas, $2K - 1$ images distinctes, dont une double.

L'objet lui-même et ses images forment une figure régulière utilisée dans le kaléidoscope; l'instrument se compose, en principe, de deux miroirs faisant entre eux un angle de 60°; ces miroirs, en forme de bandes allongées, sont logés dans un tube cylindrique dont leur intersection suit une génératrice ; en réalité, on ajoute un troisième miroir formant avec les précédents un prisme triangulaire équiangle. A l'une des extrémités, des verroteries sont enfermées entre deux cloisons de verre, dont une de verre dépoli ; à l'autre extrémité, l'œil se place, derrière un œilleton, à la hauteur de l'axe ; on obtient des dessins à symétrie hexagonale, variant à chaque secousse que l'on donne à l'appareil.

2° $2\pi = 2K\gamma + \varepsilon$, en supposant $\varepsilon < \gamma$.

Nous avons alors

$$\gamma = \frac{\pi}{K} - \frac{\varepsilon}{2K},$$

et les inégalités deviennent :

Pour la première série... $n\frac{\pi}{K} - n\frac{\varepsilon}{2K} + \alpha > \pi$;

Pour la seconde série.... $n\frac{\pi}{K} - n\frac{\varepsilon}{2K} + \gamma - \alpha > \pi$.

Pour $n = K$, elles donnent :

$$\pi - \frac{\varepsilon}{2} + \alpha > \pi,$$

$$\pi - \frac{\varepsilon}{2} + \gamma - \alpha > \pi$$

La seconde est toujours satisfaite, puisque $\frac{\varepsilon}{2}$ et α sont tous deux inférieurs à $\frac{\gamma}{2}$; donc la deuxième série comprend K images ; la première inégalité sera satisfaite si $\frac{\varepsilon}{2} < \alpha$, et nous aurons alors, de ce côté aussi, K images ; elle ne le sera pas, et nous aurons $K + 1$ images, si $\frac{\varepsilon}{2} > \alpha$.

Donc, en tout, $2K$ ou $2K + 1$ images suivant que ε sera plus petit ou plus grand que 2α.

3° L'angle des miroirs est compris un nombre entier et impair de fois dans la circonférence

$$2\pi = (2K + 1)\gamma.$$

Ce cas se ramène au précédent, car il revient à $\varepsilon = \gamma$.

Pour $n = \mathrm{K}$, les inégalités prennent la forme

$$\pi - \frac{\gamma}{2} + \alpha > \pi,$$

$$\pi + \frac{\gamma}{2} - \alpha > \pi;$$

comme $\alpha < \frac{\gamma}{2}$, il nous faudra donc dans la première série $\mathrm{K} + 1$ et dans la seconde K images; en tout $2\mathrm{K} + 1$.

Si le point S est dans le plan bissecteur des miroirs, $\frac{\gamma}{2} = \alpha$ et

$$\sigma_{\mathrm{K}} = \sigma'_{\mathrm{K}} = \pi;$$

nous avons $2\mathrm{K}$ images; mais la dernière image de chaque série est sur la surface même du miroir qui ne l'a pas formée : nous pourrons la considérer comme donnant lieu à une nouvelle image, confondue avec elle-même.

1°
$$2\pi = (2\mathrm{K} + 1)\gamma + \varepsilon, \qquad \text{avec} \quad \varepsilon < \gamma.$$

Nous tirons de là

$$2\mathrm{K}\gamma = 2\pi - \gamma - \varepsilon,$$

$$n\gamma = \frac{n}{\mathrm{K}}\pi - \frac{n}{2\mathrm{K}}\gamma - \frac{n}{2\mathrm{K}}\varepsilon,$$

et, pour les deux inégalités,

$$\frac{n}{\mathrm{K}}\pi - \frac{n}{2\mathrm{K}}\gamma - \frac{n}{2\mathrm{K}}\varepsilon + \alpha > \pi,$$

$$\frac{n}{\mathrm{K}}\pi - \frac{n}{2\mathrm{K}}\gamma - \frac{n}{2\mathrm{K}}\varepsilon + \gamma - \alpha > \pi,$$

ou, si nous y faisons $n = \mathrm{K}$,

$$\pi - \frac{\gamma}{2} - \frac{\varepsilon}{2} + \alpha > \pi,$$

$$\pi + \frac{\gamma}{2} - \frac{\varepsilon}{2} - \alpha > \pi.$$

La première n'est pas satisfaite, puisque $\alpha < \frac{\gamma}{2}$; donc la première série comprend $\mathrm{K} + 1$ images. La seconde est ou n'est pas satisfaite, et la deuxième série fournit K ou $\mathrm{K} + 1$ images, suivant que $\frac{\varepsilon}{2} + \alpha$ sera plus ou moins petit.

Nous aurons donc en tout $2\mathrm{K} + 1$ ou $2\mathrm{K} + 2$ images.

W.

16. Pouvoir réflecteur. — Nous avons vu qu'à, la rencontre de
la surface séparant deux milieux, une partie seulement de la lumière est réfléchie : nous appellerons *pouvoir réflecteur* le rapport de la quantité de lumière réfléchie à la quantité de lumière
incidente.

Parmi les méthodes les plus simples qui aient été proposées
pour mesurer le pouvoir réflecteur, nous citerons celle de Bouguer.

De part et d'autre de la surface réfléchissante M, que nous supposerons plane, on dispose (*fig.* 21), de chaque côté d'une per-

Fig. 21.

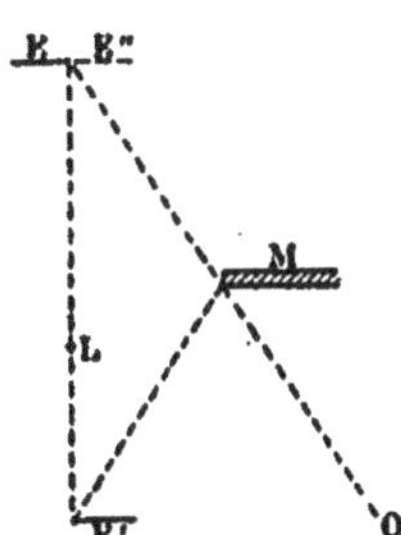

pendiculaire à la surface, deux écrans E et E', aussi identiques
que possible ; et, entre eux, une source lumineuse L. L'œil, placé
en O, voit juxtaposés l'écran E et l'image E″, dans le miroir, de
l'écran E' : on déplace la source jusqu'à ce que E″ et E paraissent
également éclairés ; soient e, e', $e″$ les éclairements,

$$e″ = e;$$

or, si j'appelle ρ le pouvoir réflecteur du miroir dans les conditions de l'expérience,

$$e″ = e'\rho.$$

Donc

$$\rho = \frac{e}{e'}.$$

Mais si d et d' désignent les distances de la source aux écrans
E et E',

$$\frac{e}{e'} = \frac{d'^2}{d^2}.$$

La mesure de ρ est donc ramenée à une mesure de distances.

Le pouvoir réflecteur varie naturellement avec la nature de la surface et avec son degré de poli; d'autre part, il croît avec l'incidence : très vite dans le cas des surfaces vitreuses, pour lesquelles il est très faible à l'incidence normale, lentement quand il s'agit de surfaces métalliques, pour lesquelles il présente déjà, à l'incidence normale, une valeur qui peut atteindre 0,9.

17. Application des miroirs plans aux instruments de physique. — Un grand nombre d'instruments de physique, et particulièrement de ceux qui servent à des mesures, comprennent des miroirs plans comme organes principaux.

Nous nous bornerons à en citer deux.

1° Le *sextant*, qui sert aux marins à relever la hauteur du Soleil

Fig. 22.

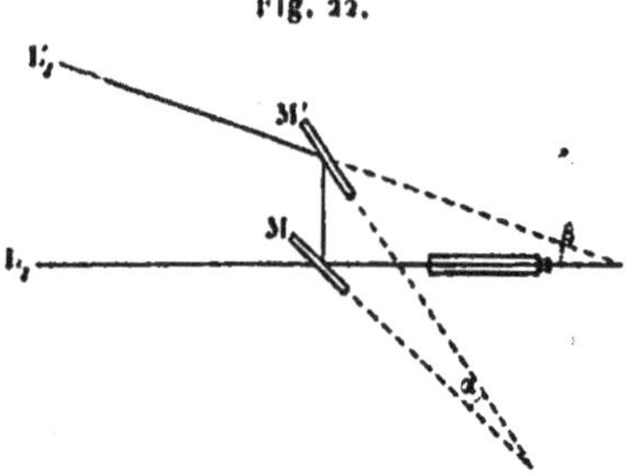

au-dessus de l'horizon, se compose essentiellement de deux miroirs plans et d'une petite lunette (*fig.* 22).

L'un des miroirs, M, est fixe : il est installé devant la lunette, dans une position inclinée; l'autre, M', est mobile autour d'un axe perpendiculaire à celui de la lunette; l'alidade qui commande le mouvement du second miroir se déplace sur un arc de cercle divisé comprenant un sixième de circonférence (d'où le nom de *sextant*), et donne à chaque instant l'angle α que font entre eux les deux miroirs.

M est argenté sur une moitié seulement : à travers la portion transparente on peut viser directement un objet éloigné; par sa moitié argentée, il renvoie dans la lunette des rayons déjà réfléchis par le miroir mobile : il est ainsi possible de superposer dans le plan focal de la lunette les images de deux points différents, dont l'un, L_1, est situé sur l'axe principal, tandis que l'autre, L'_1, placé hors de cet axe, est vu par l'intermédiaire des deux miroirs : quand la superposition est obtenue, la distance angulaire β des deux points est, d'après ce que nous avons vu en étudiant le problème du miroir tournant (n° 13), double de l'angle α que font les deux miroirs.

On vise ainsi le Soleil et l'horizon, et on amène l'image du Soleil à être exactement tangente à la ligne d'horizon. Si α est alors l'angle des miroirs et ϵ le diamètre apparent du Soleil,

$$2\alpha + \frac{\epsilon}{2}$$

mesure la hauteur cherchée.

2° Les *héliostats* permettent de renvoyer les rayons solaires dans une direction invariable, malgré le mouvement de l'astre. On en a construit plusieurs types différents : un des plus simples est celui de Prazmowski.

Un miroir est monté sur un axe compris dans son plan, et que des organes accessoires permettent de rendre parallèle à l'axe du monde ; un mouvement d'horlogerie lui fait faire autour de cet axe, dans le sens du mouvement solaire, un tour en quarante-huit heures.

Si le miroir était immobile, le rayon vecteur du centre du Soleil décrivant autour de l'axe, en vingt-quatre heures, un cône de révolution, le rayon réfléchi décrirait dans le même temps, mais en sens inverse, le même cône.

Si le miroir tournait dans le même sens que le Soleil, avec une vitesse égale, le rayon vecteur et le rayon réfléchi correspondant décriraient encore le même cône, dans le même temps, mais dans le même sens.

En donnant au miroir une vitesse de rotation moyenne, c'est-à-dire en le faisant tourner, dans le même sens que le Soleil, d'un tour en quarante-huit heures, on obtient la compensation, et le rayon réfléchi reste immobile.

Un miroir indépendant permet alors de renvoyer le faisceau solaire dans telle direction que l'on désire.

CHAPITRE IV.

CONVENTIONS GÉNÉRALES.

Dans tout ce qui va suivre, nous ferons usage de relations algébriques. Pour leur donner une généralité complète, il nous faut
adopter, comme on le fait, dans le même but, en Géométrie analytique, une convention de signes.

Nous représenterons chaque segment par une lettre unique,
minuscule, empruntée à l'alphabet latin.

*Nous conviendrons de compter comme positif tout segment
qui, par rapport à l'origine que nous lui aurons assignée,
sera situé du côté d'où vient la lumière, et comme négatif
tout segment situé du côté opposé.*

Dans les équations relatives aux grossissements, où nous aurons
affaire à des segments perpendiculaires à la direction de la lumière,
*nous considérerons ces segments comme positifs si, dans le plan
du tableau, ils sont placés au-dessus de l'axe du système
réfléchissant ou réfringent, et comme négatifs dans le cas
contraire.*

Ces conventions s'appliqueront uniformément à l'ensemble du
cours, et, pour éviter toute erreur, nous supposerons toujours,
dans les figures, que la lumière vient de gauche, de façon que les
segments soient positifs à gauche de leur origine, et négatifs à
droite.

*Elles n'entreront en jeu que lorsque les segments seront,
ainsi que nous venons de le dire, représentés par une lettre
unique; elles n'interviendront pas dans les considérations
purement géométriques, où nous désignerons les segments*

par les deux lettres majuscules qui marquent leurs extrémités.

Sous le bénéfice de cette convention, et par ce fait même qu'elle présente un caractère exclusivement mathématique, les relations algébriques seront absolument générales, et complètement indépendantes du cas particulier qui nous aura servi à les établir par des considérations géométriques.

CHAPITRE V.

RÉFLEXION PAR LES SURFACES SPHÉRIQUES.

18. Miroirs sphériques. — On appelle *miroir sphérique* une portion de sphère limitée à une calotte, dont le pôle S est dit *sommet du miroir*. Le *centre* C est celui de la sphère; l'*axe principal*, la ligne joignant le centre au sommet.

Le miroir est dit *concave* ou *convexe* suivant que la surface réfléchissante est du côté du centre ou du côté opposé.

Soit P_1I un rayon lumineux émané d'un point P_1 de l'axe

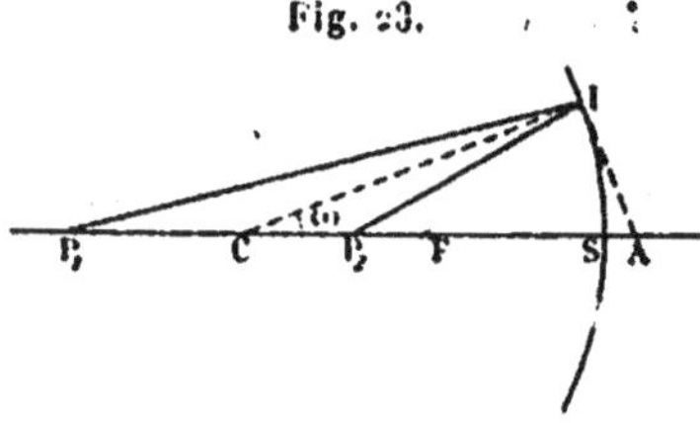

Fig. 23.

principal : le rayon réfléchi reste dans le plan d'incidence, pris ici comme plan du Tableau, et coupe l'axe en P_2 (*fig.* 23).

Menons au point I la normale CI et la tangente IA; elles sont respectivement bissectrices de l'angle des deux rayons et de l'angle extérieur. Les points C et A divisent donc harmoniquement l'intervalle P_1P_2 : nous avons, par conséquent,

$$\frac{P_1C}{P_2C} = \frac{P_1A}{P_2A},$$

et cela de façon tout à fait générale, quelles que soient la nature du miroir sphérique et la position du point lumineux sur l'axe.

19. Équations générales des miroirs sphériques. — Si le point I est assez voisin de l'axe pour que l'on puisse considérer P_1A et P_2A comme respectivement égaux à P_1S et P_2S, la proportion précédente devient, en désignant P_1S par p_1, P_2S par p_2 et le rayon de la sphère par r, prenant comme origine commune le sommet S, et appliquant notre convention des signes,

$$(1) \qquad \frac{p_1 - r}{r - p_2} = \frac{p_1}{p_2},$$

équation générale, mais comportant une approximation qui n'est acceptable que pour les rayons très voisins de l'axe principal, ou rayons centraux.

En réalité, et de façon rigoureuse, la proportion nous donne, en désignant par a le segment SA, rapporté toujours à S,

$$(2) \qquad \frac{p_1 - r}{r - p_2} = \frac{p_1 - a}{p_2 - a},$$

où

$$a = r\left(1 - \frac{1}{\cos\omega}\right),$$

car, dans le triangle rectangle CIA,

$$r = (r - a)\cos\omega.$$

20. Rayons centraux. Équation des foyers conjugués. — Pour retrouver la forme simple de l'équation spéciale aux rayons centraux

$$\frac{p_1 - r}{p_2 - r} = \frac{p_1}{p_2},$$

il faut négliger a : cette équation ne s'applique donc qu'aux rayons rencontrant le miroir assez près du sommet pour que $\frac{1}{\cos\omega}$ puisse être considéré comme égal à l'unité.

La relation peut d'ailleurs s'écrire, en chassant les dénominateurs et divisant tous les termes par $p_1 p_2 r$,

$$(3) \qquad \frac{1}{p_1} + \frac{1}{p_2} = \frac{2}{r}.$$

On voit que, pour tous les rayons centraux, émanés d'un même point P_1 de l'axe principal, la valeur de p_2 est la même; et que, par conséquent, les portions réfléchies concourent en un même point, qui est l'image de P_1; l'équation nous montre en outre, par sa symétrie, que les deux points P_1 et P_2 jouissent de propriétés réciproques. Ils sont dits *foyers conjugués* par rapport au miroir.

21. Foyer principal. — Nous appellerons *foyer principal* du miroir, le point où vont concourir les portions réfléchies des rayons dont les portions incidentes sont parallèles à l'axe principal : nous le désignerons par F; sa distance f au sommet, ou *distance focale principale*, est la valeur particulière que prend p_2 quand p_1 est infini. Or, pour $p_1 = \infty$, la relation des foyers conjugués nous donne

$$\frac{1}{p_1} = \frac{2}{r},$$

donc

$$f = \frac{r}{2};$$

le foyer principal est équidistant du centre et du sommet.

22. Autres formes de l'équation des foyers conjugués. — 1° Nous pouvons introduire f dans l'équation des foyers conjugués qui devient alors

$$(4) \qquad \frac{1}{p_1} + \frac{1}{p_2} = \frac{1}{f}.$$

2° On peut aussi donner à la relation la forme dite *équation de Newton*. Laissant toujours à la distance focale f le sommet S comme origine, rapportons au foyer principal les foyers conjugués : soient q_1 et q_2 les distances au point F, pris pour origine, des points P_1 et P_2.

Nous avons de façon générale, d'après notre convention de signes, pour ce changement d'origine,

$$p_1 = q_1 + f,$$
$$p_2 = q_2 + f;$$

substituant ces valeurs dans la relation,

$$\frac{1}{q_1 + f} + \frac{1}{q_2 + f} = \frac{1}{f},$$
$$q_2 f + f^2 + q_1 f + f^2 = q_1 q_2 + q_1 f + f q_2 + f^2,$$
$$(5) \qquad q_1 q_2 = f^2.$$

Sous ces diverses formes, l'équation des foyers conjugués pour les rayons centraux est, grâce à la convention générale des signes, absolument générale, et convient à tous les cas qui peuvent se présenter.

23. Axes secondaires. Plans focaux conjugués et plan focal principal. — L'axe principal ne jouit d'aucune propriété essentielle qu'il ne partage avec les autres rayons de la sphère à laquelle appartient le miroir : ce que nous avons établi pour l'axe principal s'étend donc à ces rayons, que nous appellerons *axes secondaires*. Sur chacun d'eux, nous aurons des foyers conjugués dont les distances au miroir seront liées par la même relation, pourvu que nous nous bornions à considérer, autour de chaque axe secondaire, les rayons qui s'en écartent très peu.

Par suite, si nous prenons une série de points distribués sur une portion de sphère concentrique au miroir, leurs images seront également sur une portion de sphère concentrique; ces deux surfaces seront conjuguées.

Si, de même que nous nous sommes limités, dans un même faisceau, aux rayons très voisins de l'axe, nous nous limitons aussi, pour les axes secondaires, à ceux qui s'écartent très peu de l'axe principal, les surfaces sphériques conjuguées sont réduites à une étendue très petite autour de leur sommet, et, dans ces conditions, peuvent être confondues avec leurs plans tangents, qui sont dits *plans focaux conjugués*.

Nous sommes ainsi amenés à conclure que l'image d'un objet plan, perpendiculaire à l'axe, et dont les points extrêmes sont peu éloignés de cet axe, est plane et perpendiculaire à l'axe. Chacun des points de l'image étant, d'ailleurs, sur le même axe secondaire que le point correspondant de l'objet, l'image sera semblable à l'objet, et le centre de la sphère sera centre de similitude.

Si, en particulier, nous considérons des faisceaux de rayons incidents parallèles, peu obliques par rapport à l'axe principal, les faisceaux réfléchis donneront leurs points de concours sur une portion de sphère passant par le foyer principal et qui pourra être confondue avec le plan tangent en son sommet : c'est le *plan focal principal*.

24. Constructions géométriques. — Soit (*fig.* 24) un point lumineux L_1 situé hors de l'axe principal. Nous connaissons la marche de trois rayons émanés de ce point : l'axe secondaire, $L_1 C$; le rayon $L_1 I$ dont la portion incidente est parallèle à l'axe principal,

Fig. 24.

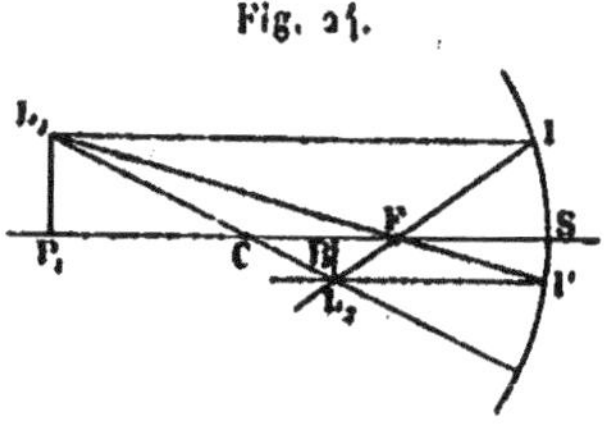

et dont la portion réfléchie passe par F; enfin le rayon $L_1 I'$ dont la portion incidente passe par F, et qui, après réflexion, se propage parallèlement à l'axe : tous trois contiennent l'image P_2 de P_1; il nous suffit donc de tracer deux d'entre eux.

Pour un objet $L_1 P_1$ perpendiculaire à l'axe, nous n'avons qu'à construire l'image L_2 de L_1; la perpendiculaire $L_2 P_2$ à l'axe sera l'image de $L_1 P_1$.

Soit enfin un point P_1 situé sur l'axe principal (*fig.* 25); menons par P_1 un rayon quelconque $P_1 I$; nous pouvons le consi-

Fig. 25.

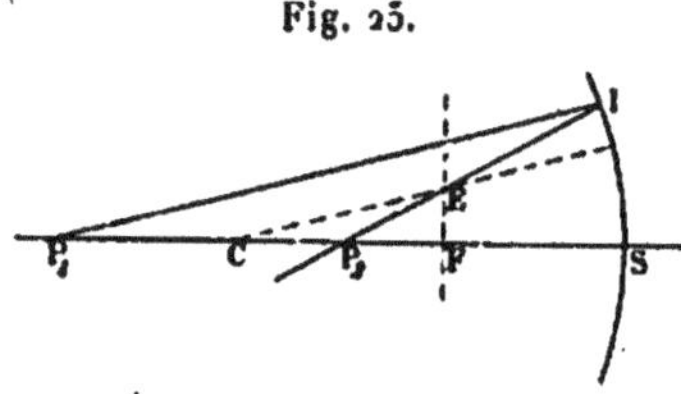

dérer comme faisant partie d'un faisceau cylindrique dont l'axe secondaire coupe le plan focal principal en E; ce point E, étant commun aux portions réfléchies de tous les rayons du faisceau, détermine complètement celle du rayon $P_1 I$: le point P_2 est celui où la droite IE rencontre l'axe principal.

25. Grossissement. — Nous appellerons *grossissement* le rapport de deux dimensions linéaires homologues de l'image et de l'objet.

Soient, par exemple, $h_1 = L_1 P_1$ et h_2 son image $L_2 P_2$.

$$G = \frac{h_2}{h_1}.$$

Rappelons que, d'après notre convention générale, ces segments h_1 et h_2 doivent être considérés comme positifs au-dessus de l'axe, et comme négatifs au-dessous.

Le point C étant centre de similitude, la *fig.* 24 nous montre que

$$\frac{L_2 P_2}{L_1 P_1} = \frac{P_2 C}{P_1 C}$$

$$\frac{-h_2}{h_1} = \frac{r - p_2}{p_1 - r},$$

et comme, d'après l'équation (1),

$$\frac{r - p_2}{p_1 - r} = \frac{p_2}{p_1},$$

il vient

(6)
$$G = \frac{h_2}{h_1} = -\frac{p_2}{p_1}.$$

— Si la relation des foyers conjugués est prise sous la forme de l'équation de Newton, il est commode d'avoir l'équation du grossissement sous la forme correspondante.

La même figure nous donne

$$\frac{L_2 P_2}{IS} = \frac{L_2 P_2}{L_1 P_1} = \frac{P_2 F}{SF},$$

$$-\frac{h_2}{h_1} = \frac{q_2}{f},$$

(7)
$$G = -\frac{q_2}{f} = -\frac{f}{q_1}.$$

26. Équation d'Helmholtz. — Helmholtz a montré que l'on pouvait donner encore une autre forme à l'équation du grossissement.

Soient $L_1 P_1$ et $L_2 P_2$ un objet et son image; nous venons de voir que

$$G = -\frac{p_2}{p_1}.$$

Menons par P_1 (*fig.* 26) un rayon quelconque $P_1 I$; le rayon réfléchi est P_2I; soient α_1 et α_2 les angles que ces deux rayons font avec l'axe :

$$IS = p_1 \tang\alpha_1 = p_2 \tang\alpha_2,$$

Fig. 26.

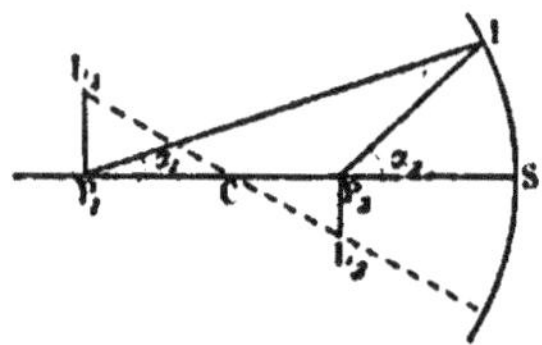

d'où

$$\frac{p_2}{p_1} = \frac{\tang\alpha_1}{\tang\alpha_2},$$

et

$$(8) \qquad G = -\frac{\tang\alpha_1}{\tang\alpha_2},$$

équation générale si l'on convient de considérer les angles α_1 et α_2 comme positifs quand ils s'ouvrent dans le sens où va la lumière, et comme négatifs en cas contraire.

27. Discussion. — La discussion du problème des miroirs sphériques peut être faite géométriquement.

Considérons (*fig.* 27 et 28) un objet plan, perpendiculaire à l'axe, se déplaçant parallèlement à lui-même de $+\infty$ à $-\infty$; dans ce mouvement, le point L_1 décrit une droite $H_1 H'_1$: un rayon lumineux, dont la portion incidente serait dirigée suivant cette droite, donnerait une portion réfléchie dirigée suivant IF; lors donc que L_1 se déplace sur $H_1 H'_1$, son image L_2 se déplace sur la droite IF : nous n'avons qu'à faire tourner autour du centre C l'axe secondaire du point L_1 pour connaître, par l'intersection de cet axe avec IF, la position correspondante de L_2.

Prenons d'abord un miroir concave (*fig.* 27).

L'axe secondaire est d'abord confondu avec l'axe principal, et coupe en F le lieu des images : l'objet se rapprochant, l'axe secondaire se relève peu à peu, et son intersection avec le lieu des images s'écarte de F, au-dessous de l'axe : l'image, comprise dans l'intervalle FC, est réelle, puisqu'elle se forme en avant du miroir et peut être reçue sur un écran; renversée, et d'abord très petite, elle va croissant et devient égale à l'objet lorsque celui-ci se trouve en L', P', au centre de la sphère, puisque F est au milieu de l'intervalle CS et que, par suite, les triangles IFS, CFL', sont

Fig. 27.

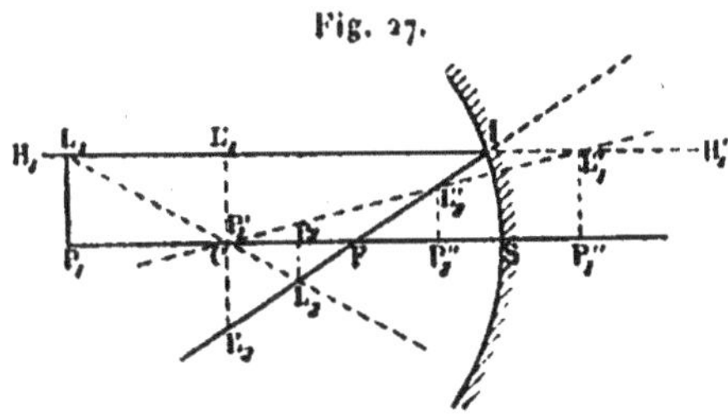

égaux : continuant à croître, elle devient plus grande que l'objet; elle est infinie et infiniment éloignée quand l'objet est dans le plan focal principal. L'intersection de l'axe secondaire avec le lieu des images passe de $+\infty$ à $-\infty$ lorsque l'objet dépasse le foyer : elle se fait alors derrière le miroir, n'est plus formée que par les prolongements des rayons lumineux, et, par conséquent, est virtuelle; droite, et d'abord infiniment grande, elle décroît, en se rapprochant du miroir, pour devenir égale à l'objet, et confondue avec lui, quand celui-ci est sur le miroir même.

Nous pouvons supposer que l'objet, continuant à se déplacer, passe derrière le miroir : ce sera alors un *objet virtuel;* nous pouvons réaliser ce cas en interceptant, au moyen du miroir, les rayons lumineux qui, venant d'un premier système optique, tendent à former une image réelle. L'axe secondaire coupe alors le lieu des images entre I et F, en un point qui, partant de I, se rapproche de F à mesure que l'objet s'éloigne : l'image donnée par le miroir est alors comprise dans l'intervalle SF; elle est réelle, droite, diminuée, et décroît jusqu'à devenir de dimensions nulles quand l'objet est à l'infini.

Soit de même un miroir convexe (*fig.* 28) : le centre et par suite le foyer principal sont maintenant derrière le miroir.

Tant que l'objet est réel, l'axe secondaire coupe le lieu des images en un point qui se déplace de F à I à mesure que l'objet se rapproche : l'image, comprise dans l'intervalle SF, est virtuelle, droite et diminuée; elle croît, et devient égale à l'objet en se confondant avec lui sur le miroir.

L'objet devenant virtuel, l'intersection a lieu au delà du point I, et par conséquent en avant du miroir : l'image est réelle, droite,

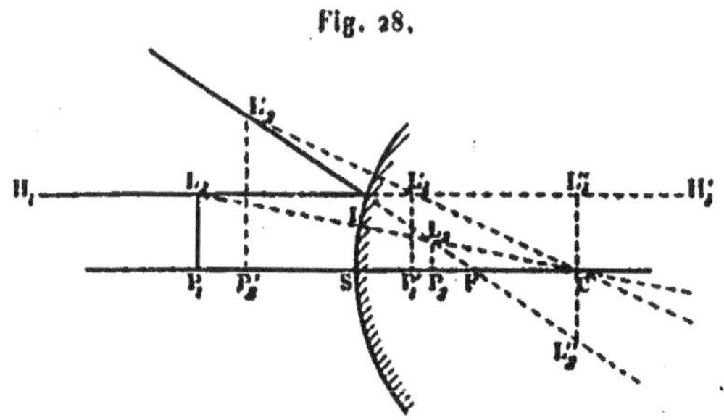

Fig. 28.

agrandie, et croît toujours : il en est ainsi jusqu'à ce que l'objet atteigne et dépasse le foyer : l'image, infiniment grande et infiniment éloignée, passe alors de $+\infty$ à $-\infty$; elle devient de nouveau virtuelle; elle est renversée, agrandie et décroît; elle est égale à l'objet quand celui-ci est au centre du miroir, puis quand il a dépassé ce point, l'image, comprise dans l'intervalle CF, toujours renversée, mais diminuée, décroît jusqu'à o.

— Nous allons maintenant faire la même discussion par l'Algèbre, en nous servant des relations générales des foyers conjugués et du grossissement, que nous prendrons sous la forme

$$\frac{1}{p_1} + \frac{1}{p_2} = \frac{1}{f}, \qquad G = -\frac{p_2}{p_1};$$

nous tirons de la première

$$p_2 = \frac{f}{1 - \dfrac{f}{p_1}}$$

et de la seconde

$$G = -\frac{f}{p_1 - f}.$$

Il résulte de nos conventions de signes : qu'une valeur positive de p_2 correspondra à une image réelle, une valeur négative à une image virtuelle; qu'une valeur positive de G indiquera une image droite, et une valeur négative, une image renversée; enfin, nous savons que l'image est agrandie ou diminuée suivant que G, en valeur absolue, est supérieur ou inférieur à l'unité.

1° *Miroir concave.* — p_1 variant de $+\infty$ à $2f$, $1 - \dfrac{f}{p_1}$ varie de 1 à $\dfrac{1}{2}$, et par suite p_2 de f à $2f$; pendant le même temps, G varie de 0 à -1;

p_1 décroissant de $2f$ à f, $1 - \dfrac{f}{p_1}$ varie de $\dfrac{1}{2}$ à 0, p_2 de $2f$ à $+\infty$; G varie de -1 à $-\infty$;

p_1 passant de f à 0, $1 - \dfrac{f}{p_1}$ varie de 0 à $-\infty$; p_2 de $-\infty$ à 0; G décroît de $+\infty$ à $+1$;

Enfin p_1 prenant des valeurs négatives croissantes, $1 - \dfrac{f}{p_1}$ est positif, variant de $+\infty$ à 1; p_2 varie de 0 à f, et G de $+1$ à 0.

Ces résultats sont réunis dans le Tableau I, où est indiquée aussi la marche d'un pinceau lumineux dans les cas les plus importants.

TABLEAU . — Miroirs concaves. .

$p_1.$	$p_2.$	G.	Image.	
$p_1 > 2f$	$> 0,\ f < p_2 < 2f$	$< 0.\ -G < 1$	Réelle, renversée. diminuée (I).	(I).
$p_1 = 2f$	$> 0,\ p_2 = 2f$	$< 0,\ -G = 1$	Réelle, renversée, égale.	
$2f > p_1 > f$	$> 0,\ 2f < p_2 < \infty$	$< 0,\ -G > 1$	Réelle, renversée, agrandie.	(II).
$p_1 = f$	∞	∞		
$p_1 < f$	< 0	$> 0,\ G > 1$	Virtuelle, droite, agrandie (II).	(III).
$p_1 = 0$	0	$> 0,\ G = 1$	Confondue avec l'objet.	
$p_1 < 0$	$> 0,\ 0 < p_2 < f$	$> 0,\ G < 1$	Réelle, droite, diminuée (III),	

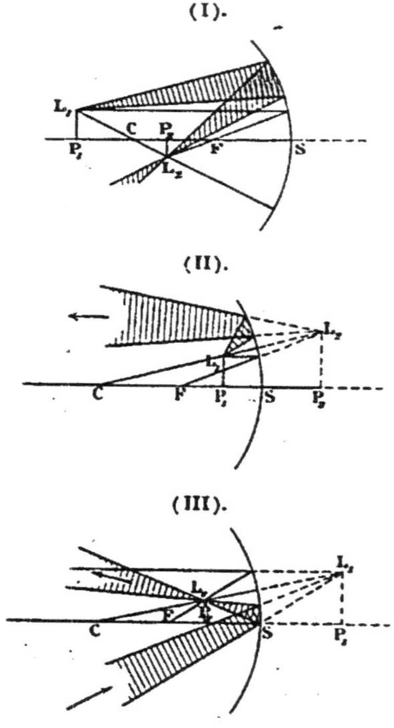

2° *Miroir convexe.* — Les miroirs convexes sont caractérisés par les valeurs négatives de r, et par conséquent de f. Nous mettrons en évidence le signe de f en substituant à f sa valeur numérique que nous représenterons par φ; les équations deviennent

$$p_2 = -\,\frac{\varphi}{1 + \dfrac{\varphi}{p_1}}, \qquad G = \frac{\varphi}{p_1 + \varphi}.$$

où φ n'est plus qu'un *nombre*, et qui ne conviennent plus qu'aux miroirs convexes.

p_1 étant positif, p_2 est forcément négatif et passe par toutes les valeurs comprises entre φ et o; G est positif et varie de o à 1;

p_1 étant négatif, et variant, en valeur absolue, de o à φ, $1 + \dfrac{\varphi}{p_1}$ est négatif, et varie de $-\infty$ à o; p_2 positif, de o à $+\infty$; G, positif, prend toutes les valeurs de 1 à $+\infty$;

p_1 toujours négatif, passant en valeur absolue de φ à 2φ, $1 + \dfrac{\varphi}{p_1}$ varie de o à $\dfrac{1}{2}$; p_2 de $-\infty$ à -2φ; G, de $-\infty$ à -1.

Enfin $-p_1$ prenant des valeurs croissantes à partir de 2φ, $1 + \dfrac{\varphi}{p_1}$ varie de $\dfrac{1}{2}$ à 1, p_2 de -2φ à $-\varphi$; G de -1 à o.

Ces résultats sont réunis dans le Tableau II.

TABLEAU II. — *Miroirs convexes.*

p_1	p_2	G	Image.	
$p_1 > 0$	$< 0, \quad -p_2 < \varphi$	$> 0, \quad G < 1$	Virtuelle, droite, diminuée (I).	(I).
$p_1 = 0$	0	$> 0, \quad G = 1$	Confondue avec l'objet.	
$-p_1 < \varphi$	> 0	$> 0, \quad G > 1$	Réelle, droite, agrandie (II).	(II).
$-p_1 = \varphi$	∞	∞		
$\varphi < -p_1 < 2\varphi$	$< 0, \quad -p_2 > 2\varphi$	$< 0, \quad -G > 1$	Virtuelle, renversée, agrandie.	(III).
$-p_1 = 2\varphi$	$< 0, \quad -p_2 = 2\varphi$	$< 0, \quad -G = 1$	Virtuelle, renversée, égale.	
$-p_1 > 2\varphi$	$< 0, \quad \varphi < -p_2 < 2\varphi$	$< 0, \quad -G < 1$	Virtuelle, renversée, $\equiv$ diminuée (III).	

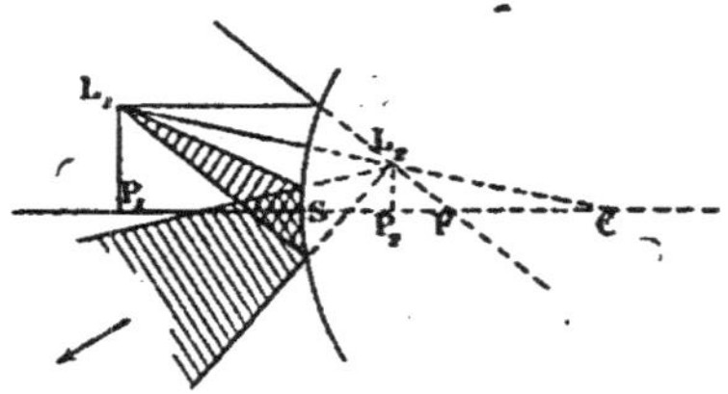

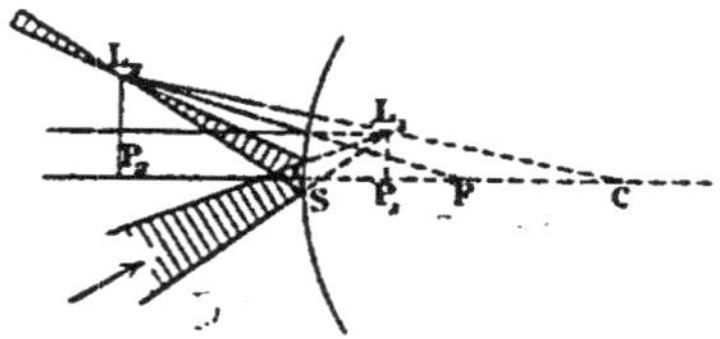

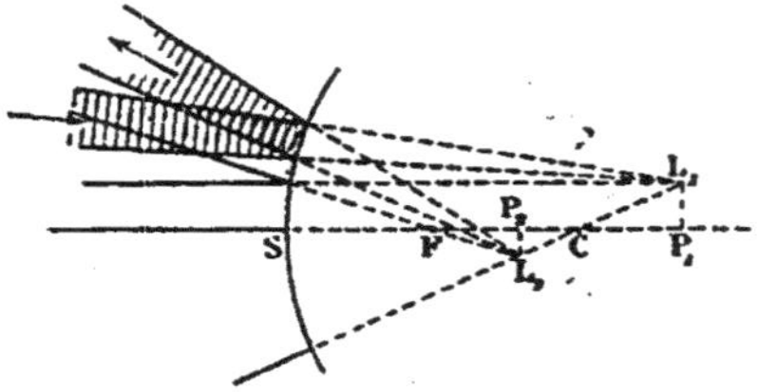

— L'équation de Newton et la formule correspondante du grossissement

$$q_1 q_2 = f^2, \qquad G = -\frac{f}{q_1}$$

permettent une discussion très rapide, que l'on peut conduire simultanément pour les deux types de miroirs.

Nous voyons tout d'abord que q_1 et q_2 doivent toujours être de même signe, et que par conséquent les deux foyers conjugués sont toujours situés du même côté du foyer.

Pour que l'image soit virtuelle, dans le cas du miroir concave, il faut que q_2 soit négatif et plus grand que f en valeur absolue; il faut donc que q_1 soit négatif et plus petit que f en valeur absolue; le miroir concave ne donnera par conséquent d'images virtuelles que des objets placés entre le foyer et le sommet.

Inversement l'image, dans les miroirs convexes, ne sera réelle que si q_2 est positif et supérieur à φ; ce qui exige que q_1 soit positif et inférieur à φ, c'est-à-dire que l'objet soit, là encore, compris dans l'intervalle SF.

L'image est droite si, dans les miroirs concaves, q_1 est négatif, c'est-à-dire l'objet au delà du foyer, et si, dans les miroirs convexes, q_1 est positif, c'est-à-dire l'objet en avant du foyer.

Elle est agrandie si q_1 est en valeur absolue plus petit que f, c'est-à-dire, pour les deux types de miroirs, si l'objet est placé entre le centre et le sommet.

28. Images aériennes. — Lorsque, après réflexion, les rayons lumineux, issus d'un point, par exemple, se réunissent en avant du miroir pour former une image réelle, après laquelle ils divergent de nouveau, nous pouvons observer cette image de deux manières différentes : ou en interceptant le cône de rayons réfléchis par un écran qui le coupe à son sommet, ou simplement en plaçant l'œil à une distance convenable dans la nappe divergente du cône : les rayons pénétrant dans la pupille vont former sur la rétine un nouveau point de concours, de sorte que l'œil voit, dans l'espace, un point lumineux qui n'est autre chose que le sommet du cône : on perçoit alors ce qu'on appelle une image aérienne.

Ces images aériennes sont fréquemment utilisées pour produire des illusions, comme dans l'expérience classique du bouquet; au

point de vue des observations scientifiques, elles ont l'avantage de
conserver les trois dimensions de l'objet, tandis qu'en interceptant les rayons lumineux par un écran, l'image obtenue n'est plus
qu'une projection à deux dimensions.

29. Mesure des distances focales principales. — 1° *Miroirs
concaves.* — On dirige l'axe du miroir vers le centre du Soleil et
intercepte les rayons réfléchis par un écran que l'on déplace suivant l'axe principal jusqu'à ce que la tache lumineuse qui s'y
forme ait un contour aussi net et un diamètre aussi petit que possible : cette tache est alors l'image du Soleil, qui se fait dans le
plan focal principal, et la distance de l'écran au miroir est la distance focale principale.

2° *Miroirs convexes.* — On dispose devant le miroir, perpendiculairement à l'axe, qui est dirigé vers le centre du Soleil, un
écran percé de deux ouvertures également distantes de l'axe
(*fig.* 29) : les pinceaux admis par ces ouvertures viennent, après
réflexion, former sur la face postérieure de l'écran deux taches
lumineuses : on déplace l'écran jusqu'à ce que l'écart des deux

Fig. 29.

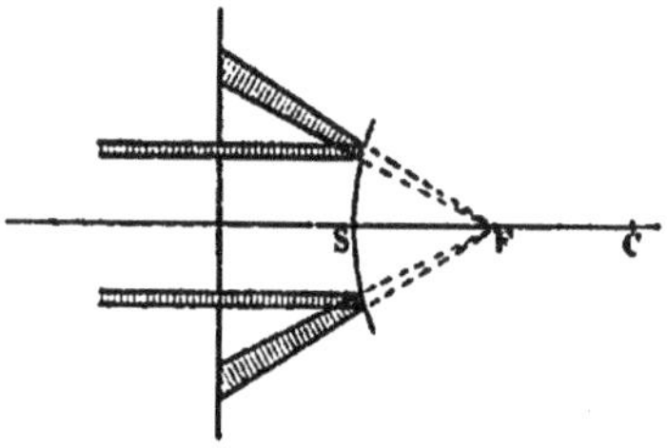

taches soit double de l'écart des ouvertures : sa distance au miroir
est alors égale à la distance focale principale.

Ces procédés sont très grossiers : on a de meilleures indications
en mesurant au moyen du sphéromètre le rayon de courbure des
miroirs, ou en associant ceux-ci à un système réfringent.

30. Rayons marginaux. — Nous avons trouvé (10) que l'équation générale complète était

$$\frac{p_1 - r}{r - p_2} = \frac{p_1 - a}{p_2 - a}$$

où

$$a = r\left(1 - \frac{1}{\cos\omega}\right),$$

ω étant l'angle que fait avec l'axe principal la normale au point d'incidence.

Cette équation peut se mettre sous une forme analogue à celle des rayons centraux, en chassant les dénominateurs et ordonnant, ce qui donne

$$p_2 r + p_1 r - 2p_1 p_2 + a(p_1 + p_2 - 2r) = 0;$$

et divisant tous les termes par $p_1 p_2 r$:

$$(9) \qquad \frac{1}{p_1} + \frac{1}{p_2} = \frac{2}{r} - \frac{a}{r}\left(\frac{1}{p_1} + \frac{1}{p_2} - \frac{2r}{p_1 p_2}\right).$$

Si a n'est pas négligeable, on voit que, pour une valeur donnée de p_1, p_2 dépendra de a, et n'aura la même valeur que pour des rayons rencontrant la surface à la même distance du sommet : c'est-à-dire que, des rayons émanés d'un même point P_1, ceux-là seuls concourront rigoureusement en un même point qui seront les génératrices d'un cône de révolution autour de l'axe principal, ou autour d'un axe secondaire. Mais si nous divisons le faisceau venant d'un point lumineux en séries coniques d'angle croissant, les divers cônes de rayons réfléchis donneront des points de concours différents.

Considérons en particulier un faisceau de rayons parallèles à l'axe principal : les rayons centraux nous donnent un point de concours F que nous obtenons en faisant dans l'équation précédente $p_1 = \infty$ et $a = 0$,

$$\frac{1}{f} = \frac{2}{r}.$$

Les rayons qui tombent au bord extrême du miroir nous donnent un point de concours différent, que nous appellerons F_m; nous aurons sa distance f_m au sommet en faisant encore $p_1 = \infty$,

$$\frac{1}{f_m} = \frac{2}{r} - \frac{a}{r}\frac{1}{f_m},$$

$$\frac{1}{f_m}\left(1 + \frac{a}{r}\right) = \frac{1}{f},$$

$$f_m = f\left(2 - \frac{1}{\cos\omega}\right),$$

ω étant ce que nous nommerons l'ouverture angulaire du miroir, c'est-à-dire l'angle que fait avec l'axe principal la normale en un point du bord.

Nous appellerons *aberration* principale longitudinale la distance des deux foyers F et F_m, et nous poserons

$$l = f_m - f.$$

Par suite, puisque $f = \dfrac{r}{2}$,

$$(10) \qquad l = f\left(1 - \frac{1}{\cos\omega}\right) = \frac{a}{2};$$

l'aberration est donc négative dans le cas des miroirs concaves, et positive pour les miroirs convexes. Dans les premiers, où f_m et f sont positifs, il faut donc que f soit plus grand que f_m; dans les seconds, où ils sont négatifs, il faut que, en valeur absolue, f soit encore plus grand que f_m : c'est-à-dire que, dans les deux cas, le foyer des rayons marginaux est plus voisin du miroir que le foyer des rayons centraux.

Le cône des rayons marginaux coupe (*fig.* 30) le plan du foyer principal suivant un cercle dont le rayon u mesure ce qu'on

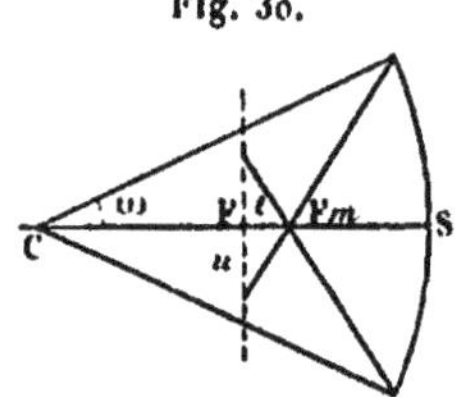
Fig. 30.

appelle l'*aberration principale latérale;* l'angle au sommet de ce cône étant très sensiblement 2ω,

$$u = l \tan g\, 2\omega;$$

$$(11) \qquad u = f\left(1 - \frac{1}{\cos\omega}\right) \tan g\, 2\omega.$$

31. Caustique par réflexion. — Faisons tomber sur un miroir sphérique dont l'ouverture n'est pas très petite, un faisceau cylindrique de rayons parallèles à l'axe principal, et groupons ces rayons en séries cylindriques concentriques de diamètre croissant : tous les cônes de rayons réfléchis auront leurs sommets sur l'axe, et ces sommets iront s'écartant progressivement du foyer des rayons centraux jusqu'au foyer des rayons marginaux. Nous aurons donc sur l'axe une ligne brillante limitée à ces deux points.

D'autre part, ces cônes auront comme enveloppe une surface de révolution autour de l'axe principal, et qui présentera aussi

Fig. 31.

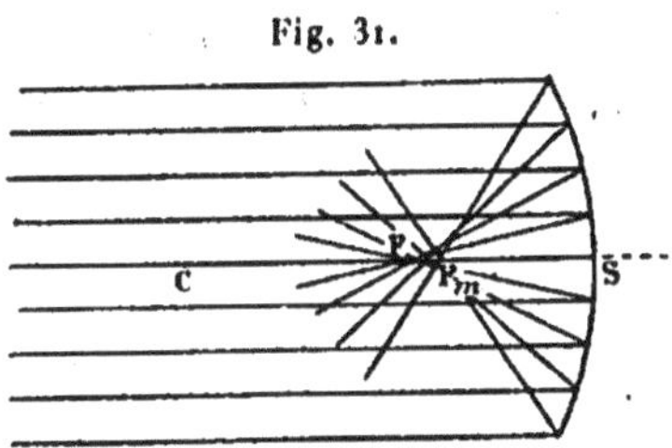

un maximum d'éclairement; elle forme, avec la portion FF_m de l'axe, les deux parties de ce qu'on appelle la *caustique par réflexion*.

La surface caustique étant de révolution autour de l'axe, il suffit d'en déterminer la méridienne. Or on peut obtenir facilement l'équation dite de Petit (¹), qui permet de la construire par points.

Soient (*fig.* 32) une surface sphérique réfléchissante, concave

Fig. 32.

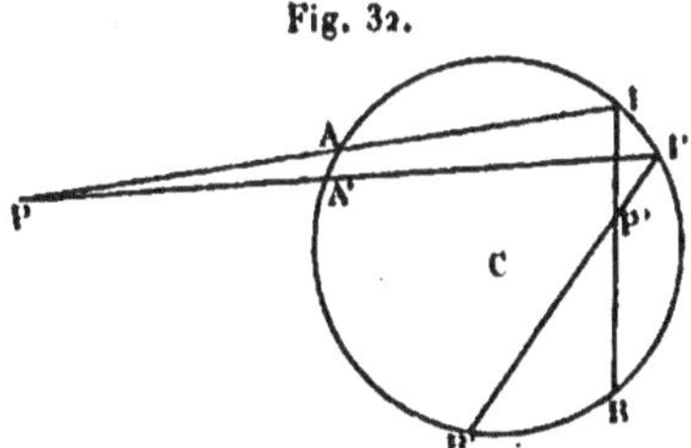

par exemple, et deux rayons très voisins PI, PI', se réfléchissant suivant IR, I'R', qui se coupent en un point P''. Lorsque les deux rayons se rapprocheront jusqu'à se confondre, le point P'' tendra

---

(¹) *Correspondance sur l'École Polytechnique*, à l'usage des élèves de cette école, par M. HACHETTE, t. II (1813), 4ᵉ cahier.

vers une position limite qui sera le point de contact du rayon IR
avec l'enveloppe des rayons réfléchis, c'est-à-dire avec la méridienne de la caustique.

Soient A et A' les points où les rayons incidents coupent pour
la première fois la sphère; posons

$$PI = \pi, \qquad P'I = \pi', \qquad AI = \tfrac{1}{2}a,$$

et remarquons que

$$IA = IR, \qquad I'A' = I'R'.$$

Désignons par $d\alpha$ et $d\beta$ les angles, très petits, en P et en P'

$$II' = PI\, d\alpha, \qquad AA' = PA\, d\alpha,$$
$$\frac{II'}{AA'} = \frac{PI}{PA},$$

et de même

$$II' = P'I\, d\beta, \qquad RR' = P'R\, d\beta,$$
$$\frac{II'}{RR'} = \frac{P'I}{P'R}.$$

D'autre part, nous avons, identiquement,

$$AA' + AI + II' = I'R + RR' = IR - II' + RR',$$
$$2\,II' = RR' - AA' = II'\frac{P'R}{P'I} - II'\frac{PA}{PI},$$
$$2 = \frac{P'R}{P'I} - \frac{PA}{PI},$$

et comme

$$P'R = \tfrac{1}{2}a - \pi', \qquad PA = \pi - \tfrac{1}{2}a,$$

cette équation peut s'écrire

$$\frac{\tfrac{1}{2}a - \pi'}{\pi'} - \frac{\pi - \tfrac{1}{2}a}{\pi} = 2,$$
$$\tfrac{1}{2}a\pi - \pi\pi' - \pi\pi' + \tfrac{1}{2}a\pi' = 2\pi\pi',$$

(12)
$$\frac{1}{\pi} + \frac{1}{\pi'} = \frac{1}{a},$$

qui est l'*équation de Petit*.

Dans le cas où les rayons incidents sont parallèles entre eux,
la méridienne prend une forme assez simple.

L'équation précédente nous donne alors

$$\pi' = a.$$

Soit un rayon rencontrant la sphère en A et se réfléchissant
en I suivant IR : le point P′ où ce rayon touche la caustique est
au quart de la longueur IR à partir de I.

Soit C le centre de la sphère; soit CS l'axe du faisceau : CI est
la bissectrice de l'angle AIR; traçons une circonférence tangente

Fig. 33.

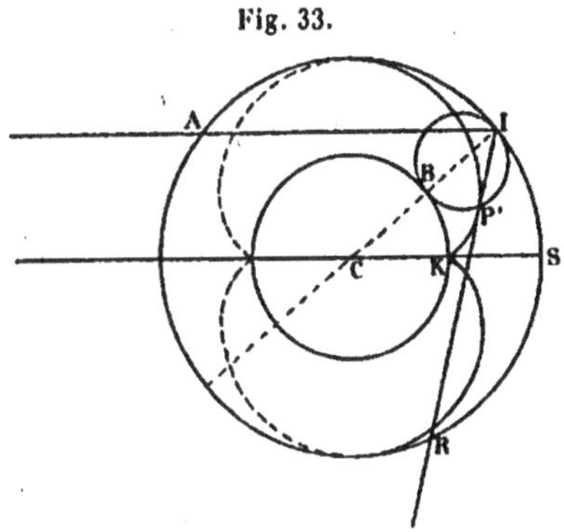

en I au miroir et passant par P′ : elle a son centre sur CI et coupe
ce diamètre au quart de sa longueur, c'est-à-dire au point B, également distant de I et de O; son rayon est $\frac{r}{4}$, si r est le rayon du
miroir; elle est tangente en B à une circonférence de rayon $\frac{r}{2}$ concentrique au miroir; l'angle ICS est égal à l'angle CIA et, par
conséquent, à l'angle CIR; or, ICS a comme mesure l'arc BK, et
CIR a comme mesure, dans une circonférence de rayon deux fois
moindre, la moitié de l'arc BP′ : donc ces deux arcs sont égaux.

Si donc nous supposons que la circonférence de rayon $\frac{r}{4}$ roule
sur la circonférence de rayon $\frac{r}{2}$, la courbe engendrée par le point
de la première qui occupe la position K lorsque le centre est sur
CS, est précisément le lieu du point P′, c'est-à-dire la méridienne
de la caustique.

La méridienne cherchée est donc une épicycloïde, ayant en K
son point de rebroussement et touchant le miroir aux extrémités
du diamètre qui est perpendiculaire à la direction des rayons incidents. C'est en réalité une portion de cette épicycloïde, la moitié
si nous supposons le miroir concave hémisphérique; la seconde

partie de la courbe correspond alors au miroir convexe constitué
par l'autre moitié de la sphère.

32. Déformation des images dans les miroirs sphériques. —
Il nous est facile maintenant de comprendre comment les images
données par les miroirs sphériques présentent dans certains cas
des déformations très marquées.

Je suppose qu'il s'agisse, par exemple, d'une image aérienne
fournie par un miroir concave, d'ouverture assez grande. Examinons d'abord comment, dans ce cas, nous percevons l'image d'un
point.

Soient un point L_1 (*fig.* 34) et $L_1 C$ son axe secondaire : les
rayons réfléchis ne concourent pas tous en L_2; ils donnent une

Fig. 34.

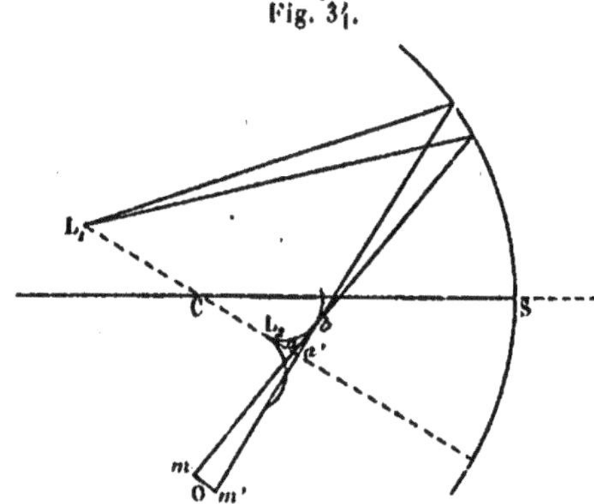

caustique, comprenant une petite portion de l'axe secondaire, et
une surface de révolution autour de cet axe, ayant comme sommet l'image L_2 que donneraient les rayons centraux, et s'étendant à
une certaine distance de ce sommet, puisque nous supposons assez
grande l'ouverture du miroir : de ces rayons réfléchis, l'œil ne reçoit
qu'un pinceau très fin, limité par l'ouverture mm' de la pupille;
ce sera, si l'œil est à peu près placé sur l'axe secondaire, et à une
distance assez grande, un pinceau de rayons centraux, et l'on
verra, en L_2, une image nette : mais si l'œil est en O, par exemple,
très en dehors de l'axe secondaire, ce sera un pinceau de rayons
marginaux, ne passant pas par L_2; ces rayons intéressent, sur
l'axe secondaire, une très petite longueur, aa', constituant une

droite lumineuse comprise dans le plan du Tableau ; ils intéressent, d'autre part, sur la surface caustique, un petit élément, autour du point b où la caustique touche le rayon qui passe au centre de la pupille : ce petit élément de surface, vu sous une obliquité très grande, apparaîtra comme une ligne, assimilable à une petite droite perpendiculaire en b au plan du Tableau : ces deux lignes lumineuses ne se coupent pas, mais l'œil les voit projetées l'une sur l'autre, en croix (voir *Compléments*, I), et perçoit en somme à peu près un point, qui n'est pas très net, et qui occupe une position intermédiaire entre aa' et b ; notablement différent, par conséquent, de L_2.

Si nous observons de même l'image d'un objet plan, perpendiculaire à l'axe principal, et dont les dimensions soient relativement grandes par rapport à sa distance au miroir, tout d'abord les sommets des caustiques correspondant aux divers points de cet objet ne seront pas sur un même plan perpendiculaire à l'axe, puisque les divers axes secondaires ne sont point, comme nous l'avons supposé dans la théorie des rayons centraux, très voisins de l'axe principal ; et d'autre part ce n'est même pas ces sommets que l'œil verra ; d'où une double cause de déformation.

33. Miroirs aplanétiques. — On appelle *aplanétique* un miroir qui ferait concourir en un même point tous les rayons issus d'un même point : il doit évidemment appartenir à une surface de révolution.

Un miroir sphérique n'est rigoureusement aplanétique que pour son centre de courbure, mais il l'est aussi, pratiquement, pour tous les points très voisins de ce centre, et qui, par conséquent, n'envoient au miroir que des rayons sensiblement normaux ; un miroir appartenant à un ellipsoïde ou à un hyperboloïde l'est pour les deux foyers de la conique méridienne ; enfin un paraboloïde de révolution fait concourir exactement à son foyer les rayons qui sont, à l'incidence, parallèles à l'axe, et, inversement, réfléchit en un faisceau rigoureusement parallèle à l'axe les rayons émanés de son foyer.

CHAPITRE VI.

RÉFRACTION PAR LES SURFACES PLANES.

I. — LOIS GÉNÉRALES.

34. Lois fondamentales de la réfraction. Indices de réfraction. — Nous avons vu (11) qu'un rayon lumineux tombant à la surface de séparation de deux milieux transparents était en partie réfléchi vers le premier milieu, en partie transmis à travers le second. Nous avons étudié dans les Chapitres précédents la marche du rayon réfléchi; nous allons maintenant suivre celle du rayon transmis, en nous plaçant dans le cas simple *où la lumière incidente est homogène :* la lumière se propage alors dans le second milieu suivant une direction unique, bien déterminée, et généralement différente de celle du rayon incident; on dit qu'elle est *réfractée.*

Les lois qui déterminent la direction du rayon réfracté peuvent s'énoncer ainsi :

1° *Le rayon réfracté reste dans le plan d'incidence.*

2° *Le rayon incident et le rayon réfracté font avec la normale, menée par le point d'incidence à la surface de séparation, des angles dont les sinus sont dans un rapport constant;* cette seconde loi est appelée *loi de Descartes.*

Kepler avait énoncé que si l'angle d'incidence est petit, il existe un rapport constant entre les angles eux-mêmes. La loi de Kepler peut donc être acceptée comme exacte si les angles sont assez petits pour que l'on puisse confondre le sinus avec l'arc.

Le rapport constant $\frac{\sin i_1}{\sin i_2}$, i_1 étant l'angle d'incidence et i_2 l'angle de réfraction (*fig.* 35) est dit *indice de réfraction du second milieu par rapport au premier;* nous le désignerons par la lettre n. Si n est plus grand que 1, c'est-à-dire si le rayon en se réfractant se rapproche de la normale, nous dirons que le second milieu est plus réfringent que le premier.

Fig. 35.

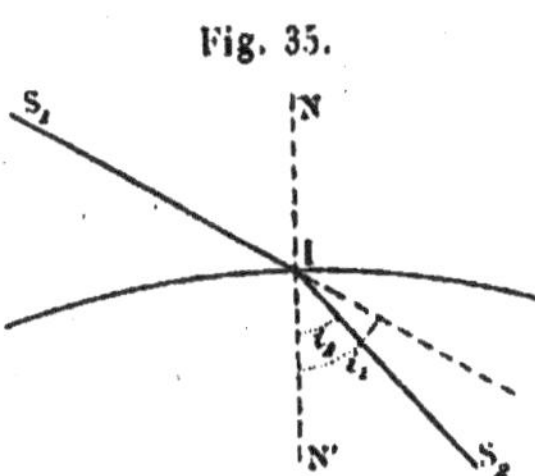

L'indice de réfraction n'est autre chose, dans la théorie des ondulations, que l'inverse du rapport des vitesses avec lesquelles la lumière se propage dans le premier et dans le second milieu, et les lois de la réfraction définissent le chemin le plus court que la lumière puisse suivre pour aller d'   oint situé dans le premier milieu à un point placé dans le s

On vérifie grossièrement les lois de la r fraction au moyen de l'appareil de Silbermann, qui nous a déjà servi pour les lois de la réflexion : on dispose au centre du limbe divisé une cuve de verre hémicylindrique pleine d'eau (*fig*. 36); la surface libre, qui

Fig. 36.

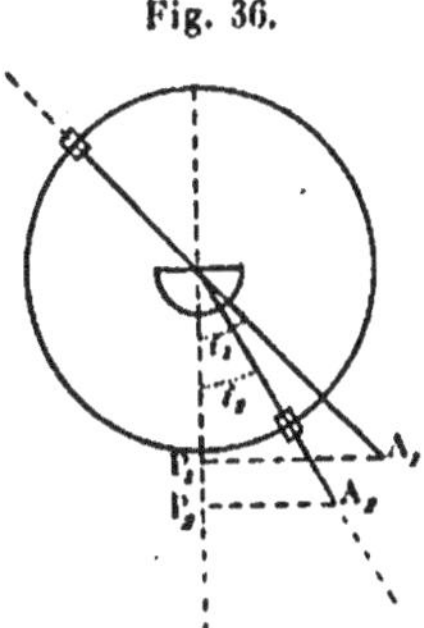

contient l'axe du cylindre, passe par le centre du limbe et par conséquent contient aussi la ligne 90°-270° qui est rendue horizontale ; un pinceau de rayons solaires, dirigé suivant l'une des alidades, rencontre cette surface au centre du limbe et se réfracte ; le pinceau transmis traverse ensuite sans déviation la paroi de verre, qu'il frappe normalement. On peut toujours trouver pour la seconde alidade une position pour laquelle ce pinceau réfracté traverse le système de diaphragmes dont elle est munie, ce qui démontre la première loi. Si alors on amène successivement en regard de l'extrémité de chacune des deux alidades, qui ont même longueur, une règle divisée horizontale mobile sur le pied qui porte le limbe, on constate que les distances P_1A_1 et P_2A_2 de ces extrémités à la verticale passant par le centre sont dans un rapport qui ne varie pas avec l'angle d'incidence; la loi de Descartes est ainsi justifiée.

On peut faire une vérification plus rigoureuse, en s'assurant qu'un rayon lumineux traversant, par exemple, un prisme de verre obéit exactement aux lois directement déduites des lois fondamentales de la réfraction.

L'expérience montre d'ailleurs que le chemin suivi par un rayon lumineux est indépendant du sens dans lequel marche la lumière, de sorte que si le rayon incident est S_2I, le rayon réfracté sera IS_1; c'est ce qu'on appelle *principe du retour inverse des rayons lumineux;* si nous désignons par m l'indice du premier milieu par rapport au second,

$$\frac{\sin i_2}{\sin i_1} = m,$$

$$m = \frac{1}{n},$$

c'est-à-dire que l'indice d'un milieu M par rapport à un milieu M' est l'inverse de l'indice de M' par rapport à M.

35. Construction géométrique du rayon réfracté. — On a indiqué plusieurs méthodes permettant de construire géométriquement le rayon réfracté. Celle d'Huyghens a l'avantage de se rattacher à une théorie très générale.

Prenons, comme plan du Tableau (*fig.* 37), le plan d'incidence; soit MM' la trace, dans ce plan, de la surface de séparation. Décrivons, du point d'incidence I comme centre, deux circonférences, l'une de rayon 1, l'autre de rayon $\frac{1}{n}$. Par le point A, où le rayon incident prolongé rencontre la première, menons une tangente à cette circonférence; elle coupe au point T le plan tangent en I à la surface réfringente. Par ce point T, menons une tangente à la circonférence de rayon $\frac{1}{n}$; soit B le point de contact. Le rayon réfracté est IB.

Fig. 37.

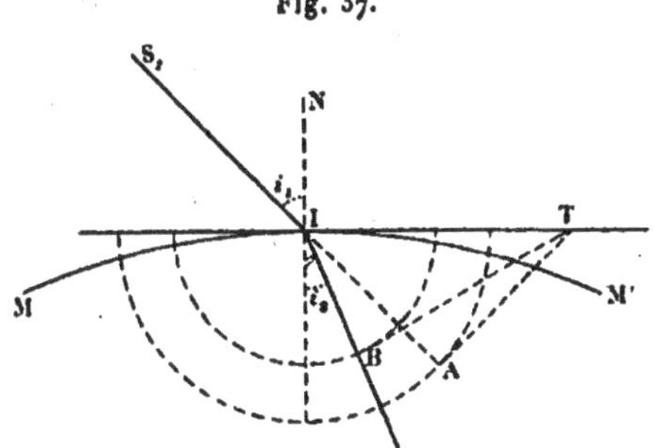

Les angles ITA, ITB sont en effet respectivement égaux aux angles i_1 et i_2, et nous avons

$$IA = 1 = IT \sin i_1,$$

$$IB = \frac{1}{n} = IT \sin i_2.$$

d'où

$$\sin i_1 = n \sin i_2$$

IB satisfait donc bien à la loi de Descartes.

Les sphères dont les deux circonférences marquent la trace sur le plan du Tableau ne sont autres que les surfaces de l'onde incidente et de l'onde réfractée, c'est-à-dire le lieu des points atteints au bout d'un même intervalle de temps (θ) par la lumière se propageant, à partir du point I, avec les vitesses relatives au premier et au second milieu; et les plans qui se projettent suivant TA et TB sont les plans de vibration, à la fin de cet intervalle, de la lumière incidente et de la lumière réfractée.

Dans le cas où les surfaces d'onde sont sphériques, et c'est le seul dont nous ayons à nous occuper, la construction d'Huyghens peut se simplifier; mais elle perd alors son caractère de généralité. Si par le point C (*fig.* 38), où le rayon incident rencontre la circonférence de rayon $\frac{1}{n}$, on abaisse une perpendicu-

laire CD sur le plan tangent à la surface de séparation, et si E est
le point où cette perpendiculaire coupe la circonférence de rayon 1,

Fig. 38.

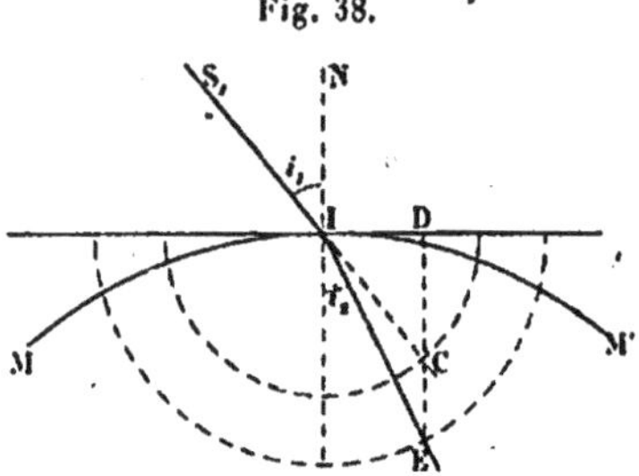

nous avons

$$ID = IC \sin i_1 = IE \sin i_2,$$

$$\frac{1}{n} \sin i_1 = \sin i_2.$$

IE est donc le rayon réfracté.

36. Variations de la déviation. Angle limite. — L'équation
$\sin i_1 = n \sin i_2$ nous montre que i_2 croît avec i_1, mais moins vite
que lui si n est supérieur à l'unité.

Pour $i_1 = 90°$, on a $i_2 = \text{arc sin } \frac{1}{n}$; c'est la valeur maximum de i_2.
Cette valeur particulière que prend l'angle de réfraction quand le
rayon incident rase la surface réfringente est dite *angle limite;*
nous la désignerons par l.

Pour l'eau, dont l'indice est $\frac{4}{3}$....... $l = 48°35'25''$
Pour un verre d'indice 1,5......... $l = 41°48'37''$

Mais il est à remarquer que tous les verres employés en Optique
ont un indice supérieur à 1,5; la valeur de l que nous venons
d'indiquer est donc une limite supérieure.

La déviation est

$$D = i_1 - i_2.$$

De ce que i_2 croît avec i_1, mais moins rapidement que i_1, il
résulte que la déviation croît avec i_1 et i_2. D'ailleurs, de la relation
fondamentale, nous tirons

$$\frac{dD}{di_1} = 1 - \frac{di_2}{di_1} = 1 - \frac{\cos i_1}{n \cos i_2} = 1 - \sqrt{\frac{1 - \sin^2 i_1}{n^2 - \sin^2 i_1}};$$

W.

la dérivée de D croît donc de

$$1 - \frac{1}{n} \quad \text{à} \quad 1$$

quand i_1 varie de $0°$ à $90°$; donc la déviation croît d'autant plus vite que l'angle d'incidence est plus grand.

37. Réflexion totale. — Si nous considérons tous les rayons pénétrant par un point I dans un milieu plus réfringent que celui où ils se propageaient d'abord, les rayons réfractés seront tous compris dans un cône ayant pour axe la normale, et comme angle au sommet l'angle limite.

Si, inversement, nous considérons de la lumière passant par le point I du milieu d'indice n dans le milieu d'indice 1, il résulte du principe du retour inverse que seuls pourront sortir par le point I les rayons dont la portion incidente est comprise à l'intérieur du cône d'angle l. Un rayon situé en dehors de ce cône, ne pouvant pas émerger, sera réfléchi totalement à l'intérieur du milieu d'indice n; c'est le phénomène de la réflexion totale.

Quant aux rayons compris dans le cône limite, ils se diviseront, en arrivant au point I, en deux portions, dont l'une émergera, et dont l'autre sera réfléchie; ils subiront donc une réflexion partielle, et, comme nous avons vu que le pouvoir réflecteur croît avec l'incidence, le rapport de la portion réfléchie à la portion transmise augmentera à mesure que l'angle d'incidence croîtra; mais il sera toujours inférieur à l'unité, et il y aura changement brusque au moment où l'angle d'incidence atteindra la valeur de l'angle limite, c'est-à-dire pour les rayons dirigés suivant les génératrices du cône.

Considérons maintenant (*fig.* 39) les rayons émanés d'un point S, situé dans un milieu d'indice n, celui-ci étant séparé par une surface plane d'un milieu d'indice 1; les mêmes phénomènes se reproduiront : les rayons compris dans un cône d'angle l, ayant pour axe la normale SN à la surface de séparation, pourront seuls traverser cette surface, et seront partiellement réfléchis; les autres subiront la réflexion totale.

Si l'on recouvre d'une lame opaque la section de ce cône par la surface, aucun rayon venant d'un point situé à l'intérieur du cône ne pourra donner de portion transmise; et tout objet situé dans le cône sera complètement invisible pour un observateur placé dans le milieu d'indice 1. Mais si, le milieu d'indice n étant, par exemple,

Fig. 39.

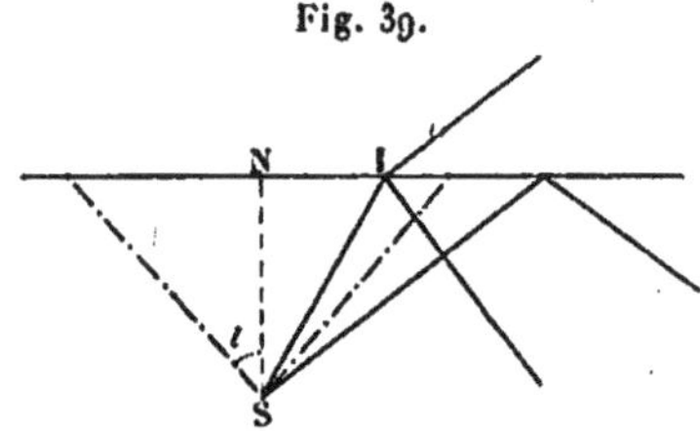

de l'eau contenue dans un vase de verre, l'observateur se place au-dessous de la surface libre et regarde vers le haut à travers la paroi transparente, il apercevra de l'objet une image renversée. On réalise généralement cette expérience en implantant normalement, au centre d'un disque de liège, une tige de longueur convenable.

Parmi les expériences utilisant le phénomène de la réflexion totale, il faut citer celle de Colladon, ou de la fontaine lumineuse : un faisceau de rayons parallèles, horizontal, est envoyé dans une veine liquide, qui coule dans le même plan vertical; rencontrant la surface supérieure de la veine sous un angle supérieur à l'angle limite, il est réfléchi totalement, et cette réflexion totale se reproduisant plusieurs fois sur les parois opposées de la veine, celle-ci apparaît lumineuse si l'expérience est faite dans l'obscurité.

II. — RÉFRACTION PAR UNE SURFACE PLANE.

38. Réfraction par une surface plane. — Soit une surface plane séparant deux milieux, d'indices n et 1 (*fig.* 40); je considère dans le milieu inférieur, d'indice $n > 1$, un point lumineux P_1 et un rayon qui, émané de ce point P_1, s'écarte assez peu de la normale $P_1 N$ pour que l'on puisse confondre les tangentes avec les sinus. Il rencontre la surface au point I; soient i_1 et i_2 les angles d'incidence et d'émergence : le rayon émergent coupe la normale au point P_2

$$IN = P_1 N \tan g\, i_1 = P_2 N \tan g\, i_2,$$

$$P_2 N = P_1 N \frac{\tan g\, i_1}{\tan g\, i_2} = \frac{1}{n} P_1 N.$$

Donc, dans les limites indiquées, la position du point P_2 sera indépendante de la valeur de i_1; et pour tous les rayons émanés de P_1 et s'écartant très peu de la normale, les portions émergentes auront un point de concours unique, constituant une image nette

Fig. 40.

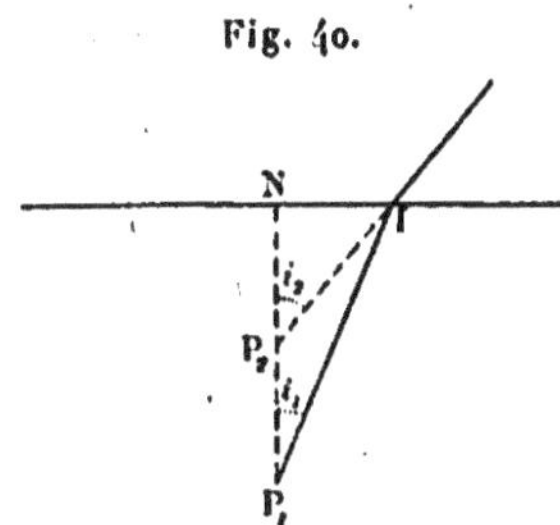

de P_1. Inversement, des rayons assez peu obliques et se propageant vers P_2 dans le milieu d'indice 1 donneront en P_1 une image nette de P_2.

Les points P_1 et P_2 seront dits *foyers conjugués* par rapport à la surface plane; si nous appelons p_1 et p_2 leurs distances à la surface, elles sont liées par l'équation

$$(13) \qquad\qquad p_2 = \frac{1}{n}\, p_1.$$

Prenons maintenant le cas général : le rayon P_1 I est quelconque, i_1 n'est plus assujetti à être très petit; alors la position de P_2 n'est plus indépendante de la valeur de i_1. On aura un point de concours unique pour les portions émergentes de tous les rayons appartenant à une même surface conique, de révolution autour de la normale P_1 N, mais ce point de concours ne sera pas le même pour les divers cônes; à mesure que i_1 augmentera, il se déplacera, depuis le foyer P_2 des rayons centraux, jusqu'à N, qui sera le point de concours des rayons limites.

Tous les cônes de rayons émergents envelopperont d'ailleurs une surface qui sera évidemment de révolution autour de P_1 N et qui présentera, ainsi que la portion de normale P_2 N, un maximum d'éclairement : on appellera cette surface la *caustique par réfraction*. Il est facile d'en trouver la méridienne.

Soit un rayon quelconque P_1 I (*fig.* 41); la portion réfractée de ce rayon rencontre en P la normale $P_1 N$. Je considère le point P'_1, symétrique de P_1 par rapport à la surface de séparation, et la circonférence passant par les points $P_1 I P'_1$; je prolonge PI jusqu'à sa rencontre en M avec la circonférence, et je joins MP_1, MP'_1. Les

Fig. 41.

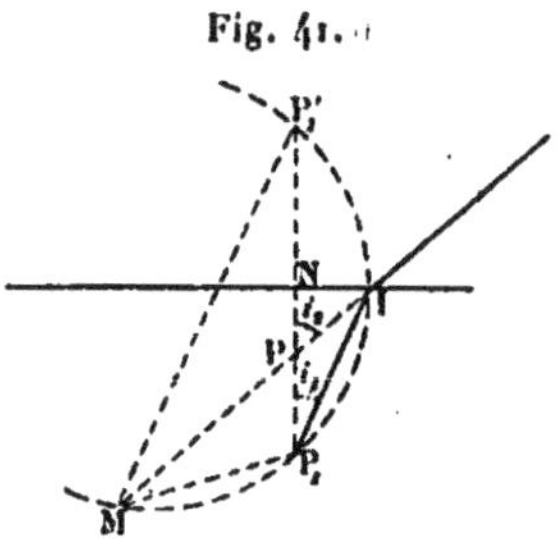

deux angles en M et l'angle $P'_1 P_1 I$, inscrits dans la même circonférence et correspondant à des arcs égaux, sont égaux : par conséquent, IM est bissectrice de l'angle $P_1 M P'_1$ et les deux angles en M sont égaux à i_1 ; nous avons alors, i_2 étant l'angle de réfraction,

$$\frac{P_1 M}{\sin i_2} = \frac{P_1 P}{\sin i_1},$$

$$\frac{P'_1 M}{\sin i_2} = \frac{P'_1 P}{\sin i_1},$$

d'où, ajoutant membre à membre,

$$P_1 M + P'_1 M = (P_1 P + P'_1 P)\frac{\sin i_2}{\sin i_1} = n P_1 P'_1.$$

La somme des distances du point M aux points P_1 et P'_1 est donc constante et, quand le point I se déplace sur la surface

Fig. 42.

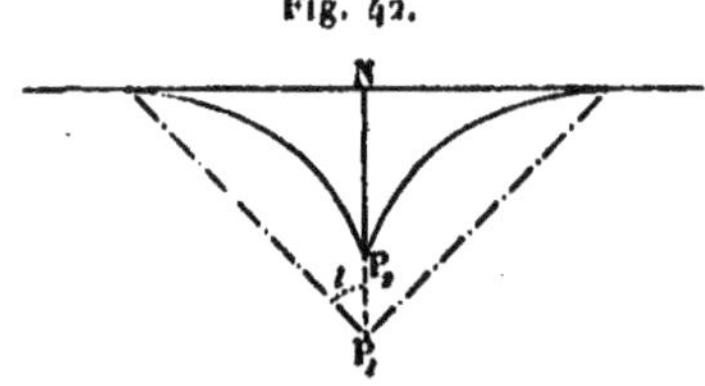

réfringente, le point M décrit une ellipse dont les foyers sont P_1 et P'_1.

Le rayon réfracté MI, dirigé suivant la bissectrice des rayons
vecteurs, est normal à l'ellipse; par suite, la méridienne cherchée
est l'enveloppe des normales, c'est-à-dire la développée de
l'ellipse; elle aura son point de rebroussement au foyer P_2 des
rayons centraux, et touchera la surface réfringente aux points de
sortie des rayons limites (*fig.* 42).

— Supposons au contraire que le point lumineux P_1 soit situé
dans le milieu d'indice 1; le foyer des rayons centraux est défini
alors par l'équation

$$p_2 = np_1$$

et le lieu des sommets des cônes de rayons réfractés est la portion
de normale comprise entre P_2 et l'infini.

Pour avoir la méridienne de la surface caustique, je considère
encore (*fig.* 43) un rayon $P_1 I$, le symétrique P'_1 de P_1 par rapport

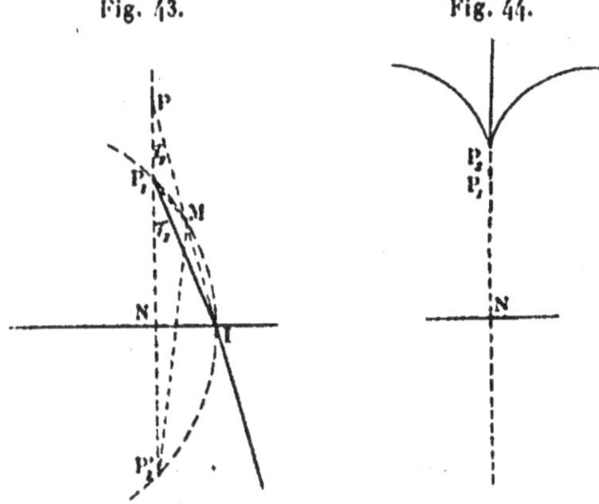

à la surface réfringente, et la circonférence passant par les trois
points $P_1 I P'_1$; elle est rencontrée en M par le rayon émergent, qui
coupe en P la normale $P_1 N$. J'ai ici, les angles PMP_1 et $P'_1 MI$ étant
égaux à l'angle i_1,

$$\frac{P_1 M}{\sin i_2} = \frac{P_1 P}{\sin i_1},$$

$$\frac{P'_1 M}{\sin i_2} = \frac{P'_1 P}{\sin i_1},$$

$$P'_1 M - P_1 M = (P'_1 P - P_1 P)\frac{\sin i_2}{\sin i_1} = \frac{1}{n} P_1 P$$

Le lieu du point M est une hyperbole ayant pour foyers P_1 et P'_1; et la méridienne de la surface caustique est la développée de cette hyperbole (*fig.* 44).

30. Image d'un point. — Supposons qu'un observateur regarde un point lumineux, placé dans un milieu différent de celui où il se trouve lui-même, la surface de séparation étant plane. Il reçoit de ce point un pinceau de rayons que limite l'ouverture très petite de la pupille et qui intéresse des portions très réduites sur les deux parties de la caustique : sur la première, un élément de droite, normal au plan de séparation des deux milieux; sur la seconde, un élément de surface; mais celui-ci est vu sous l'incidence rasante, et ce que l'œil en perçoit, c'est sa projection : c'est-à-dire un élément de ligne, circulaire puisqu'il appartient à une section droite d'une surface de révolution, mais assez petit pour pouvoir être confondu avec sa tangente, et, par conséquent, avec un élément de droite parallèle au plan de séparation. Nous allons déterminer la position de ces deux petites droites rectangulaires.

Prenons comme plan du Tableau le plan qui, normal à la sur-

Fig. 45.

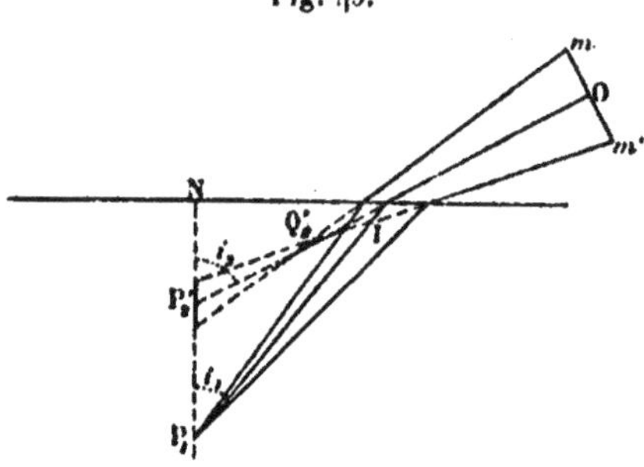

face, comprend le point lumineux P_1 et le centre O de la pupille (*fig.* 45).

Nous pouvons regarder le pinceau lumineux arrivant à l'œil comme constitué par une série de lames coniques, ayant leurs sommets sur la normale P_1N; cette série étant limitée par les rayons qui arrivent aux points m et m', extrémités du diamètre de la pupille. Le premier élément de droite est le lieu de ces sommets : nous pouvons définir sa position par celle du point P'_2 où le rayon passant au point O rencontre la normale; nous supposerons, par exemple, l'observateur placé dans le milieu d'indice 1, et le point lumineux dans le milieu le plus réfringent, d'indice n,

$$P'_2 I = P_1 I \frac{\sin i_1}{\sin i_2} = \frac{1}{n} P_1 I.$$

Quant à l'élément de surface, il a pour trace dans le plan du tableau l'enveloppe des rayons allant de P_1 aux divers points du diamètre mm'; petite courbe qui se réduit pour l'œil au point Q'_2 où elle touche le rayon central IO.

Ce point Q'_2 est la position limite du point A (*fig.* 46) où se coupent les portions émergentes du rayon central P_1 IO et d'un rayon infiniment voisin P_1 I', dont nous désignerons par $i_1 + di_1$ et par $i_2 + di_2$ les angles d'incidence et d'émergence; les angles $IP_1 I'$ et IAI' sont donc respectivement égaux à di_1 et di_2; les angles $II'P_1$ et $II'A$ respectivement égaux aux compléments des angles $i_1 + di_1$ et $i_2 + di_2$.

Fig. 46.

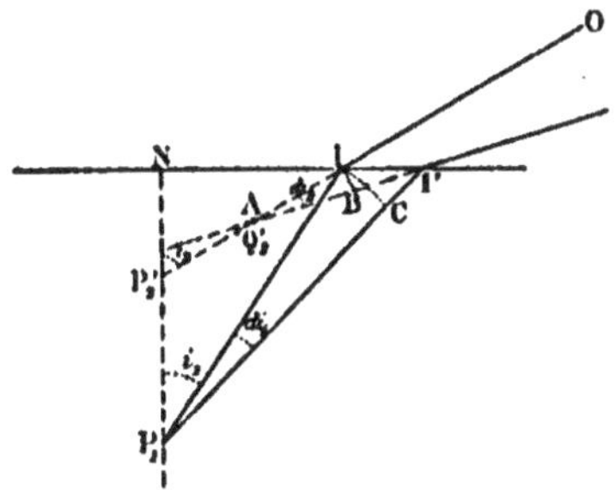

Je décris de A comme centre le petit arc IB, et de P_1 comme centre le petit arc IC,

$$IB = AI \, di_2,$$
$$IC = P_1 I \, di_1.$$

Les figures IBI', ICI' peuvent, les angles di_1 et di_2 étant infiniment petits, être assimilées à des triangles rectangles dans lesquels

$$IB = II' \cos(i_2 + di_2),$$
$$IC = II' \cos(i_1 + di_1).$$

Égalant les valeurs de IB et celles de IC, il vient

$$AI = II' \frac{\cos(i_2 + di_2)}{di_2},$$

$$P_1 I = II' \frac{\cos(i_1 + di_1)}{di_1},$$

d'où, divisant membre à membre,

$$AI = P_1 I \frac{\cos(i_2 + di_2)}{\cos(i_1 + di_1)} \frac{di_1}{di_2}.$$

Mais de $\sin i_1 = \frac{1}{n} \sin i_2$ nous tirons, en prenant la dérivée,

$$\frac{di_1}{di_2} = \frac{1}{n} \frac{\cos i_2}{\cos i_1}.$$

Nous avons donc

$$AI = P_1 I \frac{1}{n} \frac{\cos(i_2 + di_2)}{\cos(i_1 + di_1)} \frac{\cos i_2}{\cos i_1}.$$

Quand, le rayon $P_1 I'$ se rapprochant indéfiniment de $P_1 I$, di_1 et di_2 deviennent nuls, A a comme limite Q'_2 et

$$Q'_2 I = P_1 I \frac{1}{n} \frac{\cos^2 i_2}{\cos^2 i_1}.$$

Le second élément de ligne est le lieu que décrit le point Q'_2 quand on fait tourner le plan $P_1 IN$ autour de la normale de façon à balayer la surface de la pupille; c'est un petit arc de circonférence, pouvant, comme nous l'avons dit, être confondu avec une petite droite perpendiculaire en Q'_2 au plan du Tableau; parallèle, par conséquent, à la surface réfringente, et dont la position est définie par celle du point Q'_2.

Si nous comparons les distances

$$P'_2 I = P_1 I \frac{1}{n},$$

$$Q'_2 I = P_1 I \frac{1}{n} \frac{\cos^2 i_2}{\cos^2 i_1},$$

nous voyons que la seconde est inférieure à la première, puisque $i_2 > i_1$: les deux éléments de ligne ne se couperont que si $i_1 = i_2 = 0$, c'est-à-dire quand le point I se confondra avec le point N; alors P'_2 et Q'_2 se confondent avec P_2, foyer des rayons centraux ; mais de plus, à ce moment, chacun des deux petits éléments de ligne se réduit à un point.

En résumé, d'un point situé dans un milieu différent que limite une surface plane, l'œil ne perçoit une image parfaitement nette que si le pinceau lumineux pénétrant dans la pupille rencontre normalement la surface réfringente ; dans le cas général, l'image est constituée par une petite croix lumineuse dont les deux branches, rectangulaires entre elles, ne se coupent pas, et s'écartent l'une de l'autre à mesure que croît l'obliquité du pinceau.

Nous pouvons nous rendre compte maintenant du relèvement apparent d'un objet placé dans l'eau, et de l'aspect brisé que présente une tige partiellement immergée.

Si l'observateur regarde dans une direction normale à la surface, il voit, de chaque point P_1 placé dans l'eau, une image nette P_2 dont la distance à la surface est $P_2 N = P_1 N \dfrac{1}{n}$. Pour une tige

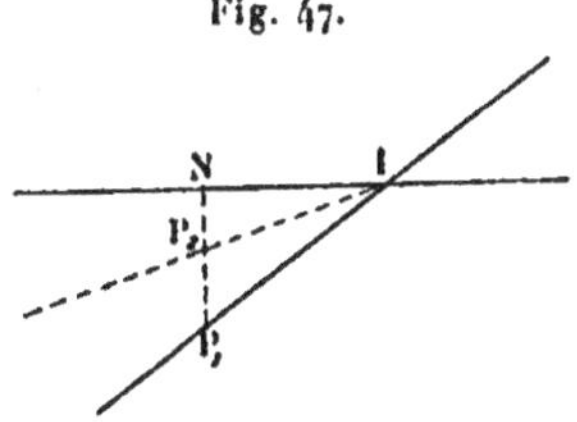

Fig. 47.

partiellement immergée, le lieu des images sera une droite qui ne sera pas dans le prolongement de la portion émergée (*fig.* 47).

Dans le cas de la vision oblique, il intervient une question de netteté. Prenons, par exemple, une série de points en ligne droite, placés dans l'eau : chacun d'eux donnera une petite croix lumineuse dont l'une des branches est verticale et l'autre horizontale. Si la ligne de points est comprise dans un plan vertical passant par le centre de la pupille, les branches verticales se superposeront en grande partie les unes aux autres ; les branches horizontales se juxtaposeront et formeront seulement une sorte d'auréole très peu éclairée, que l'œil ne percevra pas : on verra une ligne nette ; il en sera de même si la ligne est perpendiculaire à un plan vertical passant par le centre de l'œil, le système des branches horizontales étant seul perçu. A partir de ces deux positions extrêmes, la netteté diminuera ; elle sera minimum quand la ligne sera inclinée à 45° sur le plan vertical, le système des croix lumineuses formant alors une bande d'une certaine largeur.

REMARQUE. — Le problème que nous venons de traiter n'est qu'un cas particulier d'une question plus générale, relative à la formation des images par un pinceau étroit, question à laquelle nous avons déjà fait allusion à propos des miroirs sphériques, et que l'on trouvera traitée un peu plus complètement à la fin du Volume (Compléments, I).

S'appuyant sur un théorème énoncé par Gergonne, Sturm a démontré que dans tous les cas où un pinceau étroit de rayons lumineux normaux à une même surface (et par conséquent, en particulier, un pinceau conique ou cylindrique), subit une série quelconque de réflexions et de réfractions, les portions émergentes s'appuient sur deux éléments de droite rectangulaires entre eux et qui, en général, ne se coupent pas : c'est ce que l'on a appelé *lignes focales de Sturm* : ces lignes focales sont parfaitement déterminées; pour trouver leur position, la méthode générale consiste à grouper les rayons en deux séries de lames normales entre elles.

On n'a d'images nettes que lorsque les lignes focales se coupent mutuellement, car alors chacune d'elles se réduit à un point.

40. Images données par les glaces épaisses. — Les miroirs usuels sont des lames à faces parallèles, d'une certaine épaisseur, argentées sur leur face postérieure; les images qu'ils fournissent sont en général troublées par des images parasites dont il nous est facile d'étudier la formation.

Considérons (*fig.* 48) un de ces miroirs, un point lumineux placé en S, et, en O, l'œil d'un observateur, œil que je suppose réduit à son centre optique. Parmi les rayons allant de S à O, il en est d'abord un qui n'a subi qu'une réflexion, en I, sur la face antérieure : le pinceau dont ce rayon est l'axe donne une première image S_0, peu brillante, et symétrique de S par rapport au point N

$$S_0 N = SN.$$

Nous trouvons ensuite un autre rayon qui se réfracte en I', se réfléchit sur la couche métallique en I″ et repasse dans l'air, en se réfractant de nouveau, au point I‴ : c'est à celui-là que corres-

pond l'image principale S_1. Si nous supposons les angles d'incidence assez petits, nous aurons d'abord (38)

$$S'N = SN \times n,$$

puis, successivement,

$$S''N' = S'N' = SN \times n + e,$$
$$S''N = SN \times n + 2e,$$
$$S_1N = S'N \frac{1}{n} = SN + \frac{2e}{n}.$$

Nous aurons ensuite une infinité d'autres images, de moins en
moins brillantes, et que nous fourniront des rayons ayant subi,

Fig. 48.

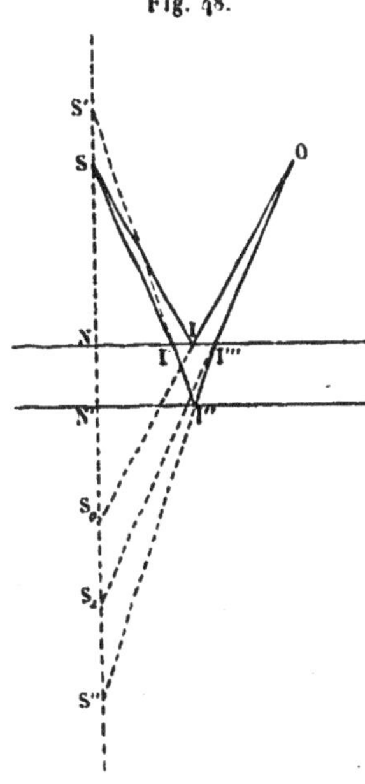

dans l'épaisseur de la lame, un nombre croissant, toujours impair,
de réflexions ; l'image S_p par exemple, donnée par les rayons qui
ont subi deux réfractions et $2p - 1$ réflexions, sera à une distance

$$S_pN = SN + 2p\frac{e}{n},$$

c'est-à-dire qu'elle corresnond à une réflexion unique sur un plan
situé à l'intérieur de la lame, à une distance

$$p\frac{e}{n}$$

du point N; et de façon générale, les images fournies par le miroir
épais seraient données par réflexion unique sur un système de miroirs parallèles à la lame, et dont les distances à la face supérieure
seraient respectivement

$$0, \quad \frac{e}{n}, \quad \frac{2e}{n}, \quad \ldots, \quad p\frac{e}{n}, \quad \ldots$$

Ces images se distingueront d'autant mieux les unes des autres
que l'on observera plus obliquement le miroir.

III. — RÉFRACTION PAR LES LAMES A FACES PARALLÈLES.

41. Réfraction par une lame. — Soit (*fig.* 49) un rayon lumineux SI tombant sur une lame à faces parallèles d'indice n et
d'épaisseur e, placée dans un milieu d'indice 1; ce rayon entre

Fig. 49.

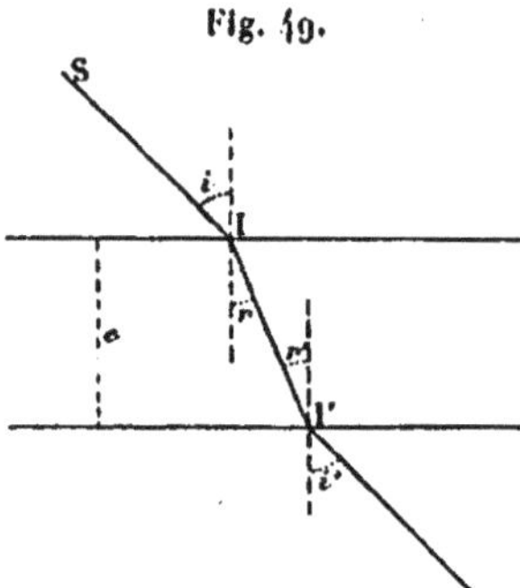

dans la lame en I et en sort en I'; soient i l'angle d'incidence,
i' l'angle d'émergence, r et r' les angles intérieurs.

Le parallélisme des faces entraîne l'égalité

$$r' = r.$$

Nous avons, d'autre part, au point I

$$\sin i = n \sin r,$$

et au point I'

$$\sin r' = \frac{1}{n} \sin i'.$$

Donc $i' = i$, et la portion émergente est parallèle à la portion incidente (¹); le rayon est déplacé latéralement, mais n'est pas dévié.

Le déplacement latéral δ est I'A (*fig.* 50); dans le triangle I I'A

$$\delta = \mathrm{I'A} = \mathrm{II'} \sin(i - r) = \frac{e}{\cos r} \sin(i - r) = e \sin i \left(1 - \sqrt{\frac{1 - \sin^2 i}{n^2 - \sin^2 i}} \right);$$

il croît avec l'incidence et avec l'épaisseur de la lame.

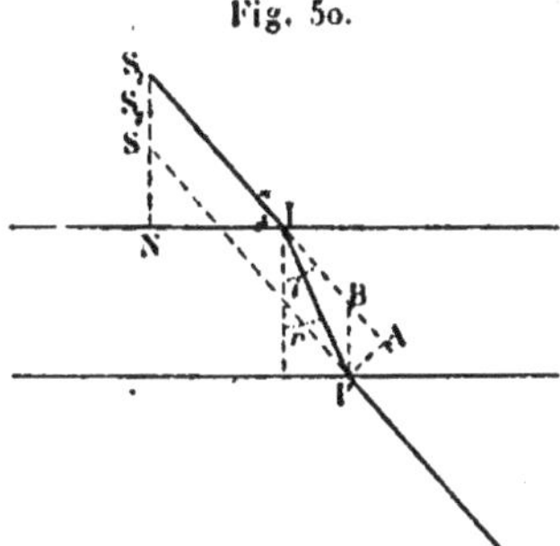

Fig. 50.

Le rayon émergent coupe en S la normale $S_1 N$: la distance $S_1 S$ est égale à I'B, et, dans le triangle AI'B,

$$\mathrm{I'B} = \frac{\mathrm{I'A}}{\sin i} = e \left(1 - \sqrt{\frac{1 - \sin^2 i}{n^2 - \sin^2 i}} \right).$$

Si l'angle d'incidence est voisin de o, le second membre se réduit sensiblement à

$$e \left(1 - \frac{1}{n} \right).$$

(¹) Nous nous appuyons implicitement ici sur le principe du retour inverse des rayons. En réalité, c'est sur le parallélisme, constaté expérimentalement, des portions extrèmes d'un rayon qui traverse une lame à faces parallèles, qu'est fondé le principe du retour inverse : l'expérience montre en effet que, l'image d'une étoile étant amenée au centre du réticule d'une lunette, l'interposition d'une lame à faces parallèles, disposée obliquement devant la lunette, ne fait pas quitter à l'image le centre du réticule.

Donc les rayons émanés du point S_1, et s'écartant très peu de la normale, prendront tous, après avoir traversé la lame, des directions qui passent sensiblement par un même point S_2, où les rayons normaux nous donneront par conséquent une image nette du point S_1; et cette image S_2 sera rapprochée de l'œil, par rapport au point lumineux S_1, d'une quantité

$$ d = e \left(1 - \frac{1}{n} \right). $$

42. Indices relatifs. Forme générale de la loi de Descartes. — Considérons un système de deux lames à faces parallèles superposées et placées dans l'air. Si je suppose d'abord qu'elles ne sont pas en contact immédiat, la portion émergente et la portion incidente d'un rayon traversant le système seront parallèles entre elles, comme devant être respectivement parallèles à la portion comprise dans la lame d'air interposée. Si maintenant l'épaisseur de cette couche d'air intermédiaire diminue jusqu'à devenir nulle, le parallélisme des portions extrêmes subsistera.

Soient n_1 et n_2 les indices de la première et de la seconde lame

Fig. 51.

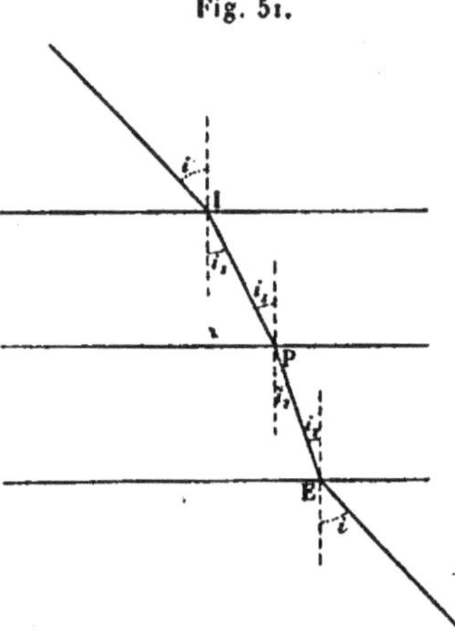

par rapport à l'air, et n l'indice de la seconde par rapport à la première; soient i l'angle d'incidence, et aussi l'angle d'émergence, qui, nous venons de le voir, lui est égal; i_1 la valeur commune des deux angles à l'intérieur de la première lame, i_2 celle des angles intérieurs à la seconde lame (*fig.* 51).

Nous avons successivement : au point d'incidence I

$$\sin i = n_1 \sin i_1,$$

au point de passage P

$$\sin i_1 = n \sin i_2,$$

et au point d'émergence E

$$\sin i_2 = \frac{1}{n_2} \sin i.$$

Multipliant ces trois équations membre à membre, et divisant, de part et d'autre, par $\sin i \sin i_1 \sin i_2$, il vient

$$1 = \frac{n_1 n}{n_2},$$

$$n = \frac{n_2}{n_1};$$

c'est-à-dire que l'indice d'une substance par rapport à une autre est le quotient des indices des deux substances par rapport à une troisième, et en particulier de leurs indices par rapport à l'air, ou par rapport au vide.

Si, d'autre part, nous égalons les deux valeurs de $\sin i$ tirées de la première et de la troisième équation, il vient

$$n_1 \sin i_1 = n_2 \sin i_2.$$

Nous aurions de même, en passant dans un troisième milieu,

$$n_2 \sin i_2 = n_3 \sin i_3;$$

et, de façon générale, lorsqu'un rayon lumineux traverse des milieux successifs, si nous appelons n l'indice de l'un d'eux et i l'angle que le rayon fait, dans ce milieu, avec la normale au point de passage,

$$(11) \qquad\qquad n \sin i = \text{const.}$$

C'est la forme générale de la loi de Descartes ; c'est celle que nous utiliserons désormais.

Il y a lieu de remarquer que la réflexion peut être considérée comme un cas particulier de la réfraction.

Le rayon incident et le rayon réfléchi (*fig. 52*) font, avec la
même portion, IN par exemple, de la normale, des angles dont

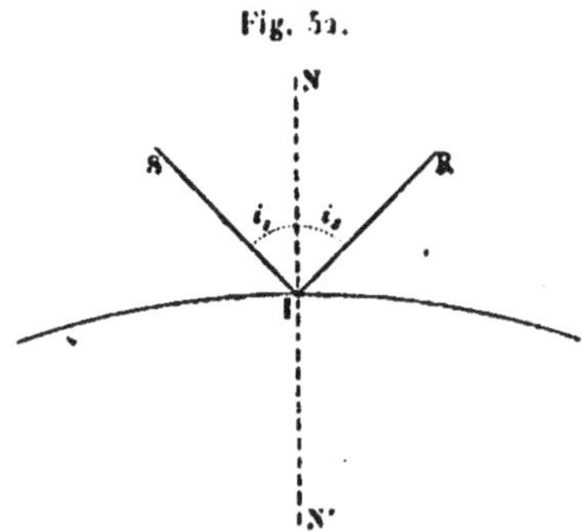

Fig. 52.

les sinus sont égaux et de signes contraires, et ces angles i_1 et i_2
satisfont à la loi de Descartes,

$$n_1 \sin i_1 = n_2 \sin i_2,$$

si nous faisons $n_2 = - n_1$.

On peut donc ramener la réflexion à une réfraction pour laquelle
$n_2 = - n_1$.

43. Mirage. — Pendant la campagne d'Égypte, on avait souvent observé, dans le désert, que les objets éloignés donnaient des
images renversées qui faisaient croire à la présence d'une nappe
d'eau. De ce phénomène, souvent étudié depuis sous diverses
formes, Monge avait donné une théorie, d'ailleurs insuffisante,
fondée sur la réfraction de la lumière dans les lames et sur la
réflexion totale. Il supposait qu'au voisinage du sol très chaud il
pouvait se produire dans l'atmosphère une sorte d'équilibre anor-
mal, les couches d'air successives présentant à partir du sol une
densité croissante, et par suite un indice croissant.

On comprend qu'un rayon lumineux, pénétrant obliquement
dans ce système de couches d'air (*fig.* 53), puisse s'écarter
progressivement de la normale, rencontrer enfin sous l'angle
limite la surface de séparation de deux couches, et se relever
alors en suivant une marche symétrique. De sorte que l'œil, placé

au point O, pourrait recevoir, d'un point S, de la lumière suivant deux chemins différents, l'un rectiligne, l'autre courbe ; et, repor-

Fig. 53.

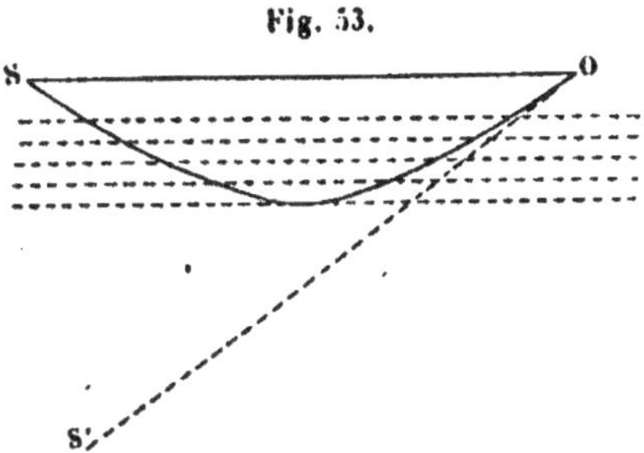

tant l'impression lumineuse sur la direction de la tangente à cette courbe, y voir une image S' du point.

IV. — RÉFRACTION PAR LES PRISMES.

44. Équations du prisme. — Nous appellerons *prisme* une masse réfringente limitée par deux plans qui se coupent, et dont l'intersection sera dite *arête du prisme*. Nous considérerons seulement ce qui se passe dans une section principale, c'est-à-dire dans un plan perpendiculaire à l'arête ; le *sommet* du prisme sera la trace de l'arête dans cette section principale ; suivant l'usage, nous désignerons à la fois par A le sommet du prisme et l'angle au

Fig. 54.

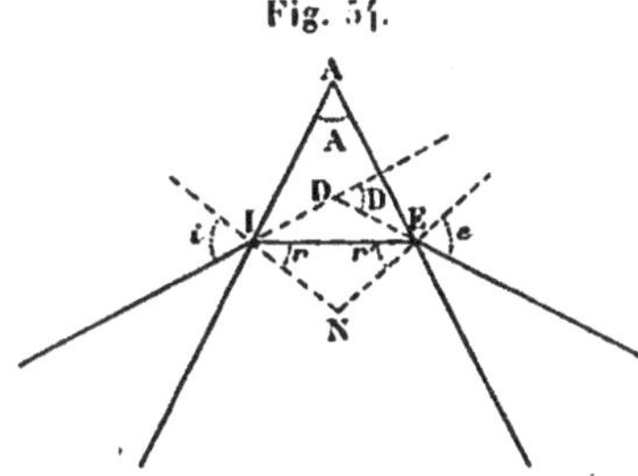

sommet ; par D le point de rencontre des portions incidente et émergente, et l'angle qu'elles font entre elles, ou *déviation* (*fig.* 54).

Soient n l'indice du prisme par rapport au milieu extérieur ;

i l'angle d'incidence et r l'angle intérieur au point I; e l'angle
d'émergence et r' l'angle intérieur au point d'émergence E.

La loi de Descartes nous donne aux points I et E

$$\sin i = n \sin r,$$
$$n \sin r' = \sin e.$$

Dans le triangle IDE, D est angle extérieur :

$$D = i - r + e - r'.$$

Enfin le quadrilatère AENI étant inscriptible, l'angle des normales en N y est supplémentaire de A; il l'est aussi, dans le
triangle NEI, de la somme $r + r'$; de sorte que

$$A = r + r'.$$

Nous avons donc en somme le système d'équations

$$(15) \quad \begin{cases} \sin i = n \sin r, \\ n \sin r' = \sin e, \\ r + r' = A, \\ D = i + e - (r + r') = i + e - A, \end{cases}$$

qui n'est d'ailleurs général que si nous convenons de donner à i le
signe — lorsque le rayon lumineux incident sera, par rapport à la
normale, du même côté que le sommet, et d'étendre à r le signe de i.

Considérons en effet (*fig.* 55) le cas où le rayon incident est au

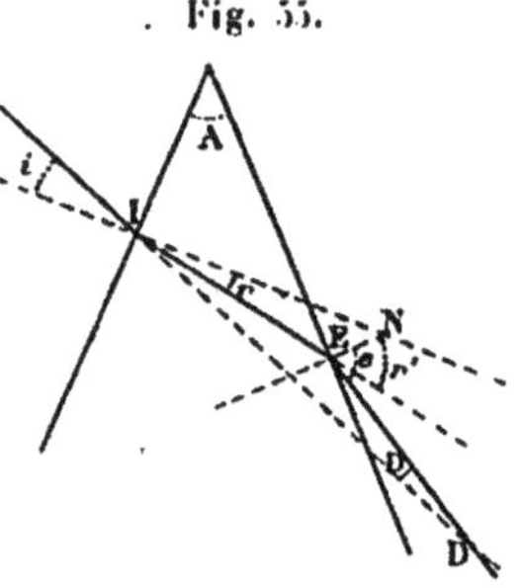

Fig. 55.

dessus de la normale en I. Dans le triangle EID, nous avons, si
nous ne faisons pas la convention de signes précédente,

$$e - r' = D + i - r.$$
$$D = e - i + r - r'.$$

Dans le triangle INE, l'angle en N est égal à A et, en même temps, à $r' - r$; donc

$$A = r' - r.$$

Si nous affectons au contraire i et r du signe —, les deux équations reprennent leur forme primitive.

Enfin, si nous voulons que les équations puissent encore s'appliquer au cas où le prisme est moins réfringent que le milieu ambiant, il faut que nous admettions que dans ce cas D sera considéré comme négatif : sans cette convention, les considérations géométriques nous donneraient alors

$$D = A - (i + e).$$

45. Étude expérimentale. Minimum de déviation. — Éliminant, entre les quatre équations (15), r, r' et e, nous aurions la déviation en fonction de A, de n et de i; mais l'équation finale n'aurait pas, dans le cas général, une forme simple.

L'étude expérimentale met en évidence un certain nombre de faits :

1° Nous faisons tomber sur un prisme à angle variable, constitué par une masse d'eau que limitent deux lames de verre, mobiles, entre deux cloisons parallèles, autour de charnières horizontales, un pinceau plat de rayons solaires, limité par une fente parallèle aux arêtes, et rendu sensiblement homogène par un filtre coloré; le faisceau réfracté est reçu sur un écran, où il va former une tache lumineuse : en écartant progressivement les deux lames l'une de l'autre, nous voyons la tache monter sur l'écran; nous en concluons que la déviation croît avec l'angle du prisme;

2° Nous substituons, au prisme à angle variable, un polyprisme, constitué par une série de prismes de même angle et de verres différents, superposés de façon que leurs arêtes soient dans le prolongement les unes des autres, et rangés par ordre d'indices croissants. Nous voyons la tache formée sur l'écran se diviser en autant de parties, inégalement déviées, que le polyprisme contient d'éléments; et nous pouvons constater ainsi que la déviation croît avec l'indice;

3° Nous faisons enfin tomber le faisceau, toujours parallèlement aux arêtes, sur un prisme qui peut pivoter autour de son axe de figure; en faisant tourner le prisme, on constate, par le déplacement de la tache, que, pour l'un des sens de rotation, la déviation diminue; continuant à tourner dans ce sens, on voit la tache se mouvoir de moins en moins vite, puis s'arrêter et revenir en arrière; et l'on peut observer qu'alors l'entrée et la sortie du pinceau dans le prisme se font à égale distance de l'arête. Nous en concluons que, quand l'angle d'incidence varie de façon continue, la déviation présente un minimum; et que ce minimum correspond au moment où la portion transverse du rayon lumineux est perpendiculaire au plan bissecteur du prisme, et où par suite les angles d'incidence et d'émergence sont égaux entre eux.

Si d'ailleurs, pour l'indice et pour l'angle au sommet, le système d'équations nous montre seulement que la déviation est une fonction de ces deux variables, il nous permet au contraire, en ce qui concerne la variation avec l'angle d'incidence, de prévoir l'existence du minimum et les conditions dans lesquelles il se présentera.

Nous voyons en effet que D ne change pas si l'on remplace dans les équations i par e et inversement, r étant en même temps remplacé par r' et inversement; c'est-à-dire que si je donne d'abord à l'angle d'incidence une valeur i_1, et que je calcule, au moyen des relations précédentes, les valeurs correspondantes e_1 et D_1 des angles d'émergence et de déviation; puis que je fasse un second calcul en prenant e_1 pour angle d'incidence, il me donnera pour angle d'émergence et pour angle de déviation précisément i_1 et D_1. Chaque valeur de D correspond ainsi à deux valeurs différentes de l'angle d'incidence, et la courbe qui représente la variation de D en fonction de i doit être rencontrée en deux points par toute droite parallèle à l'axe des i; les abscisses de ces deux points représentent les valeurs des angles d'incidence et d'émergence d'un même rayon lumineux. La courbe admet donc une tangente horizontale, et D passe par conséquent soit par un maximum, soit par un minimum, correspondant au cas où ces deux angles sont égaux. Partant de ce point critique, donnons à i un petit accroissement δi; s'il en résulte pour D une augmentation, c'est que nous avons affaire à un minimum.

La variation de r, pour cet accroissement δi, est $+ \delta r$; celle de D,

$$\delta D = \delta(i - r) + \delta(e - r')$$

somme algébrique de celles que subissent les déviations élémentaires aux points I et E. Or de celles-ci, d'abord égales entre elles, l'une croît tandis que l'autre décroît : en effet, comme il faut que $r + r'$ reste constamment égal à A, les variations de r et r' doivent être égales et contraires, soit δr et $-\delta r$; et comme nous savons que les déviations varient dans le même sens que les angles r et r' (36), nous en concluons que les déviations élémentaires en I et en E subissent des variations inverses; que $\delta(i - r)$ est positive et $\delta(e - r')$ négative. Il reste à chercher quelle est la plus grande. Elles correspondent à une même variation de l'angle intérieur, avec cette distinction que cette même variation fait passer l'angle intérieur, en I de r à $r + \delta r$, et en E de r à $r - \delta r$, et que, par conséquent, la valeur moyenne de r est plus grande en I qu'en E. Or, comme nous l'avons vu aussi en étudiant la réfraction par une surface unique (36), la déviation du rayon croît d'autant plus vite que l'angle i (ou, ce qui revient au même, l'angle r) est plus grand. Donc, ici, la variation $\delta(i - r)$, correspondant à la plus grande valeur moyenne de r, est supérieure à $\delta(e - r')$, qui correspond à la plus petite.

Il en résulte que δD est positif, et que D éprouve bien un accroissement.

Si l'indice du prisme est < 1, $\delta(i - r)$ est < 0 et $\delta(e - r') > 0$; et comme le raisonnement précédent subsiste, $\delta D < 0$; mais nous savons qu'alors D est lui-même négatif; D croît donc, dans ce cas encore, en valeur absolue quand on s'écarte du point critique; et, dans les deux cas, c'est bien à un minimum que nous avons affaire.

— Le calcul nous conduirait au même résultat. Dérivons les quatre équations du prisme; il vient

$$\cos i = n \cos r \, \frac{dr}{di},$$

$$n' \cos r' \, \frac{dr'}{di} = \cos e \, \frac{de}{di},$$

$$\frac{dr}{di} + \frac{dr'}{di} = 0,$$

$$\frac{dD}{di} = 1 + \frac{de}{di}.$$

Nous tirons de là

$$\frac{dr}{di} = \frac{\cos i}{n \cos r},$$

$$\frac{de}{di} = \frac{n \cos r'}{\cos e} \frac{dr'}{di} = -\frac{n \cos r'}{\cos e} \frac{dr}{di} = -\frac{\cos i \cos r'}{\cos e \cos r},$$

$$\frac{dD}{di} = 1 - \frac{\cos i \cos r'}{\cos e \cos r}.$$

La dérivée de D s'annule pour

$$\cos e \cos r = \cos i \cos r',$$

$$(1 - \sin^2 e)\left(1 - \frac{\sin^2 i}{n^2}\right) = (1 - \sin^2 i)\left(1 - \frac{\sin^2 e}{n^2}\right),$$

$$\sin^2 i \left(1 - \frac{1}{n^2}\right) = \sin^2 e \left(1 - \frac{1}{n^2}\right).$$

$$i = e.$$

Il y a donc pour $i = e$, soit un maximum, soit un minimum. Prenons maintenant la dérivée seconde :

$$\frac{d^2 D}{di^2} = -\frac{\left\{\begin{array}{l}\cos e \cos r \left(- \sin i \cos r' - \cos i \sin r' \dfrac{dr'}{di}\right) \\[2mm] - \cos i \cos r'\left(- \sin e \cos r \dfrac{de}{di} - \cos e \sin r \dfrac{dr}{di}\right)\end{array}\right\}}{\cos^2 e \cos^2 r}$$

$$= -\frac{\left\{\begin{array}{l}\cos e \cos r \left(- \sin i \cos r' + \cos i \sin r' \dfrac{\cos i}{n \cos r}\right) \\[2mm] - \cos i \cos r'\left(\sin e \cos r \dfrac{\cos i \cos r'}{\cos e \cos r} - \cos e \sin r \dfrac{\cos i}{n \cos r}\right)\end{array}\right\}}{\cos^2 e \cos^2 r}.$$

Faisant $i = e$, $r = r'$ et simplifiant,

$$\frac{d^2 D}{di^2} = \frac{2\left(\sin i \cos r - \dfrac{\cos^2 i \sin r}{n \cos r}\right)}{\cos i \cos r} = 2\,\frac{n^2 \sin i \cos^2 r - \cos^2 i \sin i}{n^2 \cos i \cos^2 r},$$

$$\frac{d^2 D}{di^2} = 2\frac{\sin i}{\cos i}\frac{1}{\cos^2 r}\frac{n^2 - 1}{n^2}.$$

On voit que $\frac{d^2 D}{di^2}$ est positif si $n > 1$, car $\frac{\sin i}{\cos i}$ est positif, l'égalité des angles i et e ne pouvant être réalisée que pour i positif. On a donc un minimum si l'indice du prisme est supérieur à celui du milieu ambiant.

Dans le cas contraire la dérivée seconde est négative, mais nous savons que D a lui-même une valeur négative; c'est donc encore un minimum qui se présente.

46. Relation simple entre l'indice et la valeur minimum de la déviation. — Dans le cas où les angles d'incidence et d'émergence sont égaux, les équations du prisme donnent

$$\sin i = n \sin r,$$
$$D = 2i - A,$$
$$A = 2r;$$

d'où nous tirons

$$\sin \frac{A + D}{2} = n \sin \frac{A}{2},$$

(16)
$$n = \frac{\sin \dfrac{A + D}{2}}{\sin \dfrac{A}{2}},$$

relation qui sert de base à l'une des principales méthodes employées pour la mesure des indices.

47. Conditions d'émergence. — Pour qu'un rayon lumineux ayant pénétré dans un prisme puisse le traverser, il faut qu'il rencontre la face de sortie sous un angle inférieur à l'angle limite.

Or, si je considère tous les rayons lumineux entrant dans un

Fig. 56.

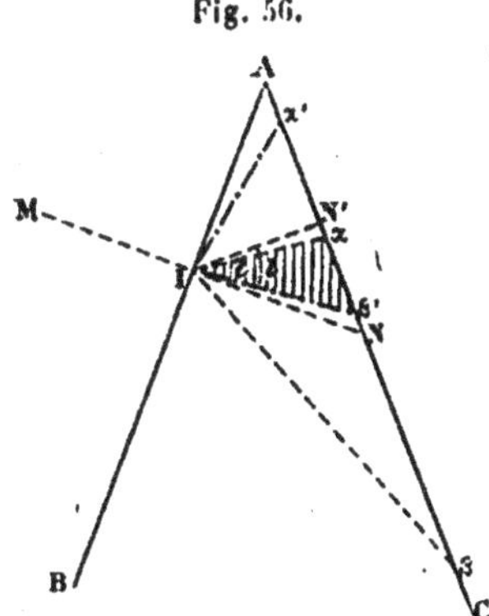

prisme par un même point I (*fig*. 56), les portions intérieures de ces rayons seront toutes comprises dans un cône ayant pour axe la normale IN à la face d'entrée, et pour angle au sommet l'angle limite l; soient I α, I β les traces de ce cône dans le plan du Tableau; parmi ces portions intérieures, celles-là seulement qui font, avec la normale à la face de sortie, un angle inférieur à l, pourront donner une portion émergente; or elles sont toutes comprises dans un cône ayant pour axe la normale IN' à la face de sortie, et pour angle au sommet l'angle limite l : cône dont les traces sont I α' et I β'. En résumé, le prisme ne pourra être traversé par un rayon pénétrant au point I, et compris dans la section principale, que si la portion intérieure, ou transverse, du rayon est contenue dans l'angle αIβ' commun aux deux cônes.

1° Soit d'abord $A > 2l$; comme l'angle NIN' est égal à A, les deux cônes n'auront pas de partie commune; aucun rayon ne pourra traverser.

2° $A = 2l$; les deux cônes sont tangents l'un à l'autre : le rayon lumineux, dont la portion transverse suit la génératrice commune, peut seul passer : il entre en suivant BA et sort en suivant AC.

3° $2l > A > l$; les deux cônes ont une partie commune : les rayons dont la portion incidente est comprise dans l'angle BIM, au voisinage de BI, donnent une portion émergente.

4° $A = l$: chacun des deux cônes passe par l'axe de l'autre : le prisme est traversé par tous les rayons compris dans l'angle BIM; celui qui se propage suivant MI sort en rasant la face AC.

5° $A < l$: les rayons situés au-dessus et au voisinage de IM peuvent traverser le prisme.

6° $A = o$: tous les rayons peuvent passer; mais le prisme est réduit à une lame.

48. Prisme à réflexion totale. — Nous avons vu (36) qu'en passant du verre dans l'air l'angle limite est toujours inférieur à 42°. Donc dans un prisme de verre de 45° les rayons incidents sensiblement normaux ne pourront pas sortir et subiront la réflexion totale. C'est sur ce principe que sont fondés les prismes à réflexion totale souvent substitués, dans les appareils d'optique, aux miroirs à 45°. Ils sont constitués par un prisme de verre rectangle et isocèle.

Un pinceau lumineux normal à l'une des faces de l'angle droit se réfléchit totalement sur la face hypoténuse, et comme les faces d'entrée et de sortie sont rencontrées normalement, les rayons émergents font un angle de 90° avec les rayons incidents ; l'image qu'ils fournissent est très nette et brillante : car on évite les images parasites que donnerait un miroir argenté sur sa face postérieure, et l'on n'a pas à craindre les pertes de lumière qui se produisent rapidement, par suite d'altération à l'air, dans les miroirs argentés sur leur face antérieure.

L'image n'occupe d'ailleurs pas exactement la même position qu'avec un miroir plan.

Soient P_1 le point lumineux (*fig.* 57), $P_1 I$ l'axe du faisceau,

Fig. 57.

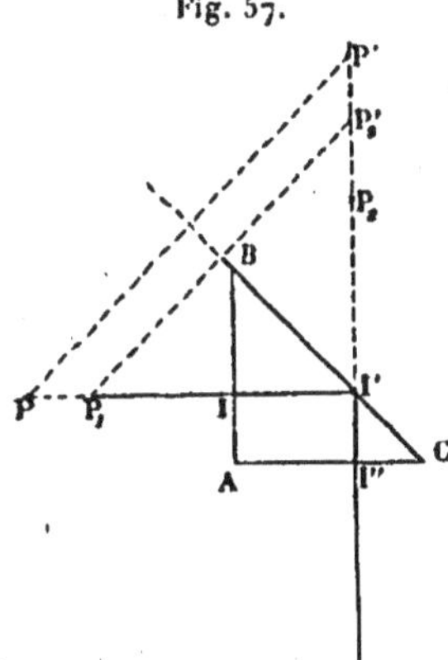

normal à la face BA ; le point de concours des portions réfractées par cette face est P', tel que

$$PI = n P_1 I,$$

d'après ce que nous avons vu (38) au sujet de la réfraction, par une surface plane, des rayons sensiblement normaux. La réflexion en I' sur la face hypoténuse AC donne une image P'' telle que

$$P'I' = PI' = n P_1 I + II' ;$$

enfin la réfraction en I″ par la face BC donne l'image définitive P_2 telle que

$$P_2 I'' = \frac{1}{n} P''I'' = \frac{1}{n}(n P_1 I + II' + I'I'') = P_1 I + \frac{a}{n},$$

a étant la longueur AB : une réflexion par un miroir plan substitué à la face hypoténuse donnerait P'_2, dont la distance à I'' serait $P_1 I + a$.

49. Foyer du prisme. — Pour nous rendre compte de la façon dont nous pouvons voir un point lumineux à travers un prisme, nous nous appuierons sur ce que nous avons dit à propos de la réfraction d'un pinceau très fin de rayons par une surface plane (39). En prenant la loi de Descartes sous sa forme générale (42), nous savons qu'un tel pinceau, émané d'un point P_1 et passant d'un milieu d'indice n_1 dans un milieu d'indice n_2, s'appuie, après réfraction, sur deux éléments de droite rectangulaires coupant la portion émergente de l'axe du pinceau en deux points P'_2 et Q'_2, par exemple, dont les distances au point I, où cet axe rencontre la surface de séparation, sont respectivement

$$P'_2 I = \frac{n_2}{n_1} P_1 I, \qquad Q'_2 I = \frac{n_2}{n_1} P_1 I \frac{\cos^2 i_2}{\cos^2 i_1}.$$

Soient (*fig.* 58) un prisme d'indice n par rapport au milieu extérieur, et un pinceau lumineux étroit émané d'un point P_1;

Fig. 58.

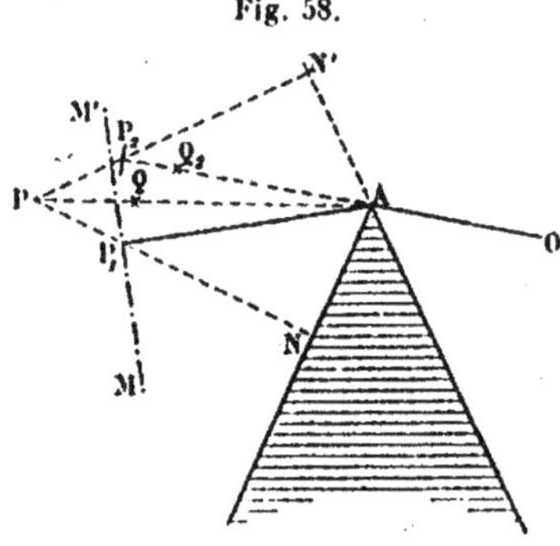

nous supposerons qu'il tombe au voisinage immédiat de l'arête, pour ne pas avoir à tenir compte de l'épaisseur traversée, et que son axe est contenu dans une section principale; cet axe rencontre le prisme en un point I qui se confond sensiblement avec le sommet A : je prends d'abord dans le pinceau une série de rayons formant une lame plane qui comprenne le rayon $P_1 I$ et qui soit perpendiculaire à la section principale; je puis la confondre avec une

lame conique ayant pour axe la normale $P_1 N$ à la face d'entrée :
les rayons, réfractés par cette face, donneront un point de concours P, situé sur la normale $P_1 N$, et dont la distance au point A
sera, confondant le point I avec le point A,

$$PA = n\,P_1 A;$$

ils formeront alors une nouvelle lame étroite que je pourrai assi-
miler encore à une lame conique, ayant cette fois pour axe la normale PN' à la face de la sortie, et qui, après réfraction par cette
face, donnera, comme point de concours, P_2 situé sur PN' et
défini par

$$P_2 A = \frac{1}{n} PA = P_1 A.$$

Je puis grouper tous les rayons du pinceau en lames planes de
ce genre, parallèles à l'arête et ayant comme droite commune une
perpendiculaire menée en P_1 au plan du Tableau; chacune de ces
lames me donnera un point tel que P_2; et pour tous ces points, la
distance à l'arête sera de même, très sensiblement, $P_1 A$; ils auront donc pour lieu un petit arc de circonférence, de centre A et
de rayon égal à $P_1 A$, arc qui peut être confondu avec un élément
de droite perpendiculaire à la direction de l'arête.

Je prends maintenant dans le pinceau la série plane des rayons
contenus dans le plan du Tableau; après la première réfraction,
les rayons de cette série enveloppent un petit élément de courbe
compris dans ce même plan du Tableau, et qui, vu très obliquement,
peut être supposé réduit au point Q où il touche la portion
transverse du rayon $P_1 I$; ce point Q est situé sur la ligne PA,
puisque nous confondons PI avec PA, et

$$QA = n\,P_1 A \frac{\cos^2 r}{\cos^2 i}.$$

Le système des rayons réfractés, resté plan et ayant sensiblement Q pour origine, donnera de même, après la seconde réfraction, un point Q_2, situé sur $P_2 A$, et dont la distance au point A
sera

$$Q_2 A = \frac{1}{n} QA \frac{\cos^2 e}{\cos^2 r'} = P_1 A \frac{\cos^2 r \cos^2 e}{\cos^2 i \cos^2 r'}.$$

Je puis grouper tous les rayons du pinceau en séries planes de ce genre, sensiblement perpendiculaires à l'arête, et ayant comme droite commune MM' perpendiculaire, en P_1, à $P_1 A$; le lieu des points analogues à Q_2, fournis par ces différentes lames, sera un élément de ligne symétrique par rapport à Q_2, et que je pourrai confondre avec un élément de droite perpendiculaire en Q_2 au plan du Tableau.

Si donc on observe à travers un prisme un point lumineux situé dans la même section principale que le centre O de l'œil, les rayons pénétrant dans la pupille s'appuient sur deux droites lumineuses, rectangulaires entre elles, dont l'une est perpendiculaire et l'autre parallèle à l'arête, qui se projettent en croix l'une sur l'autre, et qui sont respectivement situées à des distances

$$P_2 A = P_1 A \qquad \text{et} \qquad Q_2 A = P_1 A \frac{\cos^2 r \cos^2 e}{\cos^2 i \cos^2 r'}$$

de l'arête du prisme.

En général, ces deux lignes focales ne se coupent pas et, par suite, ne peuvent être mises simultanément au point dans une lunette par exemple; il n'en est plus de même si le pinceau traverse le prisme avec la déviation minima; car alors (45)

$$\frac{\cos^2 r \cos^2 e}{\cos^2 i \cos^2 r'} = 1$$

et

$$Q_2 A = P_2 A = P_1 A ;$$

les deux lignes focales se coupent, et nous avons du point lumineux une image nette : cette image est située à la même distance de l'arête que le point lumineux. De là il résulte qu'une lunette étant mise au point, par exemple, sur une fente lumineuse, vue d'abord directement, il faut, si l'on vient à interposer un prisme dans la position correspondant au minimum de déviation, changer l'orientation de la lunette, mais non la mise au point; et cela s'applique même au cas d'une lumière complexe, puisque la position de l'image est indépendante de l'indice et, par suite, de la couleur.

La considération du foyer du prisme est donc extrêmement importante; elle nous montre la possibilité de mesures précises dans l'emploi des goniomètres et des spectroscopes; elle nous sera aussi extrêmement utile dans l'étude de la dispersion.

50. Formule des petits prismes. — Lorsque l'angle du prisme et l'angle d'incidence sont tous deux très petits, les équations fondamentales du prisme se prêtent à une élimination simple, conduisant à une relation très importante; il vient, en effet, en confondant les sinus avec les arcs

$$i = nr, \quad e = nr', \quad A = r + r', \quad D = i + e - (r + r');$$

(17)
$$D = (n - 1)A.$$

C'est ce qu'on appelle la *formule des petits prismes.*

CHAPITRE VII.

RÉFRACTION PAR LES SURFACES SPHÉRIQUES.

I. — RÉFRACTION PAR UNE SURFACE SPHÉRIQUE.

51. Dioptres. — Nous appellerons *dioptre* une surface sphérique, séparant deux milieux différents, et limitée à une calotte dont le pôle S sera dit *sommet du dioptre; l'axe principal* sera la ligne joignant ce sommet au centre C de la sphère.

Soient, sur cet axe (*fig.* 59), un point lumineux P_1 et, partant de ce point, un rayon lumineux P_1I; soient n_1 et n_2 les indices

Fig. 59.

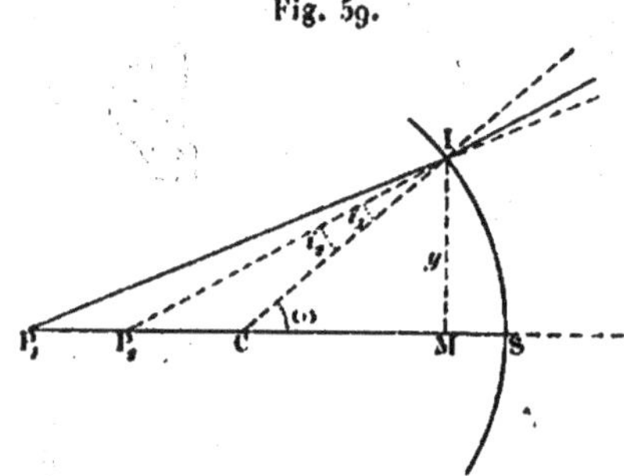

des deux milieux que sépare la surface. En se réfractant, si par exemple $n_2 > n_1$, le rayon se rapproche de la normale CI, et son prolongement coupe l'axe en P_2.

Soient ω l'angle que fait la normale CI avec l'axe principal et $y = r \sin ω$ la longueur de la perpendiculaire IM abaissée du point I sur l'axe.

Au point I, les angles i_1 et i_2 sont liés par la loi de Descartes

$$n_1 \sin i_1 = n_2 \sin i_2.$$

Dans les triangles P_1IC, P_2IC,

$$\frac{P_1I}{\sin\omega} = \frac{P_1C}{\sin i_1}, \qquad \frac{P_2I}{\sin\omega} = \frac{P_2C}{\sin i_2},$$

d'où

$$\frac{P_1I}{P_2I} = \frac{P_1C}{P_2C}\frac{\sin i_2}{\sin i_1} = \frac{n_1}{n_2}\frac{P_1C}{P_2C}.$$

52. Équations générales des dioptres. — Si le point I est assez voisin de l'axe pour que l'on puisse confondre P_1I avec P_1S et P_2I avec P_2S, cette relation prend, en désignant P_1S par p_1, P_2S par p_2, le rayon de la sphère par r, et en prenant S comme origine commune, la forme

$$(18) \qquad \frac{p_1}{p_2} = \frac{n_1}{n_2}\frac{p_1-r}{p_2-r},$$

applicable seulement aux rayons très voisins de l'axe, ou rayons centraux.

Rigoureusement, nous avons

$$P_1I = \sqrt{\overline{IM}^2 + (P_1C + CM)^2}$$
$$= \sqrt{\overline{IM}^2 + \left(P_1C + \sqrt{\overline{CI}^2 - \overline{IM}^2}\right)^2}$$
$$= \sqrt{y^2 + (p_1 - r + \sqrt{r^2 - y^2})^2},$$

et, de même,

$$P_2I = \sqrt{y^2 + (p_2 - r + \sqrt{r^2 - y^2})^2};$$

d'où, pour la relation générale,

$$(19) \qquad \frac{p_1-r}{p_2-r} = \frac{n_2}{n_1}\frac{\sqrt{y^2+(p_1-r+\sqrt{r^2-y^2})^2}}{\sqrt{y^2+(p_2-r+\sqrt{r^2-y^2})^2}},$$

53. Rayons centraux. Équation des foyers conjugués. — Pour avoir l'équation des rayons centraux, il faut supposer $y^2 = 0$; la relation simple

$$\frac{p_1}{p_2} = \frac{n_1}{n_2}\frac{p_1-r}{p_2-r}$$

s'applique donc aux rayons assez voisins de l'axe pour que y^2 puisse être considéré comme négligeable par rapport aux autres quantités intervenant dans l'équation, plus précisément par rapport à r^2.

Elle peut être mise sous une forme plus commode : chassant les dénominateurs,

$$n_2 p_1 p_2 - n_2 p_1 r = n_1 p_1 p_2 - n_1 p_2 r,$$
$$n_1 p_2 r - n_2 p_1 r = (n_1 - n_2) p_1 p_2;$$

divisant tous les termes par $p_1 p_2 r$,

$$(20) \qquad \frac{n_1}{p_1} - \frac{n_2}{p_2} = \frac{n_1 - n_2}{r},$$

relation générale, sous le bénéfice de notre convention générale de signes.

Elle ne change pas quand on y remplace p_1 par p_2 et inversement ; à condition, bien entendu, de remplacer, en même temps, n_1 par n_2 et inversement.

Elle nous montre donc non seulement que les rayons centraux émanés d'un même point P_1 passent, après avoir traversé la surface, par un même point P_2 et que, par conséquent, P_2 est l'image de P_1, mais encore que les points P_1 et P_2 sont conjugués ; on les appelle *foyers conjugués* par rapport à la surface.

54. Foyers principaux. — Nous aurons les foyers principaux en faisant successivement infinis p_1 et p_2.

Pour p_1 infini, le point P_2 prend une position F_2 qu'on appelle *foyer principal d'émergence;* c'est le point de concours des portions émergentes des rayons qui se propagent parallèlement à l'axe dans le premier milieu ; soit f_2 la distance de ce point au sommet

$$-\frac{n_2}{f_2} = \frac{n_1 - n_2}{r},$$
$$(21) \qquad f_2 = -\frac{n_2 r}{n_1 - n_2}.$$

Pour p_2 infini, le point P_1 prend une position F_1; c'est le *foyer principal d'incidence*, point d'émission des rayons dont les portions émergentes sont parallèles à l'axe :

$$\frac{n_1}{f_1} = \frac{n_1 - n_2}{r},$$
$$(21\ bis) \qquad f_1 = \frac{n_1 r}{n_1 - n_2}.$$

W.

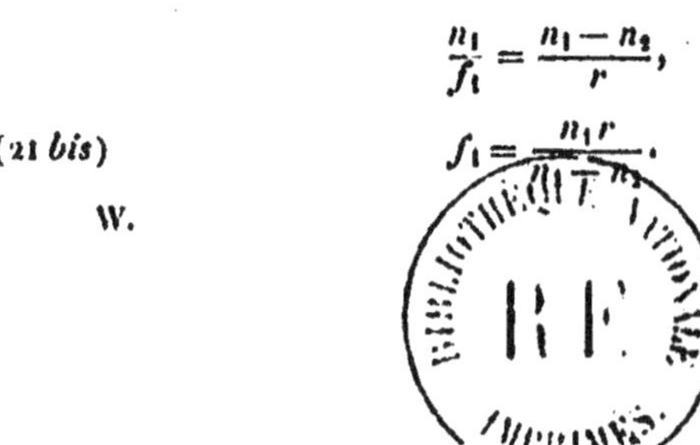

7

En comparant ces valeurs, nous voyons que

$$(22) \qquad \frac{f_1}{f_2} = - \frac{n_1}{n_2},$$

ce qui montre que les deux foyers sont situés de part et d'autre de la surface; et que,

$$f_1 + f_2 = r,$$

d'où il résulte que les deux foyers sont symétriquement placés par rapport à l'intervalle CS (*fig.* 59).

55. Autres formes de l'équation des foyers conjugués. — 1°. Multiplions par $\dfrac{r}{n_1 - n_2}$ tous les termes de l'équation des foyers conjugués :

$$\frac{n_1 r}{(n_1 - n_2)p_1} - \frac{n_2 r}{(n_1 - n_2)p_2} = 1,$$

$$(23) \qquad \frac{f_1}{p_1} + \frac{f_2}{p_2} = 1.$$

Sous cette forme, la relation offre un caractère de très grande généralité : elle convient encore si, au lieu de prendre une origine unique, on adoptait un système quelconque de deux origines conjuguées P'_1 et P'_2, en convenant de prendre le point P'_1 appartenant au premier milieu comme origine des segments concernant ce premier milieu, et, d'après notre mode de notation, portant l'indice 1; et le point P'_2 comme origine des segments se rapportant au second milieu et affectés de l'indice 2.

Soient en effet deux couples de points conjugués P_1 et P_2, P'_1 et P'_2 : leurs distances étant comptées du point S, nous avons

$$\frac{f_1}{p_1} + \frac{f_2}{p_2} = 1,$$

$$\frac{f_1}{p'_1} + \frac{f_2}{p'_2} = 1.$$

Je conviens de rapporter au point P'_1 les points P_1 et F_1; soient π_1 et φ_1 leurs distances à cette origine; soient de même π_2 et φ_2 les distances de P_2 et F_2 à P'_2, ces distances étant toujours soumises à notre convention générale des signes.

En vertu de cette convention, nous avons, de façon générale

d'après les règles de la Géométrie analytique,

$$p_1 = p'_1 + \pi_1,$$
$$p_2 = p'_2 + \pi_2,$$
$$f_1 = p'_1 + \varphi_1,$$
$$f_2 = p'_2 + \varphi_2.$$

Remplaçant p_1 et p_2 par leurs valeurs dans l'équation des foyers conjugués, celle-ci devient

$$\frac{f_1}{p'_1 + \pi_1} + \frac{f_2}{p'_2 + \pi_2} = 1,$$
$$f_1 p'_2 + f_1 \pi_2 + f_2 p'_1 + f_2 \pi_1 = p'_1 p'_2 + p'_1 \pi_2 + \pi_1 p'_2 + \pi_1 \pi_2.$$

Mais nous avons aussi

$$f_1 p'_2 + f_2 p'_1 = p'_1 p'_2.$$

Retranchant membre à membre,

$$f_1 \pi_2 + f_2 \pi_1 = p'_1 \pi_2 + \pi_1 p'_2 + \pi_1 \pi_2,$$
$$\pi_2 (f_1 - p'_1) + \pi_1 (f_2 - p'_2) = \pi_1 \pi_2,$$
$$\pi_2 \varphi_1 + \pi_1 \varphi_2 = \pi_1 \pi_2,$$
$$\frac{\varphi_1}{\pi_1} + \frac{\varphi_2}{\pi_2} = 1.$$

L'équation garde donc la même forme; si d'ailleurs nous l'avions trouvée en prenant comme origine unique le sommet S, c'est que ce point est son propre conjugué; nous aurions pu encore prendre pour origine unique le centre de la surface, qui, lui aussi, est sa propre image; il est même à remarquer qu'il pourra être utile, dans certains problèmes, de choisir ce centre comme origine unique.

Ce n'est d'ailleurs pas seulement dans le cas d'un dioptre que la relation

$$\frac{f_1}{p_1} + \frac{f_2}{p_2} = 1$$

offre ce caractère de généralité; nous le lui retrouverons, dans les mêmes conditions, en étudiant un système quelconque de surfaces sphériques centrées; elle convient même encore au cas de la réflexion, qui peut être considérée (42) comme une réfraction où $n_1 = -n_2$, et où, par suite, $f_1 = f_2$; elle prend alors, par suite de cette égalité, la forme

$$\frac{1}{p_1} + \frac{1}{p_2} = \frac{1}{f}.$$

2° On peut aussi donner à la relation des foyers conjugués la forme dite *équation de Newton*, en rapportant le point objet au foyer principal d'incidence et le point image au foyer principal d'émergence, les deux foyers principaux étant toujours rapportés au sommet S; soient q_1 et q_2 les distances des points P_1 et P_2 à leurs origines nouvelles, distances toujours soumises à la convention générale des signes :

$$p_1 = q_1 + f_1,$$
$$p_2 = q_2 + f_2,$$
$$\frac{f_1}{q_1 + f_1} + \frac{f_2}{q_2 + f_2} = 1,$$

(24)
$$q_1 q_2 = f_1 f_2.$$

56. Axes secondaires. Plans focaux conjugués. Plans focaux principaux. — L'axe principal ne possède aucun caractère essentiel que n'aient aussi les autres rayons de la sphère à laquelle appartient la surface réfringente : sur chacun de ces rayons, que nous appellerons *axes secondaires*, nous aurons donc des foyers conjugués, dont les distances à la surface seront unies par la même relation, pourvu qu'on se borne, pour chaque axe secondaire, à considérer les rayons qui s'en écartent très peu.

Il résulte de là que les images d'une série de points distribués sur une portion de sphère, concentrique à la surface, seront distribuées également sur une portion de sphère concentrique : nous aurons ainsi des surfaces focales conjuguées.

Si nous nous limitons en outre à des axes secondaires très peu obliques à l'axe principal, les surfaces sphériques conjuguées, étant réduites à une très petite étendue autour de l'axe, pourront être confondues avec leurs plans tangents, qui seront dits *plans focaux conjugués*.

C'est ainsi que nous sommes amenés à dire que l'image d'un objet plan, perpendiculaire à l'axe, et dont les points extrêmes sont peu distants de cet axe, sera plane et perpendiculaire à l'axe : chacun des points images étant d'ailleurs placé sur le même axe secondaire que le point objet correspondant, l'image sera semblable à l'objet, et le centre de la surface sera centre de similitude.

Comme cas particulier, le lieu des points conjugués de l'infini, c'est-à-dire des points où concourent les portions émergentes des rayons dont les portions incidentes sont parallèles entre elles, et peu obliques par rapport à l'axe principal, pourra être assimilé à un plan perpendiculaire à l'axe par le foyer principal d'émergence : ce sera le *plan focal principal d'émergence;* et nous aurons de même, au foyer principal d'incidence, le *plan focal principal d'incidence.*

57. Constructions géométriques. — Nous pouvons maintenant déterminer par une construction géométrique simple l'image d'un point ou d'un objet lumineux.

Pour un point L_1, situé en dehors de l'axe, nous mènerons d'abord (*fig.* 60) l'axe secondaire $L_1 C$, puis un rayon $L_1 I$ parallèle

Fig. 60.

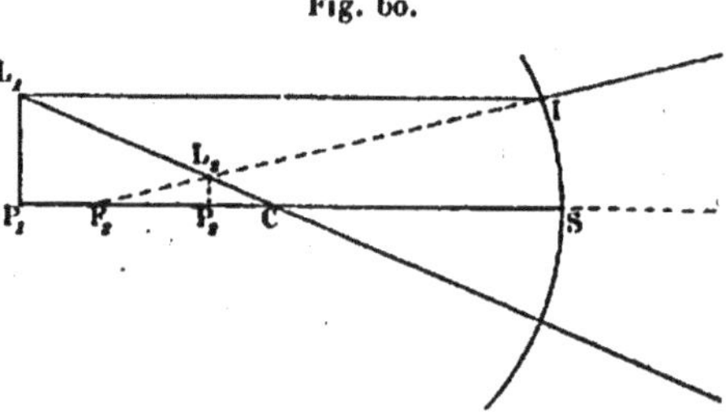

à l'axe : la portion réfractée doit passer par le foyer principal d'émergence F_2 : le point L_2 où elle rencontre l'axe secondaire est l'image cherchée.

Fig. 61.

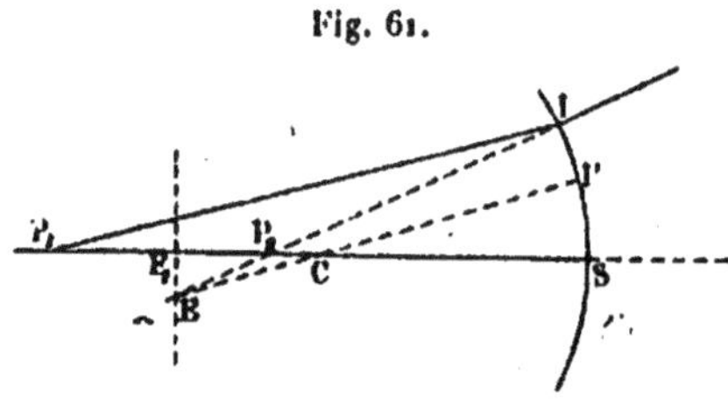

Pour un point P_1 situé sur l'axe, nous mènerons (*fig.* 61) un rayon quelconque $P_1 I$, puis la normale CI' parallèle à $P_1 I$: cette normale peut être considérée comme l'axe secondaire d'un faisceau de rayons parallèles dont fait partie le rayon $P_1 I$: le point E où elle coupe le plan focal principal d'émergence est commun à toutes les portions émergentes des rayons formant ce faisceau : IE est donc la direction émergente du rayon $P_1 I$, et le point P_2 où elle coupe l'axe principal est l'image de P_1.

S'il s'agit enfin d'un objet plan $L_1 P_1$, perpendiculaire à l'axe, nous n'avons qu'à construire l'image L_2 du point L_1 ; nous savons que l'image de $L_1 P_1$ est plane et perpendiculaire à l'axe : ce sera donc la perpendiculaire $L_2 P_2$ (*fig.* 60).

58. Grossissement. — Nous appellerons *grossissement* le rapport de deux dimensions linéaires homologues quelconques h_2 et h_1 de l'image et de l'objet.

Le centre de la sphère étant centre de similitude, nous avons (*fig.* 60)

$$G = \frac{h_2}{h_1} = \frac{P_2 C}{P_1 C} = \frac{p_2 - r}{p_1 - r},$$

et comme

$$\frac{p_2 - r}{p_1 - r} = \frac{n_1}{n_2} \frac{p_2}{p_1},$$

(25)
$$G = \frac{n_1}{n_2} \frac{p_2}{p_1},$$

équation générale si nous considérons, ainsi que nous en sommes convenus (Chap. IV), les grandeurs h_2 et h_1 comme positives au-dessus de l'axe et comme négatives au-dessous.

59. Équation d'Helmholtz. — On peut donner à l'équation du grossissement une autre forme, indiquée par Helmholtz et que nous avons déjà utilisée pour les miroirs sphériques (20).

Menons par P_1 (*fig.* 62) un rayon quelconque $P_1 I$, et soit $P_2 I$ la direction du rayon émergent correspondant, le point I étant seulement assujetti à être assez voisin du sommet S. Soient α_1 et α_2 les angles $I P_1 S$, $I P_2 S$,

$$IS = p_1 \tang \alpha_1 = p_2 \tang \alpha_2,$$

$$\frac{p_2}{p_1} = \frac{\tang \alpha_1}{\tang \alpha_2},$$

(26)
$$G = \frac{n_1 \tang \alpha_1}{n_2 \tang \alpha_2}.$$

équation générale si l'on convient de considérer les angles α_1 et α_2 comme positifs quand ils s'ouvrent dans le sens où va la lumière, et comme négatifs en cas contraire.

Fig. 62.

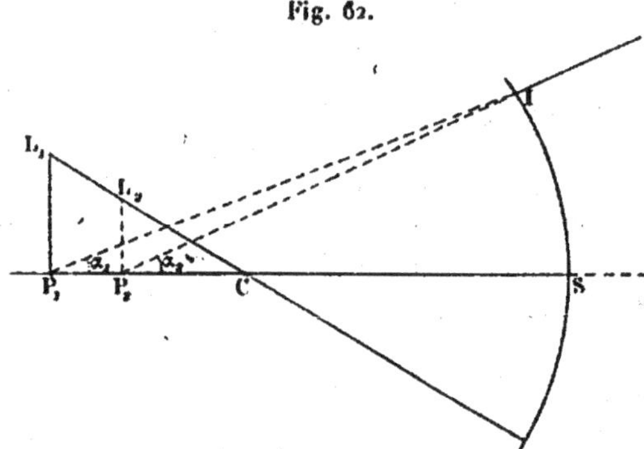

60. Rayons marginaux. — Nous avons, dans l'étude des rayons centraux (52 et 53), supposé y^2 négligeable par rapport aux autres quantités entrant dans l'équation générale; nous allons maintenant chercher la forme que prend cette équation lorsque l'on considère des rayons trop éloignés de l'axe pour que l'on puisse négliger y^2, mais encore assez voisins de cet axe pour que l'on puisse négliger y^4 et les puissances supérieures de y. Nous avons trouvé (52)

$$P_1 I = \sqrt{y^2 + (p_1 - r + \sqrt{r^2 - y^2})^2} = \left\{ y^2 + \left[p_1 - r + (r^2 - y^2)^{\frac{1}{2}} \right]^2 \right\}^{\frac{1}{2}}.$$

Nous allons développer cette expression suivant les puissances croissantes de y, en nous arrêtant aux termes en y^2.

D'après la loi de développement du binome,

$$(r^2 - y^2)^{\frac{1}{2}} = r - \frac{1}{2}\frac{y^2}{r} + \ldots,$$

d'où

$$p_1 - r + (r^2 - y^2)^{\frac{1}{2}} = p_1 - \frac{1}{2}\frac{y^2}{r};$$

$$\left(p_1 - \frac{1}{2}\frac{y^2}{r} \right)^2 = p_1^2 - \frac{y^2}{r} p_1 + \ldots,$$

$$y^2 + \left[p_1 - r + (r^2 - y^2)^{\frac{1}{2}} \right]^2 = p_1^2 + y^2 \left(1 - \frac{p_1}{r} \right);$$

$$\left[p_1^2 + y^2 \left(1 - \frac{p_1}{r} \right) \right]^{\frac{1}{2}} = p_1 + \frac{1}{2}\frac{y^2}{p_1} \left(1 - \frac{p_1}{r} \right) + \ldots,$$

et, en résumé,

$$P_1I = p_1 + \frac{y_2}{2}\left(\frac{1}{p_1} - \frac{1}{r}\right).$$

De même

$$P_2I = p_2 + \frac{y_2}{2}\left(\frac{1}{p_2} - \frac{1}{r}\right);$$

d'où, en vertu de l'équation (19)

$$(27)\qquad \frac{p_2 - r}{p_1 - r} = \frac{n_1}{n_2}\,\frac{p_1 + \frac{y_2}{2}\left(\frac{1}{p_2} - \frac{1}{r}\right)}{p_1 + \frac{y_2}{2}\left(\frac{1}{p_1} - \frac{1}{r}\right)}.$$

La position du point P_2 ne dépend plus seulement de celle du point P_1; elle est liée aussi à la valeur de y. Seuls les rayons appartenant à un même cône de révolution autour de l'axe principal donnent après réfraction un point de concours unique sur cet axe; pour les autres, les portions émergentes enveloppent une surface, dite *surface caustique*, de révolution autour de l'axe.

61. Points aplanétiques. — On peut seulement se demander s'il existe, pour une surface sphérique réfringente, des points aplanétiques, c'est-à-dire jouissant de cette propriété que tous les rayons émanés d'un de ces points donnent, après réfraction, dans les limites d'approximation que nous avons fixées, un point de concours unique.

Pour cela, il faut et il suffit que, dans l'équation générale qui lie les distances p_1 et p_2, la somme des termes en y^2 soit isolément nulle, c'est-à-dire que

$$n_2(p_2 - r)\left(\frac{1}{p_1} - \frac{1}{r}\right) = n_1(p_1 - r)\left(\frac{1}{p_2} - \frac{1}{r}\right).$$

Mais alors la somme des termes indépendants de y^2 sera, elle aussi, isolément nulle, et nous aurons

$$n_2(p_2 - r)p_1 = n_1(p_1 - r)p_2.$$

Divisant membre à membre

$$\frac{1}{p_1}\left(\frac{1}{p_1} - \frac{1}{r}\right) = \frac{1}{p_2}\left(\frac{1}{p_2} - \frac{1}{r}\right),$$
$$p_2^2 r - p_2^2 p_1 = p_1^2 r - p_1^2 p_2,$$

et

$$(p_1^2 - p_2^2)r - p_1 p_2(p_1 - p_2) = 0,$$

$$(p_1 - p_2)[(p_1 + p_2)r - p_1 p_2] = 0,$$

$$(p_1 - p_2)\left(\frac{1}{p_1} + \frac{1}{p_2} - \frac{1}{r}\right) = 0.$$

Il y a donc deux solutions, pour

$$p_1 = p_2,$$

et pour

$$\frac{1}{p_1} + \frac{1}{p_2} = \frac{1}{r}.$$

Les points P_1 répondant à l'une de ces conditions satisfont aussi à l'équation

$$\frac{n_1}{p_1} - \frac{n_2}{p_2} = \frac{n_1 - n_2}{r},$$

puisque la somme des termes en y^2 est nulle. Pour $p_1 = p_2$, cette dernière équation devient

$$p_1 = r :$$

le premier point aplanétique est le centre de la surface; celui-là est aplanétique de façon rigoureuse, puisque tous les rayons qui en émanent traversent normalement la surface.

Pour trouver le second point, je multiplie par n_2 tous les termes de l'équation de condition :

$$\frac{n_2}{p_1} + \frac{n_2}{p_2} = \frac{n_2}{r},$$

et j'ajoute membre à membre à l'équation des foyers conjugués; il vient

$$\frac{n_1 + n_2}{p_1} = \frac{1}{r}(n_1 - n_2 + n_2),$$

$$p_1 = r\frac{n_1 + n_2}{n_1}.$$

Ce second point n'est aplanétique qu'aux termes en y^4 près.

II. — RÉFRACTION PAR UN SYSTÈME QUELCONQUE DE SURFACES SPHÉRIQUES CENTRÉES, INFINIMENT VOISINES.

62. Équation des foyers conjugués. — Soit un système quelconque de surfaces sphériques ayant leurs centres sur une même droite, et dont nous considérons les sommets comme confondus en un même point S.

L'axe principal sera la ligne des centres; il semble jouir ici de propriétés toutes particulières, puisqu'il représente, au premier examen, la seule direction suivant laquelle la lumière puisse traverser tout le système sans éprouver de déviation.

Soient n_1 et n_2 les indices extrêmes, $n', n'', n''', \ldots, n^{(k)}$ les indices intermédiaires; r_1 et r_2 les rayons des surfaces extrêmes, $r', r'', \ldots, r^{(k-1)}$ les rayons des surfaces intermédiaires; soient enfin p_1 un point lumineux situé sur l'axe principal et $p', p'', \ldots, p^{(k)}, p_2$ ses images successives.

On a successivement, en se bornant aux rayons centraux,

$$\frac{n_1}{p_1} - \frac{n'}{p'} = \frac{n_1 - n'}{r_1},$$

$$\frac{n'}{p'} - \frac{n''}{p''} = \frac{n' - n''}{r'},$$

$$\cdots\cdots\cdots\cdots\cdots\cdots\cdots,$$

$$\frac{n^{(k)}}{p^{(k)}} - \frac{n_2}{p_2} = \frac{n^{(k)} - n_2}{r_2};$$

ajoutant membre à membre,

$$\frac{n_1}{p_1} - \frac{n_2}{p_2} = \frac{n_1 - n'}{r_1} + \frac{n' - n''}{r'} + \ldots + \frac{n^{(k)} - n_2}{r_2}.$$

Le second membre est la somme de $(k+1)$ fractions, dont chacune a comme dénominateur le rayon d'une des surfaces, et pour numérateur la différence des indices relatifs aux deux milieux que cette surface sépare. Si nous désignons cette somme par

$$\sum \frac{n - n'}{r},$$

nous aurons

$$(28) \qquad \frac{n_1}{p_1} - \frac{n_2}{p_2} = \sum \frac{n - n'}{r}.$$

Pour un point L_1 situé hors de l'axe, nous savons seulement que nous aurons une image : si nous considérons en effet la normale menée à la première surface par L_1, et si nous nous bornons à considérer, parmi les rayons émanés de ce point, ceux qui s'écartent peu de la normale, nous savons qu'après réfraction ils iront concourir en un point L' de cette même normale; que, sous la même réserve, les rayons passant par L' donneront après la seconde surface un point de concours unique L' sur la normale menée de ce point L' à la seconde surface; et ainsi de suite de proche en proche jusqu'à une image définitive L_2.

Nous verrons tout à l'heure que nous pouvons, de façon simple et directe, déterminer la position de cette image.

63. Foyers principaux. — On aura les distances au point S des foyers principaux en faisant successivement infinis p_1 et p_2 dans l'équation (28); il vient

$$f_1 = \frac{n_1}{\sum \frac{n-n'}{r}}, \qquad f_2 = \frac{-n_2}{\sum \frac{n-n'}{r}},$$

et l'on a encore ici

$$\frac{f_1}{f_2} = -\frac{n_1}{n_2}.$$

Si les milieux extrêmes sont identiques, et seulement alors,

$$f_1 = -f_2;$$

et les deux foyers sont symétriquement placés par rapport au sommet commun.

64. Autres formes de l'équation des foyers conjugués. — Divisant tous les termes de l'équation des foyers conjugués par $\sum \frac{n-n'}{r}$, elle devient

$$\frac{f_1}{p_1} + \frac{f_2}{p_2} = 1;$$

et elle garderait cette forme si, au lieu de prendre comme origine unique le sommet commun, on rapportait les points P_1 et F_1 d'une part, P_2 et F_2, d'autre part, à deux origines conjuguées quelconques.

On pourrait encore donner à la relation la forme de l'équation de Newton

$$q_1 q_2 = f_1 f_2.$$

65. Grossissement. — Chacune des surfaces donnant, d'un objet plan et perpendiculaire à l'axe, des images qui présentent aussi ces deux caractères, l'image définitive fournie, par le système, d'un tel objet, sera, elle aussi, plane et perpendiculaire à l'axe. Nous appelons toujours *grossissement*

$$G = \frac{h_2}{h_1}$$

le rapport de dimensions linéaires homologues de l'image et de l'objet.

Or nous avons successivement, en désignant par h', h'', ..., les dimensions homologues de h_1 dans les images successives

$$\frac{h'}{h_1} = \frac{n_1}{n'} \frac{p'}{p_1},$$

$$\frac{h''}{h'} = \frac{n'}{n''} \frac{p''}{p'},$$

$$\cdots\cdots\cdots,$$

$$\frac{h_2}{h^{(k)}} = \frac{n^{(k)}}{n_2} \frac{p_2}{p^{(k)}}.$$

Multipliant membre à membre,

$$(29) \qquad\qquad G = \frac{n_1}{n_2} \frac{p_2}{p_1}.$$

L'équation d'Helmholtz $G = \dfrac{n_1 \tang \alpha_1}{n_2 \tang \alpha_2}$ s'étend de même, de proche en proche, au système de surfaces.

66. Constructions géométriques. — Soit (*fig.* 63) un point L_1 situé au voisinage de l'axe principal; soit TT' le plan tangent au

Fig. 63.

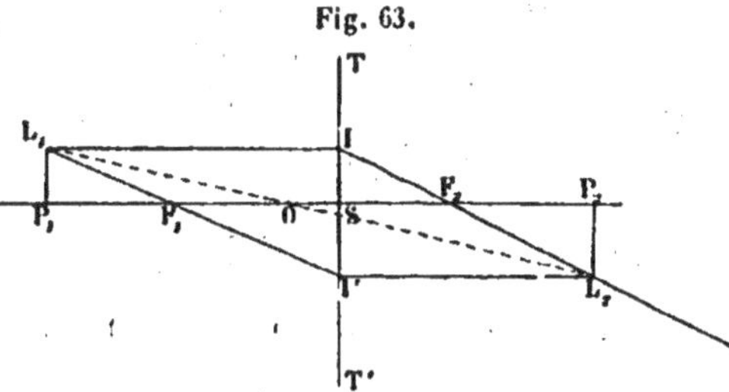

système des surfaces; menons par L_1 : 1° le rayon L_1 I parallèle à l'axe principal; sa portion émergente passe par le foyer F_2; 2° le rayon L_1 I' passant par le foyer F_1; sa portion émergente est parallèle à l'axe : elle rencontre IF_2 en un point L_2, qui est l'image de L_1.

L'image de $L_1 P_1$ est $L_2 P_2$.

67. Centre optique. — Joignons $L_1 L_2$ (*fig.* 63); cette droite rencontre l'axe principal en un point O; appelons ω_1 et ω_2 ses distances aux foyers F_1 et F_2 pris comme origines, et soumettons-les à la convention générale des signes.

Les similitudes de triangles donnent

$$\frac{OF_1}{L_2 I'} = \frac{IS}{II'} \qquad \text{et} \qquad \frac{OF_2}{L_1 I} = \frac{I'S}{II'},$$

$$\frac{-\omega_1}{-p_2} = \frac{h_1}{h_1 - h_2} \qquad \text{et} \qquad \frac{\omega_2}{p_1} = \frac{-h_2}{h_1 - h_2};$$

d'où

$$\frac{\omega_1}{\omega_2} = -\frac{h_1 p_2}{h_2 p_1}.$$

Mais

$$\frac{h_1}{h_2} = \frac{1}{G} = \frac{n_2 p_1}{n_1 p_2},$$

d'où

$$\frac{\omega_1}{\omega_2} = -\frac{n_2}{n_1} = \frac{f_2}{f_1}.$$

Le point O occupe donc une position fixe. On peut d'ailleurs écrire

$$\frac{\omega_2 - \omega_1}{\omega_2} = \frac{f_1 - f_2}{f_1};$$

mais la distance $F_1 F_2$ est à la fois $\omega_2 - \omega_1$ et $f_1 - f_2$; donc

$$\omega_2 = f_1,$$

et

$$\omega_1 = f_2.$$

Nous voyons en même temps que le point O est son propre conjugué, car nous avons

$$\omega_1 \omega_2 = f_1 f_2.$$

Nous pourrions donc le prendre comme origine unique, en laissant à l'équation générale des foyers conjugués la forme

$$\frac{f_1}{p_1} + \frac{f_2}{p_2} = 1.$$

Le point O s'appelle *centre optique* du système : il est en général différent du sommet commun S; sa distance à ce sommet est

$$F_1 S - F_1 O = f_1 - (- \omega_1) = f_1 + f_2.$$

Il ne se confond avec S que si

$$f_1 = - f_2,$$

ce qui exige

$$n_1 = n_2,$$

c'est-à-dire si les milieux extrêmes sont identiques.

Ce centre optique est centre de similitude de l'image et de l'objet; il nous fournit des axes secondaires; toute droite joignant un point lumineux à son image passe par ce centre optique, et par conséquent tout rayon passant par ce point traverse le système sans déviation, comme un rayon confondu avec l'axe principal.

III. — RÉFRACTION PAR UN SYSTÈME DE DEUX SURFACES SPHÉRIQUES NON INFINIMENT VOISINES.

68. Équation des foyers conjugués. — Soient (*fig.* 64) deux surfaces sphériques de sommets S_1 et S_2, de rayons r_1 et r_2, limitant un milieu d'indice n; soient n_1 et n_2 les indices des milieux extrêmes, et ε l'écartement des surfaces suivant l'axe; cet

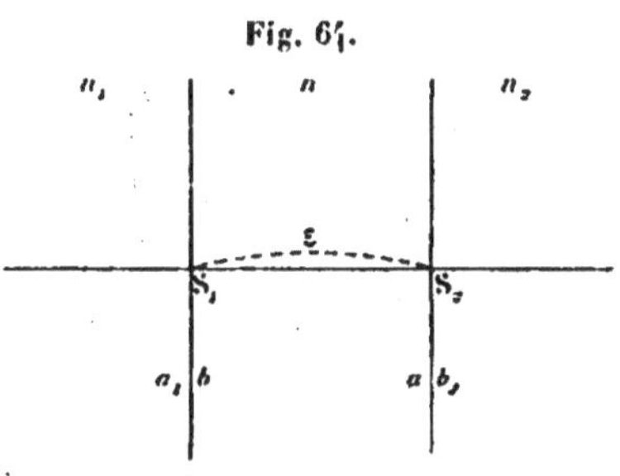

Fig. 64.

écartement ε, étant une quantité purement numérique (une valeur négative de ε ne pourrait être interprétée physiquement), ne sera pas soumis à la convention générale des signes.

La première surface, considérée isolément, possède deux foyers principaux A_1 et B, correspondant aux milieux d'indices n_1 et n. Les distances de ces foyers au sommet S_1 sont respectivement [54, équations (21 *bis*) et (21)]

$$a_1 = \frac{n_1 r_1}{n_1 - n}, \qquad b = \frac{-n r_1}{n_1 - n}$$

et

$$\frac{a_1}{b} = -\frac{n_1}{n}$$

La deuxième surface a de même deux foyers A et B_2, et leurs distances à S_2 sont

$$a = \frac{n r_2}{n - n_2}, \qquad b_2 = -\frac{n_2 r_2}{n - n_2}$$

avec

$$\frac{a}{b_2} = -\frac{n}{n_2}.$$

Un point P_1 situé à distance p_1 de la surface S_1 a pour conjugué, par rapport à cette surface, un point P tel que [55, équation (23)]

$$\frac{a_1}{p_1} + \frac{b}{p} = 1.$$

La distance de ce point P à la surface S_2 sera, de façon générale,

$$p + \varepsilon,$$

et la seconde surface en fournira une image P_2 dont la distance p_2 au sommet S_2 sera donnée par

$$\frac{a}{p + \varepsilon} + \frac{b_2}{p_2} = 1.$$

Je tire p de la première équation, et porte sa valeur dans la seconde

$$p = \frac{b p_1}{p_1 - a_1},$$

$$\frac{a(p_1 - a_1)}{b p_1 + \varepsilon(p_1 - a_1)} + \frac{b_2}{p_2} = 1,$$

d'où je puis tirer la valeur de p_2 en fonction de p :

$$\frac{b_2}{p_2} = 1 - \frac{a(p_1 - a_1)}{b p_1 + \varepsilon(p_1 - a_1)},$$

$$(30) \qquad p_2 = b_2 \frac{p_1(b + \varepsilon) - a_1 \varepsilon}{p_1(b - a + \varepsilon) + a_1(a - \varepsilon)}.$$

09. Grossissement. — Le grossissement est toujours le produit des grossissements élémentaires :

$$G = \frac{h}{h_1}\frac{h_2}{h},$$

avec

$$\frac{h}{h_1} = \frac{n_1}{n}\frac{p}{p_1},$$

$$\frac{h_2}{h} = \frac{n}{n_2}\frac{p_2}{p+\iota}$$

Des équations de foyers conjugués relatives aux deux surfaces nous tirons

$$\frac{p}{p_1} = \frac{b}{p_1 - a_1},$$

$$\frac{p_2}{p+\iota} = \frac{b_2}{p+\iota-a} = \frac{b_2(p_1-a_1)}{bp_1+(\iota-a)(p_1-a_1)};$$

substituant,

$$G = \frac{n_1}{n}\frac{b}{p_1-a_1}\frac{n}{n_2}\frac{b_2(p_1-a_1)}{bp_1+(\iota-a)(p_1-a_1)}$$

$$(31)\qquad G = \frac{n_1}{n_2}\frac{bb_2}{p_1(b-a+\iota)+a_1(a-\iota)};$$

remarquons que les expressions de p_2 et de G ont le même dénominateur.

IV. — RÉFRACTION PAR UNE LENTILLE MINCE.

70. Lentilles minces. — On étudie sous le nom de *lentille mince* le système constitué par deux surfaces sphériques infiniment voisines, dans le cas où les milieux extrêmes sont identiques.

71. Équation des foyers conjugués. — Soit n l'indice du milieu intermédiaire par rapport au milieu extérieur; la réfraction par la première surface donne

$$\frac{1}{p_1} - \frac{n}{p} = \frac{1-n}{r_1},$$

par la seconde

$$\frac{n}{p} - \frac{1}{p_2} = \frac{n-1}{r_2};$$

d'où, faisant la somme,

$$(32) \qquad \frac{1}{p_1} - \frac{1}{p_2} = -(n-1)\left(\frac{1}{r_1} - \frac{1}{r_2}\right).$$

On serait évidemment arrivé au même résultat en appliquant la relation générale trouvée pour un système quelconque de surfaces sphériques centrées [62, équation (28)].

Mais on y peut parvenir aussi, plus directement, en utilisant la formule des petits prismes [50, équation (17)]. Le rayon lumineux $P_1 I$ est dévié par la lentille exactement comme il le serait par le prisme que forment les plans tangents aux points d'entrée et de sortie : ces points, puisque nous supposons la lentille infiniment mince, sont confondus en I (*fig.* 65). Les normales aux

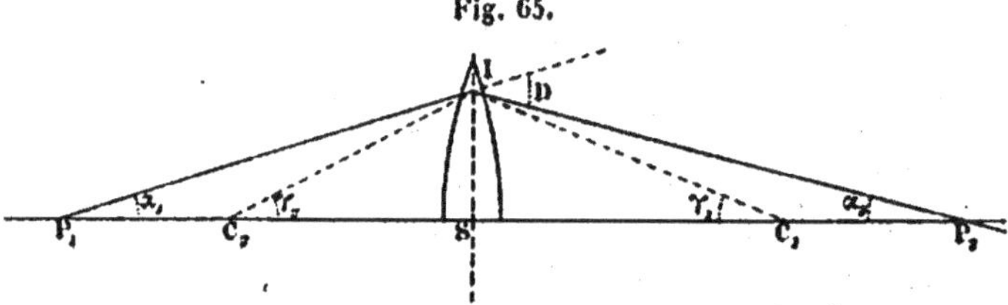

Fig. 65.

deux faces sont respectivement $C_1 I$ et $C_2 I$; leur angle $C_1 I C_2$ est supplémentaire de l'angle A du prisme équivalent : soient γ_1 et γ_2 les angles que font les normales avec l'axe principal, α_1 et α_2 ceux que forment avec ce même axe les rayons incident et émergent, D la déviation

$$D = (n-1)A;$$

mais

$$D = \alpha_1 + \alpha_2, \qquad A = \gamma_1 + \gamma_2,$$
$$\alpha_1 + \alpha_2 = (n-1)(\gamma_1 + \gamma_2),$$

remplaçant les angles par leurs tangentes

$$\frac{IS}{P_1 S} + \frac{IS}{P_2 S} = (n-1)\left(\frac{IS}{C_1 S} + \frac{IS}{C_2 S}\right);$$

divisant tous les termes par IS,

$$\frac{1}{p_1} + \frac{1}{-p_2} = (n-1)\left(\frac{1}{-r_1} + \frac{1}{r_2}\right),$$
$$\frac{1}{p_1} - \frac{1}{p_2} = -(n-1)\left(\frac{1}{r_1} - \frac{1}{r_2}\right).$$

W.

8

72. Foyers principaux. Lentilles convergentes et lentilles divergentes. — Faisons successivement infinis p_1 et p_2 : nous trouvons pour le foyer d'incidence

$$(33) \qquad \frac{1}{f_1} = -(n-1)\left(\frac{1}{r_1} - \frac{1}{r_2}\right),$$

et pour le foyer d'émergence

$$\frac{1}{f_2} = (n-1)\left(\frac{1}{r_1} - \frac{1}{r_2}\right);$$
$$f_2 = -f_1.$$

Les deux foyers sont donc symétriquement placés par rapport à la lentille.

Nous poserons

$$f = f_1.$$

Il résulte de notre convention générale des signes que la grandeur ainsi définie sera positive pour toute lentille convergente, négative pour toute lentille divergente.

Nous appelons *convergente* toute lentille rabattant vers l'axe les rayons lumineux ; comme nous avons vu que, dans un prisme plus réfringent que le milieu ambiant, le rayon lumineux est dévié vers la base, nous en concluons que toute lentille convergente est plus épaisse au centre qu'au bord.

On peut réaliser cette condition avec une lentille biconvexe, une lentille plan-convexe ou un ménisque (*fig.* 66, I) ; dans tous

Fig. 66, I.   Fig. 66, II.

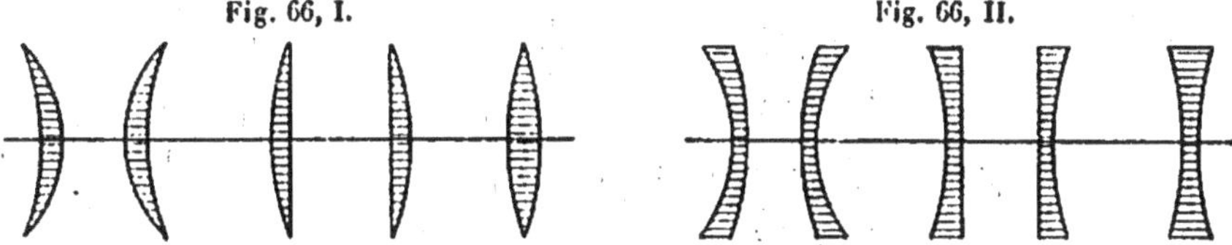

les cas, il est facile de voir que, d'après notre convention, la somme

$$\frac{1}{r_1} - \frac{1}{r_2}$$

est négative et que par suite $f > 0$; dans le ménisque convergent, en particulier, si la face concave est tournée vers la lumière, r_1

et r_2 sont tous deux positifs, mais $r_1 > r_2$; si c'est la face convexe, r_1 et r_2 sont tous deux négatifs, mais $r_2 > r_1$.

Les lentilles divergentes peuvent présenter les formes suivantes (*fig.* 66, II) : biconcave, plan-concave et ménisque; on voit de même que, dans tous les cas,

$$\frac{1}{r_1} - \frac{1}{r_2} > 0,$$

et, par conséquent, $f < 0$.

Donc le signe de f caractérise le rôle de la lentille; aussi appelle-t-on souvent *positives* les lentilles convergentes et *négatives* les lentilles divergentes.

Et nous pourrons, à l'avenir, représenter une lentille mince par une simple droite perpendiculaire à l'axe, le rôle de la lentille étant suffisamment caractérisé par la position relative des foyers F_1 et F_2 : elle est convergente si F_2 est en arrière de la lentille; divergente si, au contraire, le foyer d'émergence est en avant.

73. Puissance. Dioptrie. — On appelle *puissance,* ou quelquefois *convergence* de la lentille, la grandeur $\frac{1}{f}$.

On prend comme unité de puissance la *dioptrie;* c'est la puissance d'une lentille dont la distance focale est de 1^m.

74. Autres formes de l'équation des foyers conjugués. — L'équation (32) peut s'écrire

$$(34) \qquad \frac{1}{p_1} - \frac{1}{p_2} = \frac{1}{f},$$

ce qui n'est d'ailleurs qu'une forme particulière prise par l'équation générale

$$\frac{f_1}{p_1} + \frac{f_2}{p_2} = 1,$$

parce que nous avons choisi comme origine double le sommet commun des deux surfaces; sommet qui est sa propre image, et qui est également distant des deux foyers.

Quant à l'équation de Newton, elle devient ici

$$q_1 q_2 = -f^2.$$

75. Centre optique. Axes secondaires. — Les milieux extrêmes étant identiques, le centre optique (67) coïncide avec le sommet commun des deux surfaces. On peut d'ailleurs, de façon simple, l'établir directement.

Considérons (*fig.* 67) deux surfaces sphériques quelconques,

Fig. 67.

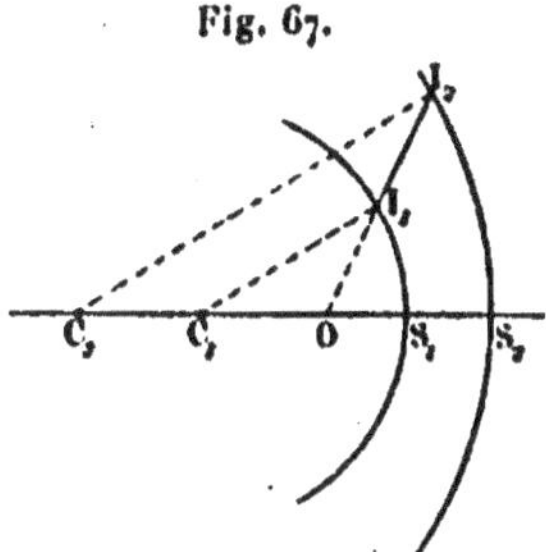

limitant un milieu réfringent, et qui soient en contact d'autre part avec l'air.

Tout rayon, rencontrant les surfaces en des points où les plans tangents sont parallèles entre eux, traversera le système sans déviation et, si l'épaisseur est négligeable, sans déplacement; ce sera un axe secondaire. Soient deux points I_1 et I_2 où les plans tangents soient parallèles; les normales C_1I_1 et C_2I_2 le sont aussi. La droite I_1I_2, portion transverse de cet axe secondaire, rencontre l'axe principal en un point O, et les triangles semblables C_1OI_1, C_2OI_2 donnent

$$\frac{C_1O}{C_2O} = \frac{C_1I_1}{C_2I_2} = \frac{C_1S_1}{C_2S_2}.$$

Le point O est donc fixe, et si, l'épaisseur devenant nulle, les points S_1 et S_2 se confondent, il se confond avec eux.

Si l'épaisseur de la lentille n'est pas négligeable, le centre optique subsiste, mais sa position dépend de la forme des lentilles. Il est intérieur aux lentilles biconcaves et biconvexes, et extérieur aux ménisques. Dans les lentilles plan-courbes, il est au sommet de la surface courbe.

Sur les axes secondaires, passant par le centre optique, la relation des foyers conjugués, établie pour l'axe principal, subsiste sans modification.

Soient, en effet (*fig.* 68), une lentille, convergente par exemple, un point M_1 et son axe secondaire. Je mène par M_1 un rayon quelconque M_1I, qui rencontre l'axe en P_1 : la portion émergente pas-

Fig. 68.

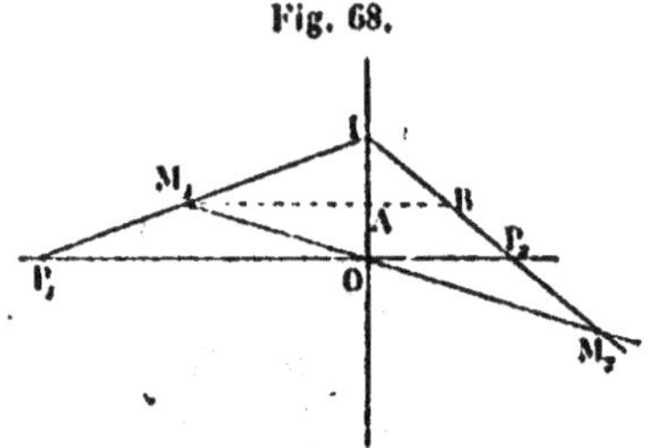

sera par le conjugué P_2 de P_1; elle coupe l'axe secondaire en M_2, qui est l'image de M_1.

Considérons par le point M_1 une parallèle à l'axe; elle traverse la lentille en A, et le rayon IP_2 en B.

$$\frac{M_1A}{M_1B} = \frac{P_1O}{P_1P_2} \cdot$$

D'autre part, les triangles semblables M_1M_2B, OM_2P_2 donnent

$$\frac{M_1B}{OP_2} = \frac{M_1M_2}{OM_2} \cdot$$

Multipliant membre à membre,

$$\frac{M_1A}{OP_2} = \frac{P_1O}{P_1P_2} \frac{M_1M_2}{OM_2} \cdot$$

Si l'axe secondaire est assez peu incliné sur l'axe principal, on pourra confondre M_1A avec M_1O; et, désignant par m_1 et m_2 les distances au centre optique des points M_1 et M_2, nous aurons alors

$$\frac{m_1}{-p_2} = \frac{p_1}{p_1-p_2} \frac{m_1-m_2}{-m_2},$$

$$\frac{m_1-m_2}{m_1 m_2} = \frac{p_1-p_2}{p_1 p_2},$$

$$\frac{1}{m_1} - \frac{1}{m_2} = \frac{1}{p_1} - \frac{1}{p_2} = \frac{1}{f} \cdot$$

La relation s'étend donc aux axes secondaires, mais seulement à ceux qui s'écartent très peu de l'axe principal.

76. Plans focaux conjugués; plans focaux principaux. Image d'un objet. — Sous cette réserve, l'extension de la relation générale nous amène aux conséquences suivantes.

Une série de points lumineux également distants du centre optique O donneront des images qui seront aussi également distantes de O; nous aurons ainsi des portions de surfaces sphériques conjuguées l'une de l'autre; et comme, par suite de la réserve imposée, elles seront réduites à une très petite étendue autour de l'axe, on pourra les confondre avec leurs plans tangents. Nous sommes donc amenés à la considération de plans focaux, conjugués et, comme cas particulier, de plans focaux principaux.

Par suite encore, nous voyons qu'un objet plan, perpendiculaire à l'axe, donnera, pourvu que les points extrêmes soient peu écartés de cet axe, une image jouissant des mêmes propriétés; et, enfin, nous pouvons appliquer, dans le cas des lentilles minces, les constructions géométriques (relatives à la marche d'un rayon lumineux, à l'image d'un point et à l'image d'un objet), que nous avons établies pour une surface unique, en nous servant des axes secondaires, des foyers principaux et des plans focaux principaux (57).

77. Grossissement. — Le grossissement est toujours

$$G = \frac{h_2}{h_1};$$

comme les milieux extrêmes sont identiques, la relation générale

$$G = \frac{n_1}{n_2} \frac{p_2}{p_1}$$

devient ici

$$(35) \qquad G = \frac{p_2}{p_1}.$$

On pourrait d'ailleurs l'établir directement en considérant l'épure qui sert à construire l'image d'un objet (*fig.* 69),

$$-\frac{h_2}{h_1} = \frac{-p_2}{p_1},$$

Nous y voyons aussi, OI étant égal à $L_1 P_1$, que

$$\frac{-h_2}{h_1} = \frac{-q_2}{-f_2},$$

$$G = \frac{q_2}{f} = -\frac{f}{q_1},$$

Fig. 69.

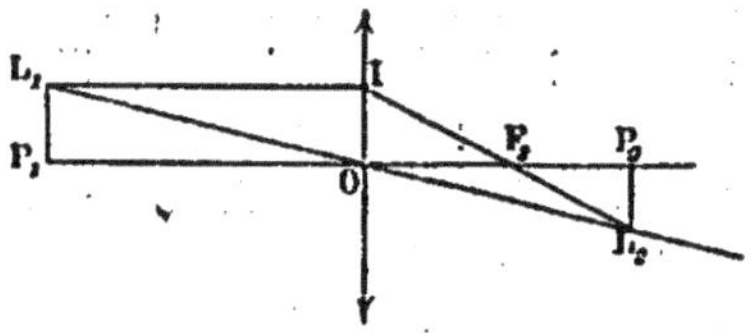

formes qui nous seront utiles si nous prenons, pour la relation des foyers conjugés, l'équation de Newton.

La formule d'Helmholtz devient ici

$$G = \frac{\tang z_1}{\tang z_2}.$$

78. Discussion. — La discussion du problème des lentilles peut se faire géométriquement.

Considérons un objet plan $L_1 P_1$ perpendiculaire à l'axe, se déplaçant parallèlement à lui-même de $+\infty$ à $-\infty$: le point L_1 suit une ligne $H_1 I H'_1$ (*fig.* 70 et 71); le point correspondant L_2 de l'image se déplacera sur la ligne $I F_2$, qui est la portion émergente du rayon dont la portion incidente est $H_1 I$. Nous n'aurons plus

Fig. 70.

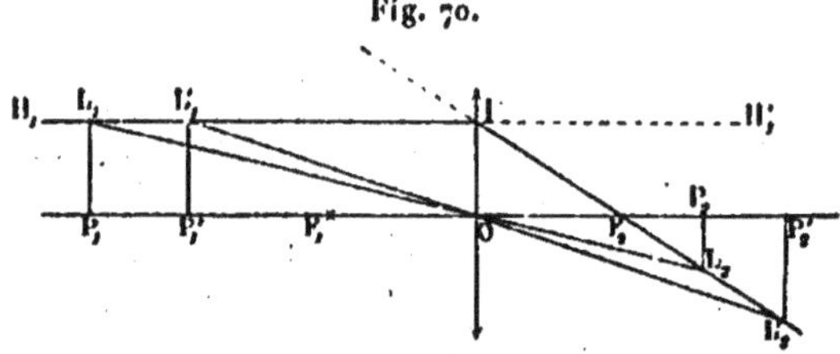

alors qu'à faire tourner autour du point O l'axe secondaire du point lumineux, à mesure que celui-ci se déplace sur $H_1 H'_1$, pour avoir, par l'intersection de cet axe secondaire et de la droite $I F_2$, la position correspondante de l'image.

Prenons d'abord une lentille convergente (*fig.* 70).

A mesure que l'objet se rapproche, l'axe secondaire se relève en
s'écartant de OF₁ ; l'image, qui est d'abord en F₂, s'éloigne de ce
point, au-dessous de l'axe ; réelle, renversée, elle va en augmentant, et devient égale à l'objet quand celui-ci est situé, en avant de
la lentille, au double de la distance focale, en L′₁ P′₁ ; car alors L′₁ I
étant double de OF₂, la distance du point L′₂ à la droite H₁ H′₁
sera double de sa distance à l'axe principal. L'objet se rapprochant
jusqu'au plan focal principal d'incidence, l'image L₂ continue
à s'éloigner, jusqu'à — ∞ : l'objet dépassant ce plan focal, le
point d'intersection de l'axe secondaire avec le lieu des images
passe de — ∞ à + ∞ ; L₂ se déplace sur le lieu en se rapprochant
de I : l'image, maintenant droite, virtuelle et agrandie, diminue ;
elle est égale à l'objet quand celui-ci est sur la lentille elle-
même ; lorsque, dépassant la lentille, il devient virtuel, l'intersection a lieu dans l'intervalle IF₂, et le point L₂ se déplace de I à F₂,
à mesure que l'objet s'éloigne jusqu'à + ∞ : l'image est de nouveau réelle ; elle est droite et diminuée.

Prenons maintenant une lentille divergente (*fig.* 71).

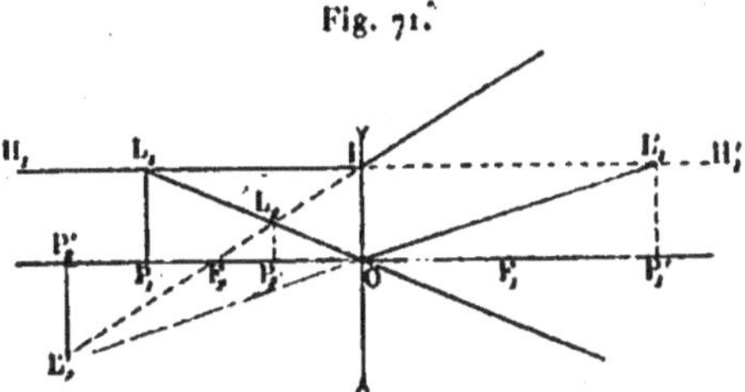

Fig. 71.

Tant que l'objet est réel, l'intersection de l'axe secondaire et
du lieu des images est comprise dans l'intervalle F₂I ; le point L₂
se déplace de F₂ jusqu'en I à mesure que l'objet se rapproche ;
l'image est virtuelle, droite et diminuée ; elle devient égale à l'objet quand celui-ci se confond avec la lentille : puis, réelle maintenant et agrandie, mais toujours droite, elle continue à grandir, le
point L₂ étant cette fois au-dessus de I et s'éloignant, pour devenir infinie quand l'objet est dans le plan focal d'incidence : ce
plan franchi, le point L₂ passe à + ∞, au-dessous de l'axe, puis se
rapproche de F₂ ; l'image, virtuelle, renversée, agrandie, décroît,
devient égale à l'objet quand la distance de celui-ci à la lentille

est double de la distance focale principale; puis, plus petite que
l'objet, elle décroît jusqu'à devenir de dimensions nulles.

— On peut faire la discussion algébriquement, en s'appuyant
sur les relations (34) et (35),

$$\frac{1}{p_1} - \frac{1}{p_2} = \frac{1}{f},$$
$$G = \frac{p_2}{p_1}.$$

Nous ferons varier p_1 de $+\infty$ à $-\infty$, les valeurs positives correspondant à un objet réel, les négatives à un objet virtuel.

Il résulte de notre convention de signes qu'une valeur positive
de p_2 nous indiquera une image virtuelle, une valeur négative une
image réelle; G positif nous montrera que l'image est droite;
G supérieur à 1 en valeur absolue, que l'image est agrandie; et
inversement.

Prenons d'abord une lentille convergente.

Nous mettrons les équations sous la forme

$$p_2 = \frac{f}{\dfrac{f}{p_1} - 1}, \qquad G = \frac{f}{f - p_1}.$$

p_1 variant de $+\infty$ à $2f$, $\dfrac{f}{p_1} - 1$ varie de -1 à $-\dfrac{1}{2}$, donc p_2 de $-f$
à $-2f$; pendant le même temps, G varie de 0 à -1;

p_1 variant de $2f$ à f, $\dfrac{f}{p_1} - 1$ va de $-\dfrac{1}{2}$ à 0; donc p_2 varie de
$-2f$ à $-\infty$; G de -1 à $-\infty$.

p_1 variant de f à 0, $\dfrac{f}{p_1} - 1$ passe de 0 à $+\infty$, et par suite p_2
de $+\infty$ à 0; G de $+\infty$ à $+1$.

Enfin p_1 variant de 0 à $-\infty$, $\dfrac{f}{p_1} - 1$ passe de $+\infty$ à -1, donc
p_2 de 0 à $-f$; G de $+1$ à 0.

Les résultats de cette discussion sont rassemblés dans le Tableau I, où nous avons également indiqué, pour les cas les plus
importants, la marche d'un pinceau lumineux.

TABLEAU I. — *Lentilles convergentes.*

p_1	p_2	G.	Image.	
$p_1 > 2f$	$< 0,\ f < -p_2 < 2f$	$< 0, -G < 1$	Réelle, renversée, diminuée.	(I).
$p_1 = 2f$	$< 0,\ -p_2 = 2f$	$< 0, -G = 1$	Réelle, renversée, égale.	
$2f > p_1 > f$	$< 0,\ 2f < -p_2 < \infty$	$< 0, -G > 1$	Réelle, renversée, agrandie (I).	(II).
$p_1 = f$	∞	∞		
$p_1 < f$	> 0	$> 0,\ G > 1$	Virtuelle, droite, agrandie (II).	(III).
$p_1 = 0$	$= 0$	$> 0,\ G = 1$	Confondue avec l'objet.	
$p_1 < 0$	$< 0,\ 0 < -p_2 < f$	$> 0,\ G < 1$	Réelle, droite, diminuée (III).	

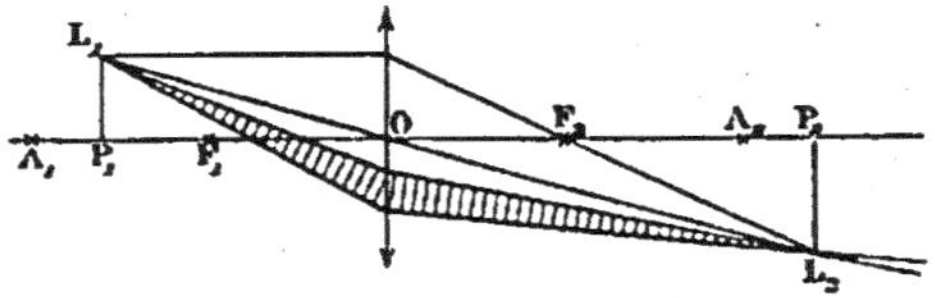

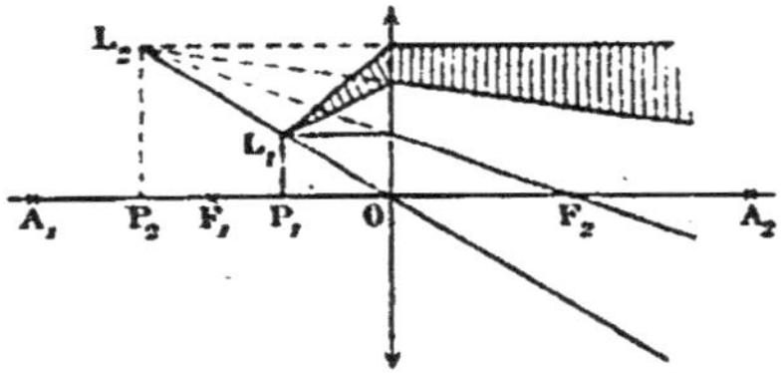

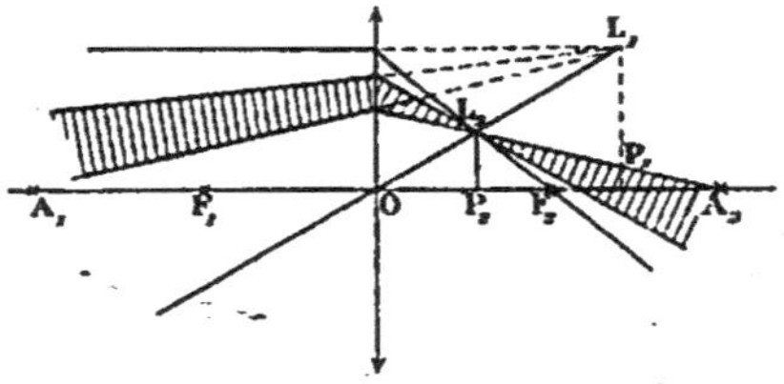

Soit maintenant la lentille divergente; ici f est négatif : nous mettrons le signe en évidence en remplaçant f par sa valeur numérique, que nous appellerons φ par exemple : les équations deviennent

$$p_2 = \frac{\varphi}{\dfrac{\varphi}{p_1} + 1}, \qquad G = \frac{\varphi}{\varphi + p_1},$$

où φ n'est plus qu'un *nombre*, et par conséquent essentiellement positif.

p_1 variant de $+\infty$ à 0, $\dfrac{\varphi}{p_1} + 1$ varie de 1 à $+\infty$; p_2, par conséquent, de φ à 0; G croît de 0 à $+1$.

p_1, négatif, variant de 0 à $-\varphi$, $\dfrac{\varphi}{p_1} + 1$ passe de $-\infty$ à 0; donc p_2 de 0 à $-\infty$; G croît de $+1$ à $+\infty$.

p_1 variant de $-\varphi$ à -2φ, $\dfrac{\varphi}{p_1} + 1$ passe de 0 à $+\frac{1}{2}$; p_2 de $+\infty$ à 2φ; G varie de $-\infty$ à -1.

Enfin, p_1 variant de -2φ à $-\infty$, $\dfrac{\varphi}{p_1} + 1$ varie de $+\frac{1}{2}$ à $+1$; p_2 de 2φ à φ; G de -1 à 0.

Le Tableau II réunit les résultats de cette discussion.

TABLEAU II. — *Lentilles divergentes.*

p_1.	p_2.	G.	Image.	
$p_1 > 0$	> 0, $0 < p_2 < \varphi$	> 0, $\;$ G < 1	Virtuelle, droite, diminuée (I).	(I).
$p_1 = 0$	$= 0$	> 0, $\;$ G $= 1$	Confondue avec l'objet.	
$-p_1 < \varphi$	< 0, $0 < -p_2 < \infty$	> 0, $\;$ G > 1	Réelle, droite, agrandie (II).	(II).
$-p_1 = \varphi$	∞	∞	.	
$\varphi < -p_1 < 2\varphi$	> 0, $2\varphi < p_2 < \infty$	< 0, $\;$ $-$G > 1	Virtuelle, renversée, agrandie.	(III).
$-p_1 = 2\varphi$	> 0, $\;$ $p_2 = 2\varphi$	< 0, $\;$ $-$G $= 1$	Virtuelle, renversée, égale.	
$-p_1 > 2\varphi$	> 0, $\varphi < p_2 < 2\varphi$	< 0, $\;$ $-$G < 1	Virtuelle, renversée, diminuée (III)	

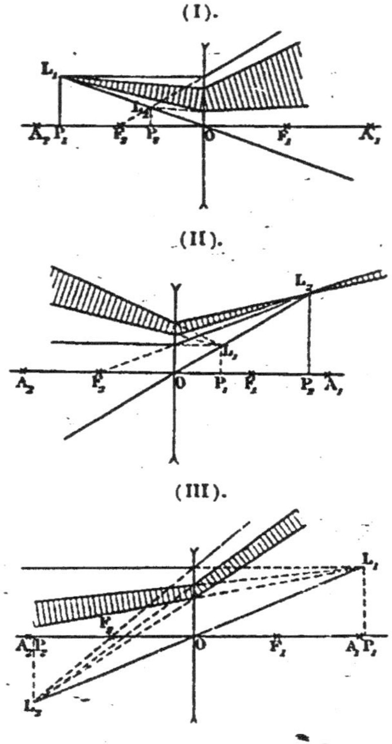

— On peut enfin utiliser les relations

$$q_1 q_2 = -f^2, \qquad G = -\frac{f}{q_1}.$$

Elles nous montrent les faits suivants :

1° q_1 et q_2 sont toujours de signes contraires; et, par suite, si P_1 est à droite de F_1, P_2 est à gauche de F_2 et inversement;

2° L'image étant réelle, dans les lentilles convergentes (*fig.* 72, I), quand q_2 est négatif, ou que, positif, il est plus petit que f, ces lentilles nous donneront des images réelles lorsque q_1 sera positif, ou que, négatif, il sera plus grand que f en valeur absolue : en un

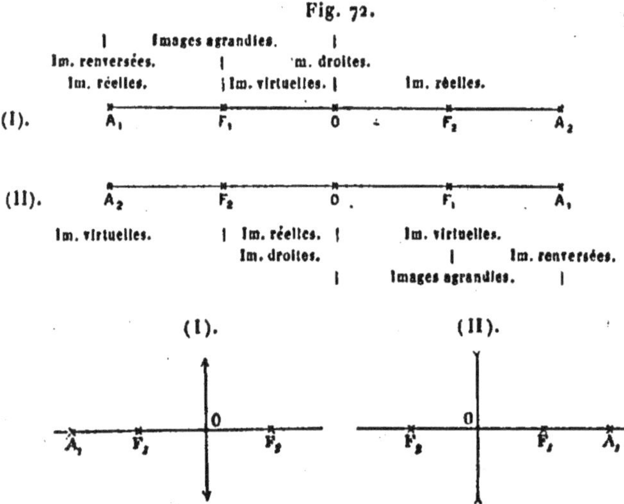

Fig. 72.

mot quand l'objet sera en dehors de l'intervalle OF_1; situé dans l'intérieur de cet intervalle, il donnera une image virtuelle.

Au contraire, l'image étant réelle, dans les lentilles divergentes (*fig.* 72, II), quand q_2 est négatif et supérieur à f en valeur absolue, ces lentilles nous donneront des images réelles lorsque q_1 sera positif et plus petit que f en valeur absolue, c'est-à-dire quand l'objet sera dans l'intervalle OF_1;

3° L'image est droite, quand q_1 est de signe contraire à f; par conséquent, dans les lentilles convergentes, si q_1 est négatif, c'est-à-dire si l'objet est à droite de F_1; et, dans les lentilles divergentes, quand q_1 est positif, c'est-à-dire pour tout objet à gauche de F_1;

4° L'image est agrandie quand q_1 est supérieur à f en valeur absolue, c'est-à-dire quand l'objet est compris entre le centre optique O et le symétrique A_1 de ce point par rapport au foyer d'incidence F_1.

79. Rayons marginaux. Aberration de sphéricité. — L'étude que nous venons de faire s'applique uniquement aux rayons centraux, assez voisins de l'axe pour que, dans l'équation (19) relative à chacune des surfaces, et de la forme

$$\frac{p_1 - r}{p_2 - r} = \frac{n_2}{n_1} \frac{\sqrt{y^2 + (p_1 - r + \sqrt{r^2 - y^2})^2}}{\sqrt{y^2 + (p_2 - r + \sqrt{r^2 - y^2})^2}},$$

on puisse négliger les termes en y^2.

Pour les autres, seuls les rayons formant un cône ou un cylindre de révolution autour de l'axe donneront un point de concours unique. Si nous considérons l'ensemble des rayons émanés d'un même point, les divers cônes de rayons émergents auront sur l'axe principal des sommets distincts et envelopperont une surface caustique.

Nous allons voir maintenant comment on peut déterminer le point de concours des rayons rencontrant la lentille à une même distance y de l'axe, quand y est trop grand pour que l'on puisse négliger y^2, mais qu'il est encore assez petit pour que l'on considère comme négligeables les puissances supérieures.

Nous avons, dans ce cas, trouvé (60) pour une surface sphérique, la relation

$$\frac{n_1}{n_2} \frac{p_1 - r}{p_2 - r} = \frac{p_1 + \dfrac{y^2}{2}\left(\dfrac{1}{p_1} - \dfrac{1}{r}\right)}{p_2 + \dfrac{y^2}{2}\left(\dfrac{1}{p_2} - \dfrac{1}{r}\right)}.$$

Nous aurons, s'il s'agit d'une lentille mince, deux équations de ce genre, une pour chaque surface : soit, pour la première face,

$$\frac{1}{n} \frac{p_1 - r_1}{p - r_1} = \frac{p_1 + \dfrac{y^2}{2}\left(\dfrac{1}{p_1} - \dfrac{1}{r_1}\right)}{p + \dfrac{y^2}{2}\left(\dfrac{1}{p} - \dfrac{1}{r_1}\right)},$$

et, pour la seconde,

$$n\frac{p-r_2}{p_2-r_2} = \frac{p+\dfrac{y^2}{2}\left(\dfrac{1}{p}-\dfrac{1}{r_2}\right)}{p_2+\dfrac{y^2}{2}\left(\dfrac{1}{p_2}-\dfrac{1}{r_2}\right)},$$

entre lesquelles nous devrons éliminer p, en négligeant toujours, au cours du calcul, les termes contenant y^4 ou les puissances supérieures de y.

Si, dans l'équation définitive, nous supposons $p_1 = \infty$, nous aurons pour p_2 une valeur particulière qui représentera la distance à la lentille du point où vont concourir, après réfraction, les rayons parallèles à l'axe rencontrant la lentille à une même distance y de l'axe : c'est ce que nous appellerons la *distance focale principale des rayons marginaux;* nous la désignerons par f_m.

On trouve ainsi (voir *Compléments,* 188) que

$$\frac{1}{f_m} = \frac{1}{f}\left(1 + n^2\frac{y^2}{2}S\right),$$

S étant une fonction [188, éq. (121)] : 1º des rayons de courbure des deux faces; 2º de l'indice; fonction qui est du second degré par rapport aux courbures (inverses des rayons de courbure).

Nous appellerons *aberration principale de sphéricité,* la différence

$$a = f - f_m,$$

et l'équation précédente, en négligeant le terme en y^4, donne

$$(36) \qquad\qquad a = fn^2\frac{y^2}{2}S.$$

Le cône des rayons marginaux extrêmes coupe le plan focal

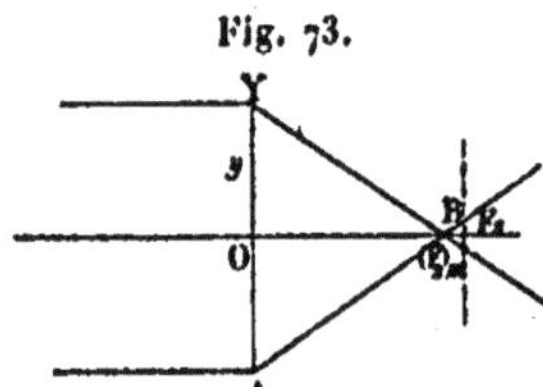

Fig. 73.

principal (*fig.* 73) suivant un cercle, où l'éclairement diminue depuis le centre, qui est l'image formée par les rayons centraux, jusqu'aux bords; c'est ce cercle qui constitue réellement l'image d'un point lumineux situé à l'infini sur l'axe.

Le rayon BF_2 de ce cercle mesure ce qu'on appelle l'*aberration latérale principale*. Si nous le désignons par b, les similitudes de triangle nous donnent

$$\frac{b}{y} = \frac{a}{f_m},$$

d'où sensiblement

$$(37) \qquad b = n^2 \frac{y^2}{2} S.$$

On peut se proposer de chercher si S peut être annulé pour une valeur convenable des courbures; mais on trouve que la condition de réalité des racines se ramène à

$$n < \frac{1}{4}.$$

Or on ne connaît pas de substance ayant un tel indice : le problème n'admet donc pas de solution.

Si l'on cherche alors à donner à S une valeur minimum, on trouve, en égalant à o la dérivée de S et en tenant compte de l'équation qui définit f, une valeur du rapport $\frac{r_1}{r_2}$, en fonction de l'indice [188, éq. (122)]; pour un verre d'indice 1,5 cette valeur est $= -\frac{1}{6}$.

La lentille ainsi constituée est dite *lentille croisée*; elle doit présenter à la lumière sa face la plus courbe; dans ces conditions, $a = \frac{15}{14} \frac{y^2}{f}$; et pour $y = \frac{f}{4}$, ce qui est l'ouverture maximum admise pratiquement pour les oculaires, $a = 0,0675 f$; retournée, elle donnerait lieu à une aberration qui serait trois fois plus grande.

On emploie fréquemment, au lieu de la lentille croisée, la lentille plan-courbe, tournant sa face courbe vers la lumière; l'aberration n'est que de très peu supérieure à celle de la lentille croisée.

Il est bien entendu que ces résultats s'appliquent seulement au cas où la lentille reçoit des rayons parallèles ou sensiblement parallèles à l'axe; la lentille d'aberration minimum, pour une même valeur de l'indice, se déforme à mesure que le point lumineux s'approche; et, par exemple, pour un point très voisin, c'est sa face plane qu'une lentille plan-courbe doit présenter à la lumière.

On peut corriger beaucoup mieux l'aberration de sphéricité en combinant deux ou trois lentilles; on arrive même à obtenir ainsi des systèmes pratiquement aplanétiques, c'est-à-dire dans lesquels l'influence de l'aberration est négligeable pour une ouverture assez grande de la lentille.

V. — RÉFRACTION PAR UN SYSTÈME QUELCONQUE DE LENTILLES MINCES CENTRÉES ET INFINIMENT VOISINES.

80. Équation des foyers conjugués. — Soit un système quelconque de lentilles centrées, c'est-à-dire ayant tous leurs centres de courbure sur une même droite, et dont nous considérons les centres optiques comme confondus en un même point O. L'axe principal est la ligne des centres.

Un point P_1 donne, dans la première lentille, une image P'; si f' est la distance focale principale de cette lentille,

$$\frac{1}{p_1} - \frac{1}{p'} = \frac{1}{f'};$$

la seconde lentille donne de même une image P'' :

$$\frac{1}{p'} - \frac{1}{p''} = \frac{1}{f''};$$

et ainsi de suite jusqu'à la dernière, qui donne l'image définitive P_2,

$$\frac{1}{p^{(k-1)}} - \frac{1}{p_2} = \frac{1}{f^{(k)}}.$$

Additionnant membre à membre,

$$(38) \qquad \frac{1}{p_1} - \frac{1}{p_2} = \sum \frac{1}{f}.$$

Le système est donc assimilable à une lentille mince unique, dont la distance focale φ est donnée par

$$\frac{1}{\varphi} = \sum \frac{1}{f}$$

(chacune des distances focales élémentaires entrant avec son signe dans cette somme); c'est-à-dire à une lentille unique, dont la puissance est la somme algébrique des puissances élémentaires.

W.   9.

81. Grossissement. — Le grossissement est toujours le produit des grossissements élémentaires

$$(39) \qquad G = \frac{h'}{h_1} \frac{h''}{h'} \cdots \frac{h_2}{h^{(k-1)}} = \frac{h_2}{h_1} = \frac{p_2}{p_1}.$$

VI. — RÉFRACTION PAR UN SYSTÈME DE DEUX LENTILLES MINCES NON INFINIMENT VOISINES.

82. Équations des foyers conjugués et du grossissement. — Soient f' et f'' les distances focales élémentaires des deux lentilles, ε leur écartement (*fig.* 74). En appelant P' l'image intermédiaire,

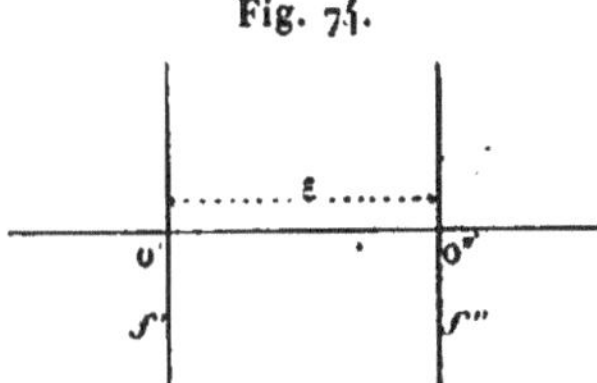

Fig. 74.

nous avons successivement

$$\frac{1}{p_1} - \frac{1}{p'} = \frac{1}{f'},$$

$$\frac{1}{p'+\varepsilon} - \frac{1}{p_2} = \frac{1}{f''};$$

et, pour le grossissement,

$$G = \frac{p'}{p_1} \frac{p_2}{p'+\varepsilon}.$$

Nous tirons de la première

$$p' = \frac{p_1 f'}{f'-p_1}, \qquad \frac{p'}{p_1} = \frac{f'}{f'-p_1},$$

et de la seconde

$$p_2 = \frac{(p'+\varepsilon)f''}{f''-(p'+\varepsilon)}, \qquad \frac{p_2}{p'+\varepsilon} = \frac{f''}{f''-(p'+\varepsilon)};$$

d'où, substituant à p' sa valeur en fonction de p_1,

$$p_2 = \frac{p_1 f' f'' + \varepsilon f''(f'-p_1)}{(f''-\varepsilon)(f'-p_1) - p_1 f'}, \qquad \frac{p_2}{p'+\varepsilon} = \frac{f''(f'-p_1)}{(f''-\varepsilon)(f'-p_1) - p_1 f''}.$$

Nous avons donc définitivement

$$(40) \quad \begin{cases} p_2 = -f'' \dfrac{p_1(f'-\varepsilon)+\varepsilon f'}{p_1(f'+f''-\varepsilon)+(\varepsilon-f'')f'}, \\[2mm] G = -\dfrac{f'f''}{p_1(f'+f''-\varepsilon)+(\varepsilon-f'')f'}. \end{cases}$$

Nous pouvons de même, des équations relatives aux deux lentilles, tirer les valeurs de p_1 et de G en fonction de p_2; la première donne

$$p_1 = \frac{p'f'}{p'+f'}, \qquad \frac{p'}{p_1} = \frac{p'+f'}{f'},$$

et la seconde

$$p'+\varepsilon = \frac{p_2 f''}{p_2+f''}, \qquad \frac{p_2}{p'+\varepsilon} = \frac{p_2+f''}{f''},$$

d'où

$$p' = \frac{p_2 f''-\varepsilon(p_2+f'')}{p_2+f''},$$

et, par suite,

$$\frac{p'}{p_1} = \frac{p_2 f''-\varepsilon(p_2+f'')+f''(p_2+f'')}{(p_2+f'')f'},$$

et enfin

$$(41) \quad \begin{cases} p_1 = f' \dfrac{p_2(f''-\varepsilon)-\varepsilon f''}{p_2(f'+f''-\varepsilon)-(\varepsilon-f')f''}, \\[2mm] G = \dfrac{p_2(f'+f''-\varepsilon)-(\varepsilon-f')f''}{f'f''}. \end{cases}$$

On utilisera ces équations dans l'étude des oculaires composés. — Il n'est pas pratiquement possible de traiter, au moyen de la théorie des lentilles minces, le problème général d'un système de lentilles centrées non infiniment voisines; déjà, pour trois lentilles, on est amené à des équations compliquées et peu maniables.

Il n'en est pas de même si l'on se sert de la théorie des lentilles épaisses, où nous verrons que les équations gardent leur forme simple quand augmente la complication du système.

VII. — LENTILLES ÉPAISSES.

83. Points et plans principaux. — Le problème de la lentille épaisse n'est autre que celui d'un système de deux surfaces sphériques non infiniment voisines.

Nous avons trouvé, en traitant cette question (68 et 69) que la distance de l'image définitive P_2 au sommet S_2 de la seconde surface est donnée par l'équation

$$p_2 = b_2 \frac{p_1(b+\imath) - a_1\imath}{p_1(b-a+\imath) + a_1(a-\imath)},$$

et le grossissement par

$$G = \frac{n_1}{n_2} \frac{bb_2}{p_1(b-a+\imath) + a_1(a-\imath)};$$

n_1 et n_2 étant les indices extrêmes; a_1 et b les distances focales propres de la première surface, liées entre elles par

$$\frac{a_1}{b} = -\frac{n_1}{n};$$

a et b_2 les distances focales de la seconde surface, avec

$$\frac{a}{b_2} = -\frac{n}{n_2};$$

et enfin p_1 étant la distance du point-objet P_1 au sommet S_1 de la première surface.

Les *points principaux* du système, signalés par Gauss, constituent un couple de foyers conjugués qui peuvent être définis par cette propriété qu'un objet plan, perpendiculaire à l'axe en un de ces points, donne une image droite et égale, passant par le second.

Nous trouverons donc la position du premier de ces points, ou *point principal d'incidence,* en cherchant la valeur de p_1 qui correspond à

$$G = +1.$$

Nous désignerons ce point par X_1, et sa distance au sommet S_1 de la première face par x_1; l'équation $G = 1$ nous donne ainsi

$$n_1 bb_2 = n_2[x_1(b-a+\imath) + a_1(a-\imath)],$$
$$x_1 = \frac{n_1 bb_2 - n_2 a_1(a-\imath)}{n_2(b-a+\imath)};$$

mais comme, en multipliant membre à membre les rapports liant aux indices les distances focales élémentaires, nous trouvons

$$\frac{aa_1}{bb_2} = \frac{n_1}{n_2},$$

l'équation se réduit à

$$(42) \qquad x_1 = \frac{a_1 t}{b - a + t}.$$

J'aurai le second point principal X_2, ou *point principal d'émergence*, en cherchant le conjugué de X_1 : si je porte x_1 dans l'expression de p_2, il vient

$$x_2 = b_2 \frac{a_1 t (b + t) - a_1 t (b - a + t)}{a_1 t (b - a + t) + a_1 (a - t)(b - a + t)},$$

$$(43) \qquad x_2 = \frac{b_2 t}{b - a + t},$$

x_2 représentant, en grandeur et en signe, la distance de X_2 au sommet S_2; et je puis remarquer que

$$(44) \qquad \frac{x_1}{x_2} = \frac{a_1}{b_2},$$

c'est-à-dire que le rapport des distances des points principaux aux faces correspondantes est égal au rapport des distances focales extrêmes.

Considérons (*fig.* 75) les plans perpendiculaires à l'axe par les deux points principaux. Un objet $M_1 X_1$, compris dans le premier,

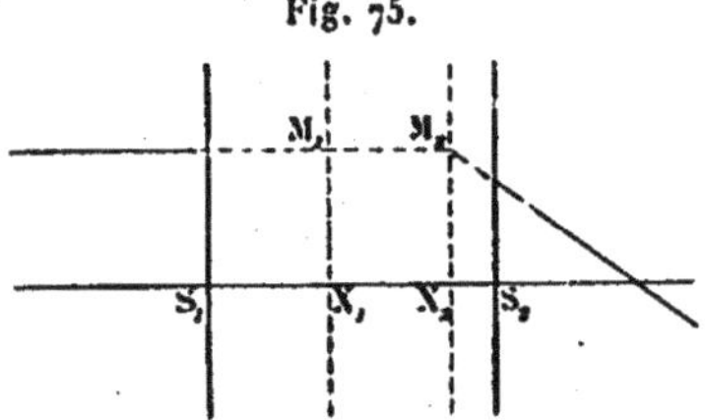

Fig. 75.

donnera dans le second une image droite et égale $M_2 X_2$. Tout rayon lumineux dont la portion incidente passe par M_1 donnera une portion émergente passant par M_2, conjugué de M_1 : si nous considérons en particulier un rayon parallèle à l'axe, la portion incidente, prolongée, de ce rayon, passera aussi par M_2 et y coupera la portion émergente.

Le plan passant par X_2 jouit donc de la propriété suivante : il est le lieu des points d'intersection des portions incidentes et émergentes de tous les rayons qui se propagent parallèlement à l'axe dans le premier milieu. Nous l'appellerons *plan principal d'émergence*.

De même le plan principal d'incidence, passant par X_1, est le lieu des points d'intersection des portions incidentes et émergentes de tous les rayons se propageant parallèlement à l'axe dans le dernier milieu.

Il est seulement à observer que les équations sur lesquelles nous nous sommes appuyés n'étant applicables qu'à des rayons centraux, cette propriété ne s'étendra, dans les plans principaux, qu'à une très faible distance de l'axe principal.

84. Foyers principaux. — Le foyer principal d'émergence F_2 est le point de concours des portions émergentes des rayons se propageant parallèlement à l'axe dans le premier milieu. J'aurai sa distance f_2 au sommet S_2 en faisant $p_1 = \infty$ dans l'expression de p_2 (83); il vient

$$(45) \qquad f_2 = b_2 \frac{b + \varepsilon}{b - a + \varepsilon}.$$

J'aurai de même, en faisant $p_2 = \infty$, c'est-à-dire en annulant le dénominateur dans cette même expression, la distance f_1 du foyer principal d'incidence F_1 au sommet S_1

$$(46) \qquad f_1 = -a_1 \frac{a - \varepsilon}{b - a + \varepsilon}.$$

Au lieu de rapporter ces distances aux sommets S_1 et S_2 des surfaces, prenons comme origines les points principaux : X_1 pour f_1 et X_2 pour f_2; soient φ_1 et φ_2 ces nouvelles distances; j'ai, de façon générale, pour ces changements d'origine,

$$f_1 = \varphi_1 + x_1,$$
$$f_2 = \varphi_2 + x_2;$$

d'où je tire

$$(47) \quad \begin{cases} \varphi_1 = -a_1 \dfrac{a - \varepsilon}{b - a + \varepsilon} - \dfrac{a_1 \varepsilon}{b - a + \varepsilon} = -\dfrac{a a_1}{b - a + \varepsilon}, \\[2ex] \varphi_2 = \ \ b_2 \dfrac{b + \varepsilon}{b - a + \varepsilon} - \dfrac{b_2 \varepsilon}{b - a + \varepsilon} = \ \ \dfrac{b b_2}{b - a + \varepsilon}; \end{cases}$$

et, si nous comparons ces deux valeurs, nous retrouvons la relation générale des distances focales

$$(18) \qquad \frac{\varphi_1}{\varphi_2} = -\frac{a a_1}{b b_2} = -\frac{n_1}{n_2},$$

85.' Constructions géométriques. — Nous pouvons, au moyen des plans principaux et des foyers principaux, construire l'image d'un objet plan perpendiculaire à l'axe; nous savons que dans tout système centré, et sous les réserves faites, cette image sera plane et perpendiculaire à l'axe.

Soit $L_1 P_1$ l'objet (*fig.* 76) : je considère, parmi les rayons émanés de L_1, celui qui se propage parallèlement à l'axe dans le premier milieu; son prolongement rencontre le plan principal d'incidence en M_1, et le plan d'émergence en M_2 : la portion

Fig. 76.

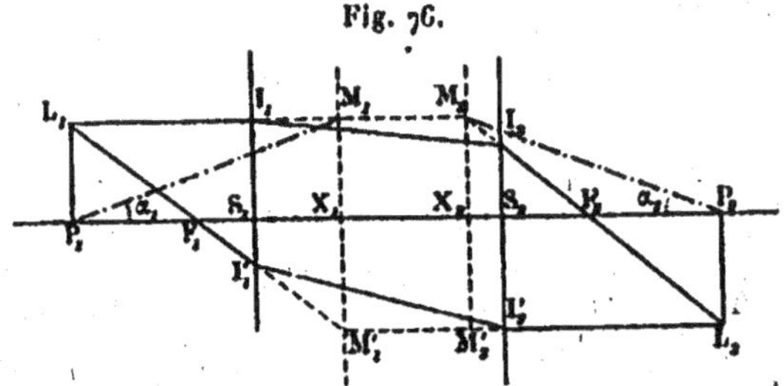

émergente doit passer par ce point M_2, et aussi par le foyer d'émergence F_2 : c'est donc $M_2 F_2$; je considère d'autre part le rayon qui passe par le foyer d'incidence F_1; prolongé, il coupe le plan principal d'incidence en M'_1 : ce point appartient également à la portion émergente du rayon, portion que je sais aussi devoir être parallèle à l'axe principal, et qui est par conséquent $M'_1 M'_2$.

Le point L_2 où se coupent les portions émergentes des deux rayons est l'image de L_1, et la perpendiculaire $L_2 P_2$ l'image de $L_1 P_1$.

Je n'ai pas eu besoin, pour cette construction, de considérer les surfaces de la lentille; elles n'ont à intervenir que si je veux tracer la marche complète des deux rayons, dont elles me permettent de déterminer les portions transverses $I_1 I_2$, $I'_1 I'_2$.

86. Équation générale des foyers conjugués. — Convenons de rapporter les foyers conjugués aux points principaux correspondants, à savoir le point-objet P_1 au point principal d'incidence X_1 et le point-image P_2 au point principal d'émergence X_2; soient π_1 et π_2 les deux distances.

Les triangles semblables $L_1 M'_1 M_1$ et $F_1 M'_1 X_1$ me donnent (*fig.* 76)

$$\frac{F_1 X_1}{L_1 M_1} = \frac{M'_1 X_1}{M'_1 M_1}$$

ou, comme $L_1 M_1 = P_1 X_1$, $M_1 X_1 = L_1 P_1$ et $M'_1 X_1 = L_2 P_2$, j'aurai, en désignant par h_1 et h_2 les dimensions homologues de l'image et de l'objet,

$$\frac{\varphi_1}{\pi_1} = \frac{-h_2}{h_1 - h_2}.$$

De même les triangles semblables $L_2 M_2 M'_2$ et $F_2 M_2 X_2$ donnent

$$\frac{F_2 X_2}{L_2 M'_2} = \frac{M_2 X_2}{M_2 M'_2},$$

$$\frac{-\varphi_2}{-\pi_2} = \frac{h_1}{h_1 - h_2}.$$

Ajoutant membre à membre les deux équations en φ_1 et φ_2,

$$(49) \qquad \frac{\varphi_1}{\pi_1} + \frac{\varphi_2}{\pi_2} = 1.$$

On retrouve donc l'équation des foyers conjugués sous sa forme générale, qu'elle gardera d'ailleurs si au lieu du système $X_1 X_2$ on prend comme origines un autre système quelconque de points conjugués.

En désignant comme d'habitude par q_1 et q_2 les distances du point lumineux au foyer principal d'incidence et de son image au foyer d'émergence, et substituant dans l'équation qui précède

$$\pi_1 = q_1 + \varphi_1,$$

$$\pi_2 = q_2 + \varphi_2,$$

$$\frac{\varphi_1}{q_1 + \varphi_1} + \frac{\varphi_2}{q_2 + \varphi_2} = 1,$$

$$q_1 q_2 = \varphi_1 \varphi_2,$$

équation de Newton.

87. Grossissement. — Si, au lieu d'ajouter, nous divisions membre à membre les deux proportions

$$\frac{\varphi_1}{\pi_1} = \frac{-h_2}{h_1 - h_2}$$

et

$$\frac{\varphi_2}{\pi_2} = \frac{h_1}{h_1 - h_2},$$

il vient

$$\frac{h_2}{h_1} = -\frac{\varphi_1}{\varphi_2}\frac{\pi_2}{\pi_1},$$

et comme

$$\frac{\varphi_1}{\varphi_2} = -\frac{n_1}{n_2},$$

(50)
$$G = \frac{h_2}{h_1} = \frac{n_1}{n_2}\frac{\pi_2}{\pi_1},$$

équation du grossissement sous sa forme ordinaire.

La première proportion peut s'écrire

$$\frac{-\pi_1}{\varphi_1} = \frac{h_1 - h_2}{h_2},$$

$$\frac{\varphi_1 - \pi_1}{\varphi_1} = \frac{h_1}{h_2},$$

$$G = \frac{h_2}{h_1} = -\frac{\varphi_1}{q_1},$$

forme correspondant à l'équation de Newton.

Quant à l'équation d'Helmholtz, elle s'écrit encore

$$G = \frac{n_1\, \text{tang}\, \alpha_1}{n_2\, \text{tang}\, \alpha_2},$$

α_1 et α_2 étant (*fig.* 76) les angles que font avec l'axe les droites $P_1 M_1$, $P_2 M_2$, angles toujours comptés comme positifs ou négatifs suivant qu'ils s'ouvrent dans le sens de la lumière incidente ou en sens inverse.

88. Points nodaux, ou de Listing. — Listing a signalé l'intérêt que présente, dans les lentilles épaisses, un autre système de points conjugués, qu'on a appelés *points nodaux*.

Portons, à partir de F_1, avec son signe (*fig.* 77), une longueur égale à φ_2; et de même à partir de F_2, avec son signe, une longueur égale à φ_1 : je détermine ainsi les deux points Y_1 et Y_2; ils sont conjugués, car leurs distances respectives aux points X_1 et X_2 sont toutes deux égales à

$$\varphi_1 + \varphi_2$$

et l'équation des foyers conjugués

$$\frac{\varphi_1}{\pi_1} + \frac{\varphi_2}{\pi_2} = 1$$

est satisfaite pour $\pi_1 = \pi_2 = \varphi_1 + \varphi_2$.

Joignons $L_1 Y_1$ et $L_2 Y_2$: ces deux droites, portion incidente et portion émergente d'un même rayon, rencontrent en N_1 et en N_2

Fig. 77.

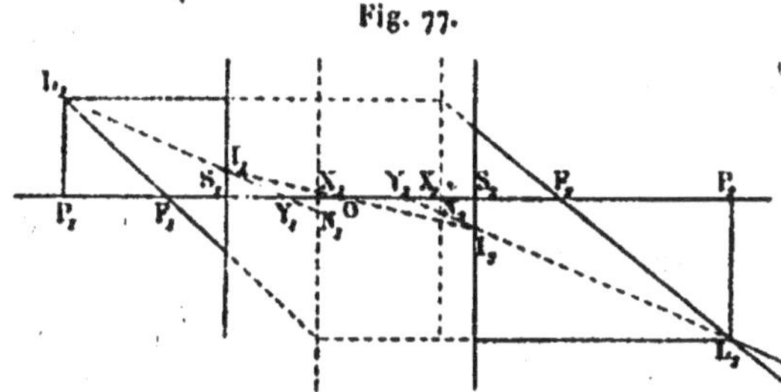

les plans principaux correspondants : ces points sont également conjugués et $X_2 N_2$ est l'image de $X_1 N_1$; donc

$$X_2 N_2 = X_1 N_1.$$

Mais comme, d'autre part, $X_1 Y_1 = X_2 Y_2$, les deux triangles $X_1 Y_1 N_1$ et $X_2 Y_2 N_2$ sont égaux : il en résulte que les directions $Y_1 N_1$ et $Y_2 N_2$ sont parallèles.

Les points nodaux jouissent donc de cette propriété que, pour tout rayon dont la portion incidente passe par Y_1, la portion émergente, passant par Y_2, prend une direction parallèle; en d'autres termes, un rayon lumineux, dirigé vers le point nodal d'incidence, traverse la lentille comme il ferait d'une lame à faces parallèles : il subit un déplacement latéral, mais pas de déviation. Les points de Listing nous fournissent ainsi des axes secondaires, que nous pouvons utiliser pour la construction des images.

89. Centre optique. — Soient I_1 et I_2 les points d'entrée et de sortie d'un de ces axes secondaires, de celui du point L_1, par exemple; $I_1 I_2$, portion transverse de cet axe secondaire (*fig.* 77), rencontre l'axe principal en un point O, qui est l'image de Y_1 par rapport à la première surface, puisqu'un rayon se dirigeant vers Y_1 prend après cette première réfraction une direction passant par O; et qui est de même conjugué de Y_2 par rapport à la seconde surface. Ce point O est donc fixe. Nous avons d'ailleurs, par les similitudes de triangles,

$$\frac{O Y_1}{O Y_2} = \frac{Y_1 I_1}{Y_2 I_2} = \frac{Y_1 S_1}{Y_2 S_2},$$

ou, désignant par ω_1 et ω_2 ses distances aux points nodaux, et par y_1 et y_2 les distances des points nodaux aux surfaces S_1 et S_2,

$$\frac{-\omega_1}{\omega_2} = \frac{-y_1}{y_2}.$$

Ce point O est le centre optique : il est commun aux portions transverses de tous les axes secondaires; et inversement tout rayon, peu incliné sur l'axe principal, dont la portion transverse passe par le centre optique, a ses portions incidente et émergente parallèles entre elles.

Le centre optique ne présente d'ailleurs pas ici le même intérêt que dans les lentilles minces, parce qu'il n'est plus centre de similitude de l'image et de l'objet.

Les points nodaux, images du centre optique par rapport aux deux faces de la lentille, constituent comme un dédoublement de ce centre optique; si l'épaisseur diminue jusqu'à devenir nulle, ils se confondent entre eux et avec lui.

90. Cas particulier où les milieux extrêmes sont identiques. — Lorsque la lentille est plongée dans l'air, ce qui est le cas le plus intéressant dans la pratique, et, de façon générale, quand les milieux extrêmes sont identiques, le rapport des distances focales devient

$$\frac{\varphi_1}{\varphi_2} = -1,$$

et les foyers principaux sont symétriquement placés par rapport au système des plans principaux.

Nous poserons alors

$$\varphi_1 = \varphi.$$

φ sera la *distance focale absolue* de la lentille; $\frac{1}{\varphi}$ en sera la *puissance*. La distinction des lentilles convergentes et divergentes ne peut plus se faire de façon aussi simple que dans le cas des lentilles minces; mais il est facile de voir que, si l'on écarte le cas des lentilles extrêmement épaisses, la classification reste la même.

Si, en effet, nous nous reportons aux valeurs de a, a_1, b (68)

$$\varphi = \frac{-aa_1}{b-a+\iota} = \frac{1}{n-1}\,\frac{r_1 r_2}{n(r_1-r_2)+(n-1)\iota}$$
$$= \frac{1}{n(n-1)}\,\frac{r_1 r_2}{r_1 - r_2 + \dfrac{n-1}{n}\iota};$$

et si ι n'est pas assez grand pour que $\dfrac{n-1}{n}\iota$ soit supérieur en valeur absolue à $r_1 - r_2$, le signe de φ est toujours le signe de

$$\frac{r_1 - r_2}{r_1 r_2} \quad \text{ou} \quad \frac{1}{r_2} - \frac{1}{r_1}.$$

— Puisque, les milieux extrêmes étant identiques,

$$\varphi_1 + \varphi_2 = 0,$$

les points nodaux se confondent avec les points principaux correspondants, et par conséquent ceux-ci cumulent avec leurs propriétés celles des points nodaux.

— On peut voir aussi que les distances de ces points aux surfaces extrêmes deviennent inversement proportionnelles aux rayons de courbure de ces faces. Nous avons en effet, n_1 et n_2 devenant égaux,

$$a_1 = \frac{n_1 r_1}{n_1 - n}, \qquad b_2 = -\frac{n_1 r_2}{n - n_1},$$
$$\frac{x_1}{x_2} = \frac{a_1}{b_2} = \frac{r_1}{r_2}.$$

— Le centre de similitude de l'image et de l'objet reste distinct du centre optique, et se déplace en même temps que l'objet.

— Enfin l'équation des foyers conjugués prend la forme

$$\frac{1}{\pi_1} - \frac{1}{\pi_2} = \frac{1}{\varphi},$$

si l'on prend comme système d'origines celui des points principaux, devenus aussi points nodaux.

91. Généralisation. — On démontre facilement (voir *Compléments, II*) : 1° qu'un système quelconque de surfaces centrées sphériques possède ainsi deux points principaux, deux foyers principaux dont les distances φ_1 et φ_2 aux points principaux correspondants sont dans le rapport

$$\frac{\varphi_1}{\varphi_2} = -\frac{n_1}{n_2},$$

n_1 et n_2 étant les indices extrêmes; et deux points nodaux, ces divers points jouissant toujours de mêmes propriétés;

2° Que, par suite, la relation des foyers conjugués garde la forme

$$\frac{\varphi_1}{\pi_1} + \frac{\varphi_2}{\pi_2} = 1,$$

en prenant comme système d'origines les points principaux; et une forme semblable en choisissant soit les points nodaux, soit un couple quelconque de points conjugués;

3° Qu'enfin la relation du grossissement

$$\frac{h_2}{h_1} = \frac{n_1 \pi_2}{n_2 \pi_1}$$

subsiste également.

Si bien qu'en somme un système quelconque de surfaces sphériques centrées peut toujours être assimilé à une lentille épaisse unique dont on peut déterminer par le calcul les points principaux et nodaux et les foyers principaux.

Il est même à remarquer que, dans certains cas, on peut réaliser, dans un système complexe, la confusion des points nodaux, et qu'alors le système est pleinement assimilable à une lentille mince : cette condition est remplie dans certains objectifs photographiques.

VIII. — MESURE DES DISTANCES FOCALES PRINCIPALES.

Les méthodes servant à mesurer les distances focales des lentilles ou systèmes de lentilles sont extrêmement nombreuses; nous nous bornerons à indiquer le principe des plus simples et des plus employées.

92. Lentilles convergentes et systèmes convergents. — Examinons d'abord le cas des lentilles minces.

1° Les points principaux étant confondus, avec le centre optique, au sommet de la lentille, nous n'avons à considérer que la distance de l'un des deux foyers à la lentille; c'est ce que l'on appelle souvent la *longueur focale*. Un procédé rapide, mais grossier, consiste à exposer la lentille aux rayons solaires et à rechercher, avec un écran mobile, l'image du Soleil, section minimum du faisceau de rayons émergents.

2° La méthode de Silbermann est fondée sur ce que, ainsi que nous l'avons vu, un objet situé à une distance $2f$ de la lentille donne une image égale et renversée, symétriquement placée par rapport à la lentille.

Dans l'appareil de Silbermann, la lentille L est installée à poste fixe au zéro d'une double division : au moyen d'un pignon unique, agissant sur deux crémaillères, deux supports P et P' se déplacent sur cette division, en restant symétriques par rapport à la lentille (*fig.* 78) : ils portent des micromètres translucides dont l'un, M,

Fig. 78.

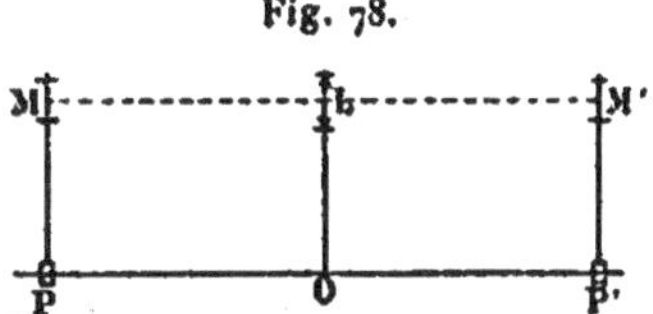

éclairé par derrière, joue le rôle d'objet, tandis que l'autre, M', sert d'écran. On augmente l'écart des deux micromètres jusqu'au moment où l'image des divisions de M se fait exactement sur les divisions de M'.

On a dans ce cas

$$f = \frac{MM'}{4},$$

mais on mesure en réalité PP' qui peut fort bien ne pas être égal à MM'.

3° La méthode de Bessel consiste à disposer la loupe sur un support mobile, le long d'une règle divisée, entre deux supports fixes dont l'un porte un micromètre M, éclairé par derrière, et l'autre un écran E muni d'une loupe pour l'examen des images.

On déplace la lentille jusqu'à obtenir sur E une image nette de M :
on trouve deux positions de la lentille pour lesquelles cette condition est satisfaite : soit δ (*fig.* 79) la distance de ces deux posi-

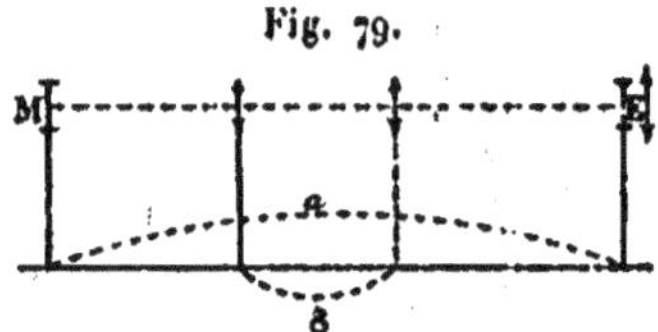

Fig. 79.

tions, exactement mesurée par le déplacement du support, et
soit p_1 la distance de l'une d'elles au micromètre-objet :

$$\frac{1}{p_1} - \frac{1}{p_2} = \frac{1}{f},$$

avec

$$p_1 - p_2 = a;$$

a étant l'écartement, mesuré une fois pour toutes, du micromètre
et de l'écran ; nous tirons de ces deux équations

$$\frac{1}{p_1} - \frac{1}{p_1 - a} = \frac{1}{f},$$
$$p_1^2 - p_1 a + af = 0,$$
$$p_1 = \frac{a \pm \sqrt{a^2 - 4af}}{2},$$
$$\delta = \sqrt{a^2 - 4af},$$
$$f = \frac{a^2 - \delta^2}{4a}.$$

— Dans le cas de lentilles épaisses ou de systèmes convergents,
ce qu'il faut mesurer, c'est la distance de l'un des foyers au point
principal correspondant, ou *distance focale absolue*.

1° La méthode de M. Cornu peut se réduire, en principe, à
ceci : le système est installé à poste fixe sur un banc divisé ; on
l'expose d'abord, successivement par chacune de ses deux faces, à
des rayons parallèles aux rayons venant d'un collimateur, par
exemple ; et, au moyen d'un écran mobile, on détermine la position des deux foyers, dont on a ainsi les distances f_1 et f_2 aux
faces extrêmes du système. On se sert ensuite d'une source lumineuse placée à distance finie et connue, et l'on détermine de

même la position de l'image; soient p_1 et p_2 (*fig.* 80) les distances de la source et de l'image aux faces d'entrée et de sortie

$$(p_1 - f_1)(p_2 - f_2) = \varphi^2,$$

φ étant la distance focale absolue.

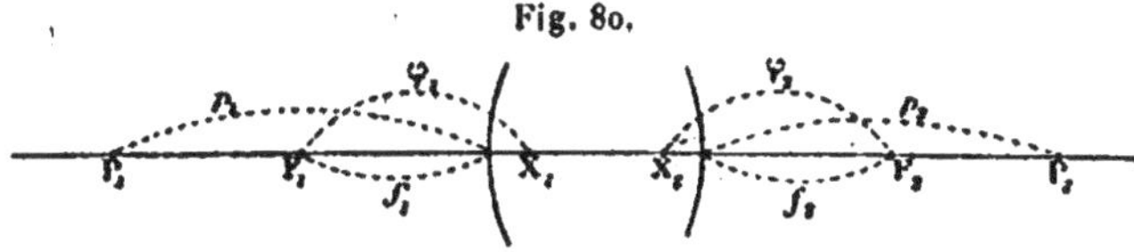

Fig. 80.

L'expérience donne en même temps les points nodaux : nous avons en effet pour la face d'entrée

$$\varphi_1 = \varphi = f_1 - x_1,$$

et pour la face de sortie

$$\varphi_2 = -\varphi = f_2 - x_2.$$

2° La méthode de MM. Davanne et Ad. Martin, particulièrement applicable aux objectifs photographiques, consiste à déterminer d'abord, au moyen d'un écran mobile, qui est en fait le verre dépoli d'une chambre noire, la position du foyer principal d'émergence, en exposant le système à des rayons parallèles; puis à disposer sur l'axe principal un objet lumineux, et, laissant immobile le système optique, à déplacer la source et l'écran jusqu'à ce qu'il se forme sur celui-ci une image égale à l'objet.

Dans la première opération, la distance de l'écran au point nodal d'émergence était φ; dans la seconde, elle est 2φ : le déplacement de l'écran est donc égal à φ (*fig.* 81).

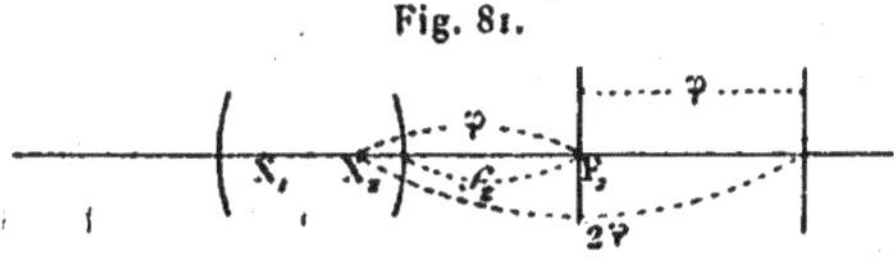

Fig. 81.

Si l'on a mesuré les distances f_1 et f_2 des deux foyers aux faces extrêmes, en répétant des deux côtés du système la première opération, on en déduira les valeurs de x_1 et x_2.

93. Lentilles divergentes. — Pour les lentilles divergentes, on pourrait mesurer grossièrement la distance focale, par une méthode analogue à celle des miroirs, en disposant devant la lentille un écran percé de deux petites ouvertures, symétriques par rapport à l'axe ; on exposerait normalement le système aux rayons solaires, et l'on recevrait les pinceaux réfractés sur un écran mobile. Quand la

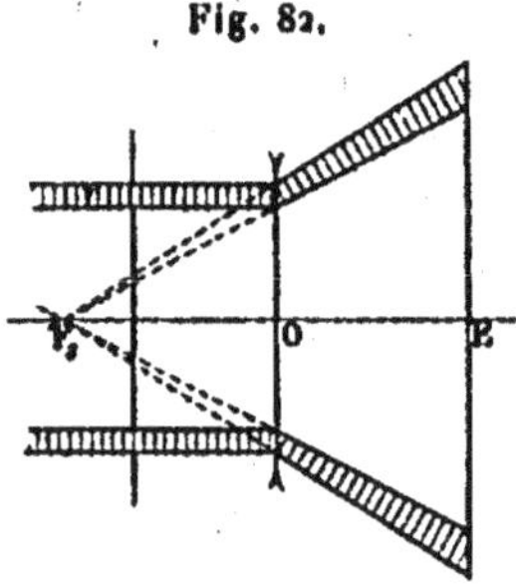

Fig. 82.

distance des taches lumineuses formées sur l'écran est double de celle des ouvertures, la distance de l'écran à la lentille est égale à la longueur focale (*fig.* 82).

Mais le seul procédé qui permette d'obtenir la distance focale avec une précision suffisante et de façon simple consiste à associer la lentille à un système convergent, de distance focale connue, et choisi de telle sorte que la combinaison soit encore convergente.

On mesure alors par l'une des méthodes précédentes la distance focale du système entier, et l'on en déduit par le calcul celle de la lentille divergente.

Ce calcul est très aisé dans le cas où l'on peut négliger les épaisseurs et les écartements : nous avons alors, en effet (80), en appelant φ la distance focale du système entier, f' celle du système convergent et f celle de la lentille divergente, et en mettant le signe de f en évidence,

$$\frac{1}{\varphi} = \Sigma\left(\frac{1}{f}\right) = \frac{1}{f'} - \frac{1}{f}.$$

CHAPITRE VIII.

DISPERSION.

94. Expériences fondamentales. — Les expériences fondamentales sur la dispersion de la lumière par réfraction sont celles de Newton et de Charles.

Newton établit d'abord que « les rayons de lumière qui diffèrent en couleur diffèrent aussi en degré de réfrangibilité ».

Il regardait au travers d'un prisme une bande de papier colorée mi-partie bleu et rouge, et disposée parallèlement à l'arête (*fig.* 83) : les deux moitiés de la bande semblaient séparées l'une de l'autre,

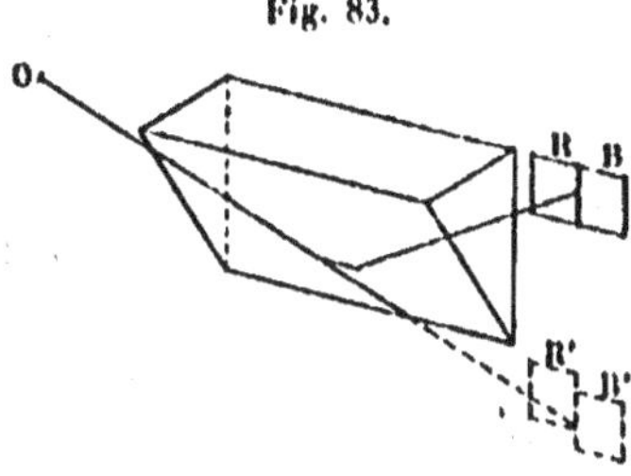

Fig. 83.

et le déplacement apparent était plus grand pour la partie bleue ; les rayons bleus subissaient donc dans le prisme une déviation plus grande que les rouges.

Il enroulait d'autre part, autour de cette bande de papier, un fil fin de soie noire, la disposait verticalement, derrière une lentille, l'éclairait vivement et, au moyen d'un écran mobile, cherchait à mettre au point l'image réelle donnée par la lentille. Il observait qu'il ne pouvait avoir nette à la fois dans les deux couleurs l'image des fils, et que la distance de l'écran à la lentille devait être notablement plus grande pour le rouge que pour le bleu.

Newton fit voir ensuite que la lumière du soleil est composée de rayons différemment réfrangibles.

Il reçut sur un prisme de verre un pinceau de rayons solaires traversant par un petit trou circulaire le volet d'une chambre obscure; sur un écran, placé derrière le prisme, il observa une tache lumineuse en forme de bande, à bords latéraux relativement nets, terminée par des contours sensiblement circulaires mais très confus, et présentant, dans leur ordre naturel, les couleurs de l'arc-en-ciel, le violet étant le plus fortement dévié.

Cette tache, ou *spectre solaire*, était constituée par une série d'images du soleil, images par petite ouverture, différemment colorées et empiétant les unes sur les autres : chacune de ces images est une ellipse, assez voisine d'un cercle, dont le diamètre est déterminé par le diamètre apparent du soleil (32′ environ) et par la distance de l'écran à l'ouverture.

— L'expérience de Charles met mieux en évidence que celle de Newton la dispersion par les lentilles. On reçoit sur une lentille convergente, parallèlement à l'axe principal, un faisceau de rayons solaires, et l'on coupe les rayons réfractés par un écran qu'on déplace jusqu'à ce que la tache lumineuse soit le plus petite possible; on en marque le contour, et l'on découpe dans l'écran une fente annulaire étroite suivant ce contour; puis on déplace de nouveau l'écran suivant l'axe, en s'approchant progressivement de la lentille; l'œil, placé derrière, verra d'abord la fente éclairée par de la lumière blanche; puis elle paraîtra verte, puis bleue, puis violette, deviendra un instant obscure, puis s'éclairera successivement en rouge, en orangé, en jaune et enfin en blanc.

C'est qu'en effet les rayons de diverses couleurs ont formé des foyers distincts, en nombre infini, entre le foyer F_r des rayons rouges et le foyer F_n des rayons violets (*fig.* 84) : soient, par exemple, F_j le point de concours extrême des rayons jaunes, F_b celui des rayons bleus. Dans le déplacement de l'écran, un point de la fente suit la ligne AB; quand il occupe la position a_1, il est compris dans la partie commune aux secondes nappes de tous les cônes de rayons réfractés; il y passe donc des rayons de toutes couleurs, formant de la lumière blanche; en a_2, il est en dehors du cône des rayons rouges et à l'intérieur des autres; il sera donc éclairé par de la lumière verte, complémentaire du

rouge; en a_3, il est en dehors des cônes de rayons rouges et de
rayons jaunes, et recevra de la lumière bleue; en a_4, il n'est plus
que dans le cône de rayons violets; en a_5, il est en dehors de tous

Fig. 84.

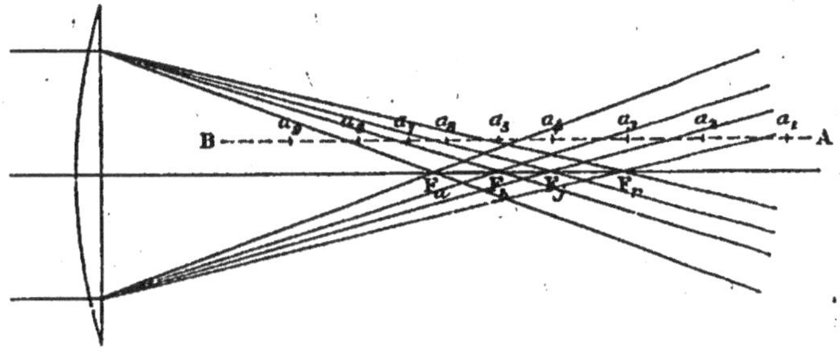

les cônes; en a_6, il ne reçoit encore que des rayons rouges; en a_7,
passent à la fois des rayons rouges et jaunes; en a_8, il ne manque
plus que les rayons violets, et l'on a de la lumière jaune; enfin,
en a_9, la fente reçoit de nouveau de la lumière blanche.

Ainsi les rayons diversement colorés, qui sont mélangés dans le
faisceau incident, donnent des foyers distincts; et il est facile de
voir que la variation qu'éprouve avec la couleur l'indice d'un
même verre, variation qui cause cette dispersion des foyers,
entraîne aussi la séparation des points nodaux; dans une même
lentille, chaque couleur aura les siens.

95. Règle du spectre pur. — Nous avons vu comment était
formé le spectre solaire obtenu dans les premières expériences de
Newton : les images colorées du soleil empiétant beaucoup les
unes sur les autres, les couleurs de ce spectre sont lavées de blanc;
elles ne sont pas pures.

Pour éviter cette confusion, et réaliser un spectre présentant des
couleurs bien franches, Newton a indiqué la règle suivante :

Le faisceau solaire est limité par une fente étroite percée dans le
volet de la chambre obscure : il est reçu sur un prisme dont l'arête
est parallèle à la fente et que l'on oriente de manière à obtenir la
déviation minimum : immédiatement derrière ou devant ce prisme
est une lentille; le faisceau dispersé est reçu sur un écran perpen-

diculaire au faisceau, placé au foyer conjugué de la fente par rapport à la lentille.

Newton a indiqué comme étant les plus favorables les dimensions suivantes : lentille de 2^m de distance focale, placée à 4^m de la fente, écran à 4^m derrière la lentille.

Ce que nous avons vu au sujet dé la formation des images par les prismes (49) nous permet de justifier la règle de Newton : le prisme au minimum de déviation donne (*fig.* 85) de chaque point

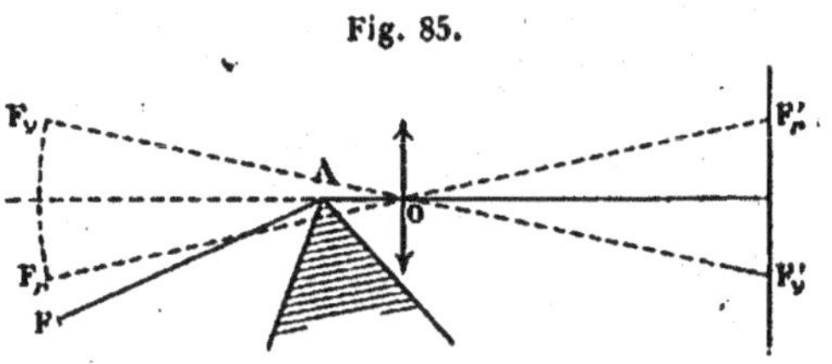

Fig. 85.

de la fente, tel que F, et pour chaque couleur simple, une image nette, située à la même distance de l'arête que le point lui-même. De ces images, distribuées entre F_r, foyer des rayons rouges, et F_v, foyer des rayons violets, sur un arc de circonférence différant peu d'une droite, la lentille donne sur l'écran des images nettes, distribuées entre F'_r et F'_v; il en est de même pour les autres points de la fente; si bien que nous avons, de celle-ci, des images, égales à l'objet, perpendiculaires au plan du Tableau, et qui, très étroites, se superposent aussi peu que possible.

Ainsi, au lieu d'être formé, comme dans le premier cas, d'images du soleil par petite ouverture, le spectre est cette fois constitué par des images nettes d'une fente éclairée.

Nous avons supposé que la lentille ne donnait pas lieu à de nouveaux phénomènes de dispersion, en lui supposant la même distance focale pour les diverses couleurs : pour réaliser cette condition, il sera évidemment nécessaire de substituer une lentille achromatique à la lentille simple dont se servait Newton.

90. Analyse des couleurs du spectre. — Pour rechercher si l'analyse de la lumière blanche, faite par un prisme unique, était bien complète, Newton pratiquait dans l'écran une ouverture linéaire perpendiculaire à la direction du spectre, et recevait sur

un second prisme le pinceau de lumière monochromatique passant
par cette ouverture : la dispersion par le second prisme ne faisait
pas apparaître de couleur nouvelle.

Ce résultat est confirmé par l'expérience des *prismes croisés*.

On dispose l'un derrière l'autre (*fig*. 86) deux prismes dont les

Fig. 86.

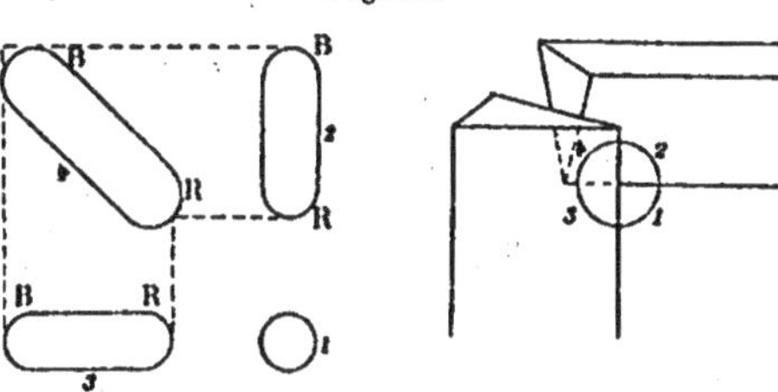

arêtes soient rectangulaires, èt l'on fait tomber au point d'intersection un pinceau cylindrique de rayons, dont une partie passe
ainsi en dehors des masses réfringentes, tandis qu'une autre traverse seulement le prisme à arête horizontale, une troisième seulement le prisme à arête verticale, et que la quatrième subit successivement les deux dispersions.

Sur un écran placé derrière le système, la première portion du
faisceau donne une tache blanche ; la seconde un spectre vertical,
la troisième un spectre horizontal ; la quatrième fournit un spectre
oblique, où n'apparaît aucune couleur nouvelle, et où les anciennes
sont disposées suivant le même ordre que dans les deux premiers,
la déviation étant pour chaque couleur la résultante des deux déviations simples.

Dans la première de ces deux expériences, en promenant successivement la fente de l'écran dans les diverses parties du spectre,
Newton avait pu vérifier que les rayons de couleur différente sont
inégalement réfractés, et constater que la réfrangibilité va en croissant depuis le rouge jusqu'au violet.

07. Pouvoir dispersif. — On appelle *dispersion*, entre deux
couleurs données, la différence des déviations que subissent en
traversant le prisme les rayons de ces deux couleurs, provenant
d'un même rayon de lumière blanche ; et *pouvoir dispersif* le
rapport de la dispersion à la déviation du rayon moyen.

Si nous désignons par n_c, $n_{c'}$ et n les indices de la substance qui constitue le prisme pour les deux couleurs choisies c et c' et pour la couleur moyenne, nous avons pour les trois déviations, en appliquant la formule des petits prismes (50, éq. 17),

$$D_c = (n_c - 1)A, \qquad D_{c'} = (n_{c'} - 1)A, \qquad D = (n - 1)A,$$

et le pouvoir dispersif est

$$(51) \qquad \omega = \frac{D_{c'} - D_c}{D} = \frac{n_{c'} - n_c}{n - 1}.$$

En pratique, on prend au dénominateur, au lieu de l'indice n du rayon moyen, l'indice n_c de la couleur la moins réfrangible.

En général, les substances donnant les plus fortes déviations donnent aussi les plus fortes dispersions, mais ces deux quantités ne sont pas liées entre elles par une loi connue.

Dans tous les verres utilisés en Optique jusqu'à ces dernières années, le pouvoir dispersif croissait avec l'indice de la couleur moyenne; et l'on divisait ces verres en deux classes : les *crown*, peu réfringents et peu dispersifs, et les *flint*, présentant les caractères contraires. Les verriers mettent maintenant à la disposition des opticiens des matières auxquelles cette règle ne s'applique plus, et l'on peut réaliser des associations de verres dans lesquelles l'élément le plus réfringent est en même temps le moins dispersif.

On tend à réserver le nom de *crown* aux verres de faible dispersion, mais cette règle n'est pas encore universellement adoptée.

98. Recomposition de la lumière blanche. — On peut de diverses façons reconstituer la lumière blanche au moyen de ses éléments :

1º Par l'association de deux prismes de même angle (Newton).

Derrière le prisme ayant servi à décomposer la lumière, on en dispose, en sens inverse, un second, de même angle, les faces voisines étant parallèles (*fig.* 87). L'ensemble constitue une lame à faces parallèles, et les rayons lumineux sortent parallèlement à leur direction incidente : si les rayons diversement colorés provenant d'un même rayon de lumière blanche sont ainsi, à l'émergence, parallèles entre eux, ils ne sont pas confondus : mais avec un faisceau incident cylindrique, il y aura reconstitution de la lumière blanche dans la portion centrale du faisceau émergent,

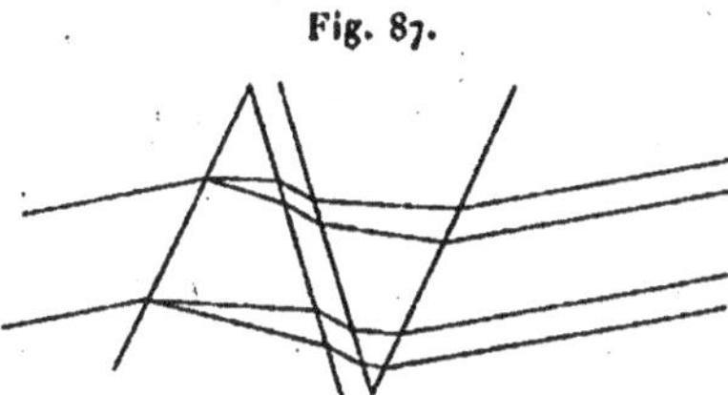

Fig. 87.

par superposition de rayons élémentaires d'origines différentes; sur les bords supérieur et inférieur on observera une coloration, rouge d'un côté, bleue de l'autre.

2° Par un prisme unique (Charles).

Considérons (*fig.* 88) un rayon lumineux simple pénétrant dans un prisme triangulaire équiangle par un point I; soient i et r les angles d'incidence et de réfraction : en I' le rayon, rencontrant

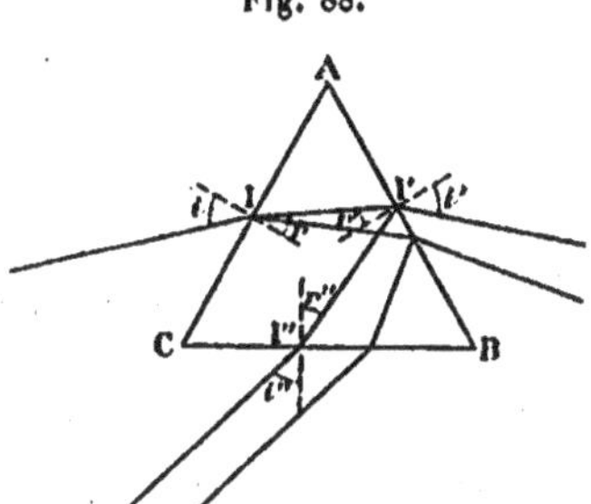

Fig. 88.

la face AB sous une incidence r', se divise en deux parties : l'une sort en faisant un angle d'émergence i' dont la valeur dépend de la couleur du rayon, tandis que l'autre se réfléchit vers l'intérieur et rencontre la troisième face en I'' : soient r'' et i'' les angles que forment avec la normale en I'' la portion incidente et la portion émergente du rayon :

$$A = r + r', \qquad B = A = r' + r''.$$

Donc $r'' = r$ et par suite $i'' = i$; l'angle d'émergence ne dépend plus de la couleur, puisqu'il est égal à l'angle d'incidence au point d'entrée. Il en sera de même pour tout rayon lumineux qui, avant de sortir du prisme, se sera réfléchi un nombre impair de fois.

Donc un faisceau de lumière blanche traversant le prisme sans s'y réfléchir, ou sortant après avoir subi à l'intérieur un nombre pair de réflexions, est dispersé; au contraire, si le faisceau a subi un nombre impair de réflexions intérieures, les rayons émergents sont tous parallèles entre eux, et il y a reconstitution de lumière blanche dans la partie centrale du faisceau.

Il est clair d'ailleurs qu'il en sera de même pour un prisme à section polygonale quelconque, pourvu que les angles du polygone soient égaux entre eux.

3° Par une lentille (Newton).

Pour obtenir un spectre pur, nous avons recueilli sur une lentille les divers faisceaux élémentaires sortant du prisme, et placé l'écran dans le plan focal conjugué, par rapport à la lentille, du système d'images colorées que le prisme forme de la fente lumineuse. Si je considère le point F de la fente qui est situé dans le plan du Tableau, chacun des faisceaux homogènes émergents a comme sommet, en arrivant à la lentille, un point situé entre F_r et F_v (*fig.* 89), et, après réfraction, un point situé entre F'_r et F'_v.

Fig. 89.

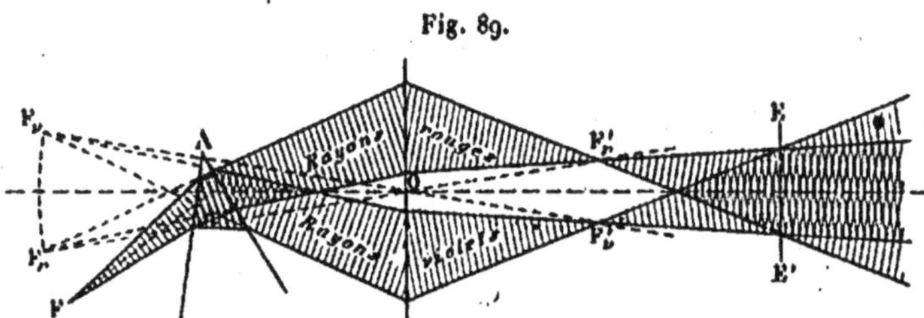

C'est ce système de points F'_r, ..., F'_v que nous avions sur l'écran dans l'expérience du spectre pur. Mais ces divers faisceaux colorés ont, à l'incidence, une section commune : c'est la tache d'entrée dans le prisme, dont nous laissons de côté l'épaisseur, du faisceau de lumière blanche; ils doivent donc aussi avoir, à l'émergence, une section commune, qui sera l'image donnée de cette tache par la lentille, et qui sera, par conséquent, dans le plan conjugué du prisme par rapport à la lentille. C'est dans ce plan, en EE', que nous mettrons cette fois l'écran : il coupera tous les faisceaux élémentaires suivant leur section commune et sera par conséquent éclairé par de la lumière blanche.

On comprend ainsi comment cette même association d'un prisme et d'une lentille peut donner un spectre pur, par séparation aussi parfaite que possible des diverses couleurs, et reconstituer la lumière blanche par leur confusion complète. Et de fait, dans cette expérience, on peut, en écartant progressivement l'écran de la lentille, avoir successivement un spectre à couleurs franches, puis une tache blanche : avant d'arriver à cette seconde position, on a d'abord sur l'écran une tache qui, blanche dans sa partie centrale, est colorée en rouge vers le haut, en violet vers le bas ; si l'on dépasse au contraire le plan EE', ces colorations sont inversées.

Mais on trouve avantage, pour avoir un beau spectre pur, à rapprocher beaucoup la lentille du prisme ; et, pour reconstituer la lumière blanche il faut évidemment les écarter d'une quantité supérieure à la distance focale de la lentille, sans quoi la section commune des rayons émergents serait virtuelle.

Il est bon d'employer, dans le second cas comme dans le premier, une lentille achromatique. La reconstitution de la lumière blanche peut aussi être obtenue dans de très bonnes conditions en prenant, au lieu d'une lentille, un miroir concave.

4° Par un système de miroirs inclinés (Newton).

On reçoit le spectre sur un système de sept petits miroirs plans, mobiles autour d'axes parallèles à l'arête du prisme, et l'on règle leurs inclinaisons de façon à faire converger en un même point les rayons colorés réfléchis par eux : sur un écran placé en ce point, on observe une tache blanche.

5° Par le cercle chromatique de Newton.

Après avoir déterminé la largeur relative des bandes occupées dans le spectre par les sept couleurs qu'il y distinguait, et représenté chacune d'elles par une fraction de l'unité, Newton divisait un cercle en sept secteurs ayant comme angle au sommet une fraction proportionnelle de 360°, puis colorait chaque secteur, de manière uniforme, dans le ton de la couleur correspondante du spectre. En donnant à ce cercle un mouvement rapide de rotation, les couleurs se confondent, à cause de la persistance des impressions rétiniennes ; et l'on a une sensation de blanc, ou plutôt de gris, les proportions ne pouvant être parfaitement exactes, et les colorations pigmentaires employées ne pouvant être pleinement assimilées aux couleurs pures du spectre.

99. Couleurs complémentaires. — Dans l'expérience de recomposition de la lumière blanche par les miroirs inclinés, on peut régler les inclinaisons de manière à former sur l'écran deux taches au lieu d'une ; la première reçoit les rayons réfléchis par une partie seulement du système des miroirs, dont les autres font converger leurs pinceaux sur la seconde. Ces deux taches sont différemment colorées, et si on les fait empiéter l'une sur l'autre, la partie commune est blanche. L'expérience se fait encore mieux en employant la méthode de recomposition par une lentille ; on place alors à quelque distance derrière la lentille une lame légèrement prismatique, intéressant une partie du faisceau émergent et par suite dédoublant l'image.

Les colorations ainsi obtenues sont dites *complémentaires*, et l'on peut évidemment réaliser une infinité de couples de couleurs complémentaires.

En toute rigueur, il faut réserver ce nom pour le cas où l'une des couleurs comprend de façon exclusive et complète les éléments qui manquent à l'autre. Mais pratiquement, si nous choisissons dans le spectre une couleur simple, nous pourrons toujours trouver une autre couleur simple qui, superposée à la première, donnera une teinte à peu près blanche ; et nous appellerons aussi *complémentaires* ces couleurs simples, qui sont toujours, dans le spectre, assez écartées l'une de l'autre.

100. Aberration chromatique des lentilles. — L'expérience de Charles nous a montré qu'une lentille, recevant un faisceau de lumière blanche parallèle à l'axe, ne fait pas converger les rayons réfractés en un point unique, mais donne une série continue de foyers, compris, sur l'axe principal, entre les points de concours des radiations extrêmes.

L'écart entre les foyers F_c et $F_{c'}$ correspondant à deux couleurs mesurera l'*aberration chromatique* entre ces deux couleurs :

or

$$\frac{1}{f_c} = -(n_c-1)\left(\frac{1}{r_1} - \frac{1}{r_2}\right),$$

$$\frac{1}{f_{c'}} = -(n_{c'}-1)\left(\frac{1}{r_1} - \frac{1}{r_2}\right);$$

si nous posons

$$K = \frac{1}{r_1} - \frac{1}{r_2},$$

ces équations nous donnent

$$f_{c'} - f_c = \frac{1}{K}\left(\frac{1}{n_c-1} - \frac{1}{n_{c'}-1}\right),$$

$$f_{c'} - f_c = \frac{1}{K}\frac{n_{c'}-n_c}{(n_c-1)(n_{c'}-1)},$$

ou sensiblement, en appelant n l'indice moyen,

$$(52) \qquad f_{c'} - f_c = \frac{1}{K}\frac{n_{c'}-n_c}{(n-1)^2} = -\omega f;$$

f étant la distance focale pour la couleur moyenne et ω le pouvoir dispersif du verre constituant la lentille, pour l'intervalle considéré (97).

Les cônes de rayons réfractés correspondant aux couleurs extrêmes ayant leurs sommets respectivement en F_r et F_v, la section minimum du faisceau émergent sera (*fig.* 90) un cercle BB' qui est

Fig. 90.

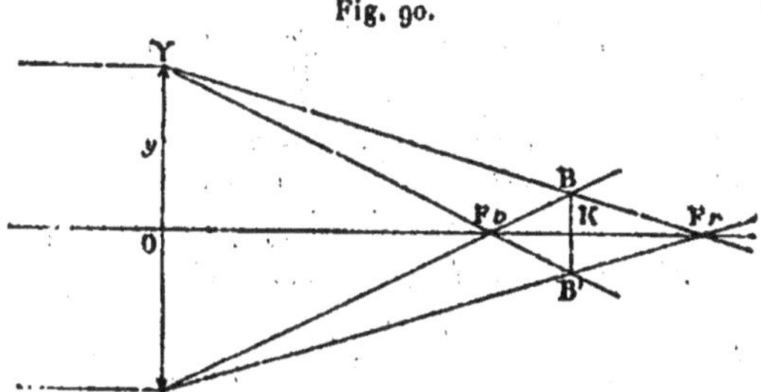

dit *cercle d'aberration chromatique*. Il a comme mesure son rayon, que nous appellerons β. Le rayon d'ouverture de la lentille étant désigné par y, les triangles semblables YOF_v et BKF_v nous donnent la proportion

$$\frac{\beta}{y} = \frac{KF_v}{OF_v}.$$

De même, les triangles YOF_r, BKF_r,

$$\frac{\beta}{y} = \frac{KF_r}{OF_r},$$

d'où

$$\frac{\beta}{y} = \frac{KF_v + KF_r}{OF_v + OF_r} = \frac{f_r - f_v}{2f};$$

ou, remplaçant les distances focales par leurs valeurs, et confondant, comme plus haut, $(n_v - 1)(n_r - 1)$ avec $(n - 1)^2$,

$$(53) \qquad \beta = \frac{y}{2}\frac{n_v - n_r}{n - 1} = \frac{y}{2}\omega.$$

Le cercle d'aberration chromatique est donc indépendant de la distance focale moyenne de la lentille : il est proportionnel au pouvoir dispersif et à l'ouverture.

C'est, au point de vue pratique, le rayon de ce cercle qui mesure, beaucoup plus que l'écart des foyers, l'importance de l'aberration chromatique, dont le principal effet est de produire, autour de l'image d'un point, une auréole colorée.

101. Étude du spectre. Spectroscope. — Le spectre solaire est sillonné de raies noires, dont la présence avait été entrevue par Wollaston, mais dont l'étude n'a été faite, pour la première fois, que par Frauenhofer : on a maintenant déterminé la position exacte de plusieurs milliers de ces raies, et ce nombre devient de plus en plus grand à mesure qu'augmente la perfection des méthodes d'observation.

Nous allons voir, d'autre part, que toutes les sources lumineuses, à l'exception des corps solides incandescents, donnent également des spectres rayés, mais dans lesquels, en règle générale, les raies sont au contraire brillantes sur fond obscur.

Pour étudier les divers spectres de façon complète et précise, on se sert d'instruments appelés *spectroscopes*, et qui sont en principe constitués de la façon suivante :

La fente lumineuse F (*fig.* 91), éclairée par la source S que l'on veut analyser, est placée au foyer principal d'une lentille C, qui en donne une image rejetée à l'infini, formant ainsi ce qu'on appelle un *collimateur :* les rayons venant d'un même point de la fente sont ainsi rendus parallèles entre eux : le faisceau émergent traverse, sous le minimum de déviation, un système dispersif formé de prismes en nombre variable (nous ne nous occupons ici que de la dispersion par réfraction), puis est recueilli par

Fig. 91.

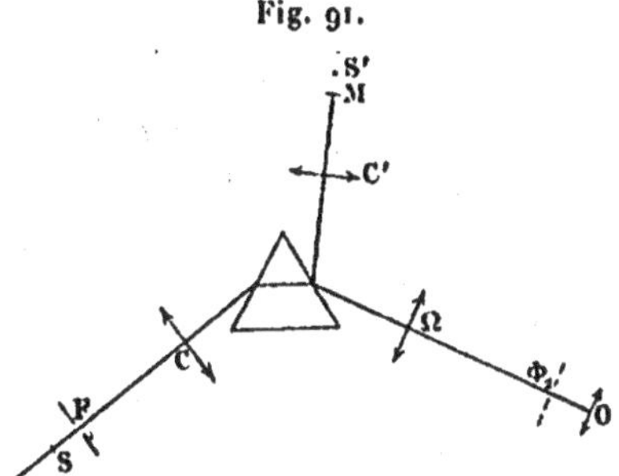

l'objectif Ω d'une lunette : l'image dispersée de la fente se forme dans le plan focal principal Φ_2 ; on l'observe au moyen d'un oculaire grossissant O. L'objectif reçoit en même temps, par réflexion sur la dernière face du système dispersif, les rayons venant d'un second collimateur C' au foyer duquel est placé un micromètre transparent M, éclairé par derrière : l'image du micromètre vient ainsi se superposer, dans le plan focal principal, à celle du spectre, et permet de repérer facilement la position des raies.

Le spectre solaire, bien connu maintenant, peut aussi être utilisé pour déterminer la position exacte des raies dans les spectres de diverses origines : on recouvre alors la moitié de la fente avec un prisme à réflexion totale, recevant les rayons solaires sur une de ses faces latérales, tandis que la source étudiée éclaire directement l'autre moitié de la fente : on obtient ainsi, juxtaposés dans le plan focal principal de la lunette, le spectre du soleil et celui de la source.

102. **Spectre solaire.** — On a désigné par les lettres de l'alphabet les raies les plus facilement visibles du spectre solaire : ce sont, avec leurs longueurs d'onde (θ) évaluées en millionièmes de millimètres,

Dans le rouge	....	A	759,4
»	....	B	687,0
»	....	C	656,3

Dans le jaune.............. D   589,3
Dans le vert............... E   527,0
Dans le bleu............... F   486,1
Dans l'indigo.............. G   430,8
Dans le violet............. H   396,9 (1)

Les raies A et H limitent à peu près exactement la portion du spectre que l'œil peut percevoir directement; mais, en réalité, le faisceau dispersé ne s'arrête pas à ces limites.

En deçà de la raie A est une région infra-rouge, révélée par les appareils thermométriques, et qui, reçue sur une lame de platine recouverte de platine pulvérulent, devient faiblement lumineuse; au delà de H, une région ultra-violette, dans laquelle certains yeux distinguent ce que l'on a appelé la *couleur lavande,* et que l'on peut rendre perceptible jusqu'à une certaine distance en recevant le spectre sur un écran enduit de sulfate de quinine. On peut d'ailleurs l'étudier de façon beaucoup plus complète au moyen de la plaque photographique : on y observe alors un système de raies qui n'est que la continuation de celui que présente le spectre visible : cette conclusion ressort immédiatement de l'examen des photographies obtenues, qui comprennent, outre la région ultra-violette, une portion plus ou moins étendue du spectre lumineux, les limites de l'image variant d'ailleurs avec la substance sensible à laquelle on s'adresse.

Il était beaucoup plus difficile de vérifier la présence des raies dans l'infra-rouge : les appareils thermométriques employés généralement pour l'étudier présentent une largeur très supérieure à celle des raies, et ne peuvent par conséquent mettre en évidence l'existence de ces lacunes dans la série des radiations. Les phénomènes de phosphorescence ont fourni un procédé d'investigation beaucoup plus délicat. Ed. Becquerel avait montré que si une substance phosphorescente, exposée pendant quelque temps à la lumière blanche, est ensuite soumise à l'action de la lumière rouge, les phénomènes de luminosité deviennent plus vifs, mais de plus courte durée que dans l'obscurité; en un mot, l'énergie

---

(1) Ces raies sont en réalité des groupes qui se subdivisent lorsqu'on a recours à des systèmes dispersifs puissants; il est en particulier très facile de dédoubler la raie D en deux autres, dont les longueurs d'onde sont respectivement 589,6 et 589,0.

emmagasinée est plus rapidement dépensée. C'est ce phénomène qu'a utilisé M. H. Becquerel : la région infra-rouge du spectre étant reçue sur un écran phosphorescent exposé d'abord à la lumière blanche, on y voit apparaître des raies sombres sur fond clair qui peu à peu s'effacent, et font place à des raies faiblement lumineuses sur fond sombre, la phosphorescence n'ayant pas été surexcitée aux points où les radiations font défaut.

Il est incontestable maintenant que les régions infra-rouge, visible et ultra-violette du spectre appartiennent à un même système de radiations, ne différant entre elles que par la longueur d'onde, et possédant toutes, à des degrés divers, les propriétés calorifique, lumineuse et actinique. D'ailleurs, en élevant progressivement, au moyen d'un courant d'intensité croissante, la température d'un fil de platine, on voit le spectre donné, de ce fil, par un système dispersif, s'étendre peu à peu, à partir du rouge, jusqu'à l'ultra-violet.

L'étude des radiations extrêmes peut être poussée beaucoup plus loin si l'on évite leur absorption par les milieux traversés : on a ainsi un très grand avantage à employer, pour l'observation des régions infra-rouges, des prismes de quartz ou de sel gemme ; et pour l'ultra-violet, des prismes de quartz et de spath. En se servant d'un spectroscope entièrement formé de spath-fluor et de quartz, et dans lequel il avait fait le vide, de façon à supprimer l'absorption par l'air, le Dr Schumann a pu, au moyen de la photographie, étendre l'étude du spectre jusqu'à des radiations de o$^\mu$,1.

103. Spectres d'origines diverses. — Les corps solides incandescents donnent des spectres continus.

Au contraire, les gaz ou les vapeurs fournissent des spectres qui, à l'inverse de celui du soleil, sont formés de raies brillantes

Fig. 92.

sur fond obscur, et qui varient d'un gaz à l'autre ; le procédé d'observation le plus commode consiste dans l'emploi des tubes de Plücker : ils sont formés (*fig.* 92) de deux parties cylindriques,

où pénètrent des fils de platine, et que réunit un tube capillaire;
dans le gaz, très raréfié, qui remplit l'appareil, on fait jaillir, entre
les deux fils, les décharges d'une bobine d'induction : la partie
capillaire s'illumine vivement; c'est elle qu'on observe au moyen
du spectroscope.

L'arc voltaïque donne également un spectre à raies brillantes.

Enfin si dans la flamme d'un bec Bunsen, brûlant à bleu et par
conséquent dénuée de pouvoir éclairant, on introduit un sel métallique volatil, au moyen d'un fil de platine trempé dans la solution de ce sel, on obtient encore un spectre formé de raies brillantes, caractéristiques du métal et indépendantes de l'acide; on a
généralement recours aux chlorures.

Ces spectres métalliques peuvent encore être observés, soit en
faisant jaillir entre deux fils du métal étudié les étincelles d'une
bobine d'induction dans le circuit de laquelle est intercalé un
condensateur, de façon à obtenir une température qui soit assez
élevée pour volatiliser le métal, soit en produisant les étincelles
entre deux fils de platine aboutissant, assez près l'un de l'autre,
au-dessus et au-dessous de la surface d'une dissolution saline.

104. Interversion des raies. — Foucault montra que la raie D
du spectre solaire correspondait exactement, en position, à une
raie jaune très brillante du spectre donné par l'arc électrique;
puis Swann fit voir que cette raie coïncidait également avec celle
que l'on observe dans le spectre de l'alcool salé.

Il était donc vraisemblable que ces trois raies eussent même
origine et qu'elles fussent toutes dues au sodium. Il restait à
expliquer pourquoi la raie sombre du spectre solaire était dans
les deux autres cas remplacée par une raie brillante. C'est ce que
fit Foucault, par la théorie de l'interversion des raies.

Il avait constaté que, si l'on fait passer la lumière solaire à travers l'arc voltaïque, elle donne un spectre où la raie D s'accuse
avec une vigueur beaucoup plus grande; et il en concluait qu'une
source capable d'émettre une radiation déterminée était également
susceptible de l'arrêter au passage.

Cette hypothèse est confirmée par l'expérience de Fizeau : on
creuse le charbon inférieur d'une lampe à arc et l'on y place du sodium : dans le spectre obtenu, la raie D est d'abord noire; puis

elle s'atténue, s'efface et fait place à une raie brillante persistante; dans la première période du phénomène, l'atmosphère de vapeur de sodium qui entourait l'arc, et qui se dissipe peu à peu, absorbait les radiations correspondant à la raie D.

On peut réaliser le phénomène du renversement avec des flammes métalliques; il faut seulement que la température de la source interposée soit inférieure à celle de la source principale; il est commode, par exemple, d'opérer comme il suit. On introduit dans le dard d'un chalumeau Drummond un peu de sel marin : dans le spectre continu que donne la chaux incandescente, on voit dans le jaune apparaître une bande plus brillante. On interpose alors, entre la fente et le système dispersif, un bec Bunsen dans lequel on volatilise du sodium : la raie brillante fait place à une raie sombre.

105. Spectres d'absorption. Raies telluriques. — Si l'on fait traverser par un faisceau lumineux un milieu coloré, on voit se produire dans le spectre des bandes sombres, plus ou moins larges, plus ou moins nombreuses, dues à ce que certaines radiations ont été absorbées au passage. Le phénomène se produit encore avec des milieux qui ne nous paraissent pas ordinairement colorés, si l'épaisseur traversée devient assez grande; c'est ainsi que plusieurs des raies du spectre solaire doivent, ainsi qu'il est résulté d'abord d'expériences de M. Janssen, être attribuées à l'absorption produite par la vapeur d'eau répandue dans l'atmosphère terrestre, et par cette atmosphère elle-même.

106. Coloration des corps. — La couleur d'un corps, par transparence, est la résultante des radiations lumineuses qu'il n'absorbe pas au passage : il peut d'ailleurs arriver que cette coloration varie avec l'épaisseur de la couche traversée.

Quant aux corps éclairés par réflexion, la question est plus complexe : on peut dire que dans tous les corps la lumière pénètre jusqu'à une certaine profondeur : nous recevons donc à la fois de la lumière qui a été simplement réfléchie ou diffusée par la surface, et de la lumière qui a pénétré dans la couche superficielle, où elle a subi une certaine absorption avant d'être de nouveau émise par la surface : c'est leur mélange qui produit l'impression colorée.

107. Analyse spectrale. — Bunsen et Kirchoff ont pour ainsi dire codifié les méthodes d'observation des flammes métalliques, et tiré de cette étude un procédé singulièrement fécond d'analyse et d'investigation.

Pour produire les spectres métalliques, nons avons dit qu'on introduisait en général dans la flamme d'un bec Bunsen brûlant à bleu un fil de platine trempé dans la dissolution d'un sel volatil, le plus souvent un chlorure.

L'analyse spectrale a permis de découvrir un grand nombre d'éléments nouveaux, parmi lesquels je me bornerai à citer le rubidium et le cœsium, le thallium, le gallium et, plus récemment, l'hélium.

D'autre part, le phénomène de l'interversion des raies permet d'attribuer certaines raies, observées dans les spectres des astres, à la présence, dans l'atmosphère qui les entoure, de vapeurs incandescentes des métaux que ces raies caractérisent : le noyau solide donnant un spectre continu, et l'atmosphère ambiante absorbant au passage une partie des radiations émises.

On a pu faire ainsi une véritable analyse du soleil et des astres. Une expérience très frappante est venue d'ailleurs appuyer les principes théoriques sur lesquels est fondée cette méthode de recherche : en étudiant, pendant une éclipse totale, le spectre des protubérances solaires, on a obtenu le spectre de l'hydrogène sous son aspect habituel, c'est-à-dire formé de raies brillantes sur fond obscur.

CHAPITRE IX.

ACHROMATISME.

---

108. Problème général de l'achromatisme. — Le problème de l'achromatisme peut se formuler de la manière suivante : réaliser un système dioptique qui dévie les rayons lumineux sans les disperser, du moins de façon notable.

Il s'agit donc de supprimer la dispersion sans supprimer la déviation. Ce problème a été résolu pour la première fois par Dollond, sur les indications d'Euler.

109. Achromatisme des prismes. — Considérons deux prismes d'angles A et A', assez petits pour que l'on puisse leur appliquer la formule des petits prismes.

Soient d et d' les déviations élémentaires, D la déviation totale du rayon lumineux ; si les prismes sont disposés en sens inverse,

$$D = d - d'.$$

Soient, d'autre part, c et c' deux couleurs simples, définies nettement par deux raies du spectre solaire par exemple ; n_c et $n_{c'}$, n'_c et $n'_{c'}$ les indices du premier et du second verre pour ces deux couleurs.

Pour que les deux rayons colorés puissent être parallèles à la sortie du prisme et que la déviation subsiste, il faut que

$$D_c = D_{c'} \neq 0 ;$$

or on a de façon générale $d = (n - 1)A$.

Pour qu'il n'y ait pas dispersion, il faut donc

$$(n_c - 1)A - (n'_c - 1)A' = (n_{c'} - 1)A - (n'_{c'} - 1)A',$$
$$(n_c - n_{c'})A = (n'_c - n'_{c'})A'.$$

Si nous prenons deux prismes de même verre, cette équation est satisfaite quand nous faisons $A = A'$; mais en même temps

$$D_c = D_{c'} = 0.$$

Si nous prenons deux prismes de verres différents, mais de même pouvoir dispersif pour l'intervalle des deux couleurs données, de façon que

$$\frac{n_{c'} - n_c}{n_c - 1} = \frac{n'_{c'} - n'_c}{n'_c - 1} \text{ ou } \frac{n'_c - n_{c'}}{n_c - n_{c'}} = \frac{n'_c - 1}{n_c - 1},$$

l'équation d'achromatisme étant satisfaite, nous aurons

$$\frac{A}{A'} = \frac{n'_c - n'_{c'}}{n_c - n_{c'}},$$

et il en résultera

$$\frac{A}{A'} = \frac{n'_c - 1}{n_c - 1};$$

nous aurons donc encore

$$D_c = D_{c'} = 0.$$

Le problème ne peut, par suite, être résolu qu'en prenant, pour construire les deux prismes, des matières qui diffèrent à la fois en dispersion et en réfringence.

La confusion (ou plutôt le parallélisme) des rayons émergents ne sera d'ailleurs obtenue que pour les deux couleurs choisies. Pour réaliser l'achromatisme de façon plus complète, il faudrait associer un plus grand nombre de prismes : et, théoriquement, pour superposer K couleurs, il faudrait K prismes.

110. Diasporamètres. — L'équation de condition

$$\frac{A}{A'} = \frac{n'_c - n'_{c'}}{n_c - n_{c'}}$$

nous permet, connaissant les indices des deux verres pour les deux couleurs choisies, de calculer le rapport des angles qu'il faut donner aux deux prismes; mais la mesure de quatre indices constitue une assez longue série d'opérations, et nécessite au moins six mesures d'angles.

Les diasporamètres sont des instruments qui permettent de déterminer expérimentalement le rapport $\frac{A}{A'}$ sans passer par la mesure des indices.

Ils sont, de façon générale, constitués par un prisme d'angle
connu, β par exemple, que l'on combine successivement avec
deux prismes d'essai, d'angles α et α', taillés dans les deux verres
que l'on veut associer; on cherche à former, dans chacune de ces
deux combinaisons, un système qui soit achromatique pour les
deux couleurs choisies; et l'on estime que cet achromatisme est
réalisé quand, regardant à travers le système une fente lumineuse, on voit, dans l'image dispersée de la fente, les bandes correspondant aux deux couleurs se superposer l'une à l'autre.

Il est clair que les indications données par cette méthode expérimentale n'ont pas la précision que fournirait le calcul, les couleurs n'étant plus ici définies que de manière assez vague; mais ces
indications sont pratiquement suffisantes et sont plus rapidement
obtenues.

1° Dans les diasporamètres de Boscovitch et de Rochon,
l'angle β est variable et peut être à chaque instant connu.

Soient m_c et $m_{c'}$ les indices, pour les deux couleurs que l'on
veut superposer, du prisme à angle variable. On taille, dans les
deux matières que l'on cherche à achromatiser l'une par l'autre,
des prismes d'angles quelconques, mais petits, α et α'. On associe
le premier avec le prisme à angle variable, dont on fait croître
l'angle lentement jusqu'à ce que l'achromatisme soit obtenu. Soit β
la valeur de l'angle à ce moment; nous avons

$$\frac{\alpha}{\beta} = \frac{m_c - m_{c'}}{n_c - n_{c'}}.$$

On fait de même avec l'autre prisme, et l'on trouve une valeur
nouvelle β' :

$$\frac{\alpha'}{\beta'} = \frac{m_c - m_{c'}}{n'_c - n'_{c'}}.$$

De ces deux équations nous tirons

$$\frac{\alpha'\beta}{\alpha\beta'} = \frac{n_c - n_{c'}}{n'_c - n'_{c'}} = \frac{\Lambda'}{\Lambda}.$$

Il suffit donc de quatre mesures d'angle, dont deux sont faites
très rapidement.

Le *diasporamètre de Boscovitch* est constitué (*fig.* 93) par un
prisme dans lequel est pratiquée une cavité hémicylindrique paral-

lèle à l'arête, et où l'on introduit un demi-cylindre de même verre :
en le déplaçant dans la cavité, on fait varier l'angle des faces
extrêmes.

Fig. 93.

Le *diasporamètre de Rochon* est formé par deux petits prismes
rectangulaires, de même angle a, en contact par une des faces de
l'angle droit (*fig.* 94, I) : ils sont montés dans des bonnettes dont
l'axe est perpendiculaire à la face commune. On peut, en faisant
tourner l'une d'elles de 180°, l'autre restant immobile, faire varier
l'angle total de o à $2a$; mais la section principale du prisme

Fig. 94.

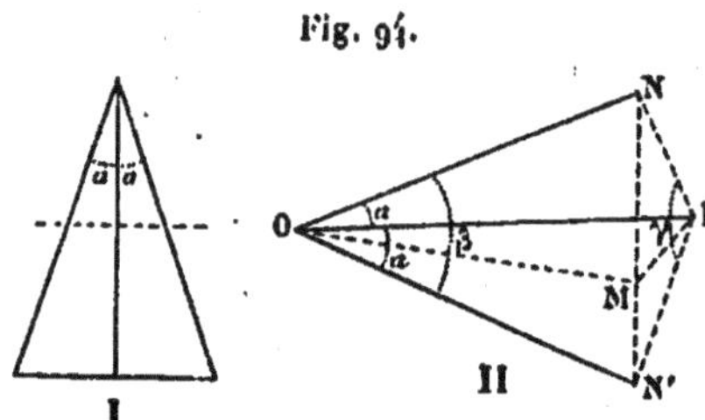

résultant ne garderait pas, dans ces conditions, une position fixe,
ainsi qu'il est nécessaire (puisque nous la supposons toujours
confondue avec celle du prisme d'essai). On fait donc tourner les
deux prismes en même temps, d'angles égaux et en sens contraire;
ce qu'il est facile d'obtenir au moyen d'une bague moletée qui agit
à la fois sur les deux bonnettes. Une division se déplaçant par
rapport à un repère donne à chaque instant l'angle des sections
principales élémentaires, soit γ.

Il est d'ailleurs facile d'évaluer l'angle β du prisme total en
fonction de γ.

Par un point quelconque O de l'espace, menons des normales ON, ON′ aux faces hypoténuses, OI à la face commune (*fig.* 94, II) : coupons ces trois droites par un plan perpendiculaire à OI.

Les angles NOI, N′OI sont tous deux égaux à a; l'angle NIN′ est γ, et enfin l'angle NON′ est β.

Joignons NN′ et, du point I, abaissons sur NN′ une perpendiculaire IM. Nous avons successivement, en remarquant que les triangles NOI et N′OI sont rectangles en I,

$$MN = IN \sin \frac{\gamma}{2},$$

$$IN = ON \sin a,$$

$$ON = \frac{MN}{\sin \frac{\beta}{2}};$$

multipliant ces égalités membre à membre,

$$\sin \frac{\beta}{2} = \sin a \sin \frac{\gamma}{2}.$$

2° Dans le *diasporamètre de Brewster*, l'angle β est constant, et l'on utilise la déformation que subit l'image d'une fente, dispersée par un prisme, quand on fait tourner la section principale de ce prisme autour d'un axe perpendiculaire à la fente.

Examinons l'effet que produit cette rotation.

Nous supposons que l'on regarde, à travers un prisme d'angle β, une fente parallèle à l'arête, éclairée par de la lumière blanche, et située à une distance l (*fig.* 95; dans la première partie de la

Fig. 95.

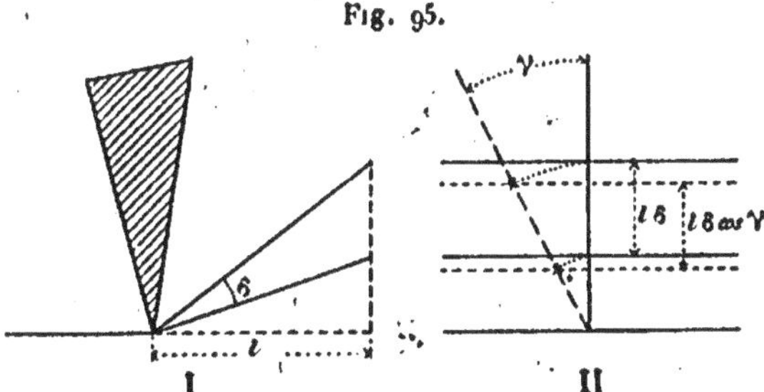

figure, nous avons pris comme plan du Tableau une section principale du prisme dans sa position initiale; pour la seconde partie, c'est le plan des images). Si m_c et $m_{c'}$ sont les indices du prisme pour deux couleurs données c et c', la dispersion δ, entre ces deux couleurs, sera

$$\delta = (m_c - m_{c'})\beta,$$

et, dans l'image dispersée de la fente, ces deux couleurs sont distribuées sur deux bandes parallèles dont l'écartement sera, en supposant que l'on se place au voisinage du minimum de déviation (pour que l'image se fasse à la distance de l'objet),

$$l\delta.$$

Faisons tourner maintenant d'un angle γ, autour d'un axe perpendiculaire à la fente et à l'arête, la section principale du prisme; les images d'un même point pour les deux couleurs c et c' sont toujours dans une même section principale, et leur écart n'y a pas changé; mais la ligne qui les joint, et dont la longueur est toujours $l\delta$, fait maintenant avec sa direction primitive, perpendiculaire à la fente, l'angle γ; d'ailleurs les images de même couleur des divers points de la fente ont toujours comme lieu une ligne parallèle à la fente; par conséquent, après la rotation du prisme, les deux bandes colorées de couleur c et c', dont l'écart était $l\delta$, sont encore parallèles entre elles, mais leur écart est devenu

$$l\delta \cos\gamma.$$

Le diasporamètre de Brewster se compose d'un prisme unique, auquel on associe successivement les deux prismes d'essai α et α', dans une monture qui permet de faire varier et de connaître à chaque instant l'angle γ que fait la section principale du diasporamètre avec celle du prisme d'essai : celui-ci reste fixe.

Les sections principales des deux prismes α et β, disposés en sens inverse, étant d'abord confondues, on regarde une fente parallèle aux arêtes; dans l'image dispersée, l'écart des deux couleurs c et c' est, en appelant d la dispersion par le prisme α,

$$l(d - \delta) = l[(n_c - n_{c'})\alpha - (m_c - m_{c'})\beta].$$

Faisons alors tourner, d'un angle γ, la section principale du prisme β : l'écart total devient

$$l(d - \delta \cos\gamma) = l[(n_c - n_{c'})\alpha - (m_c - m_{c'})\beta \cos\gamma],$$

et s'annule si

$$(n_c - n_{c'})\alpha = (m_c - m_{c'})\beta \cos\gamma;$$

condition qu'il est toujours possible de satisfaire si

$$(m_c - m_{c'})\beta > (n_c - n_{c'})\alpha,$$

c'est-à-dire si la dispersion du diasporamètre est supérieure à celle du prisme d'essai.

On cherchera donc, en faisant varier γ, à obtenir que, dans l'image dispersée, les deux couleurs c et c' se superposent : nous avons alors

$$n_c - n_{c'} = (m_c - m_{c'})\frac{\beta}{\alpha}\cos\gamma.$$

On fait de même avec le second prisme d'essai, et l'on a, γ' étant l'angle trouvé dans cette seconde opération,

$$n'_c - n'_{c'} = (m_c - m_{c'})\frac{\beta}{\alpha'}\cos\gamma'.$$

Nous avons donc enfin

$$\frac{A'}{A} = \frac{n_c - n_{c'}}{n'_c - n'_{c'}} = \frac{\alpha'}{\alpha}\frac{\cos\gamma}{\cos\gamma'}.$$

111. Achromatisme des lentilles. — De même qu'au moyen de deux prismes nous pouvons obtenir à l'émergence la superposition de deux couleurs choisies, de même nous pouvons nous proposer d'associer deux lentilles de telle sorte que pour deux couleurs choisies le système ait la même distance focale.

Soient c et c' les deux couleurs, f et f' les distances focales propres des deux lentilles, et F celle du système entier, pour la couleur moyenne; si nous supposons les épaisseurs négligeables,

$$\frac{1}{F} = \frac{1}{f} + \frac{1}{f'};$$

et nous voulons que

$$F_c = F_{c'},$$

c'est-à-dire que

$$\frac{1}{f_c} + \frac{1}{f'_c} = \frac{1}{f_{c'}} + \frac{1}{f'_{c'}}.$$

Si nous posons

$$\frac{1}{r_1} - \frac{1}{r_2} = K, \qquad \frac{1}{r'_1} - \frac{1}{r'_2} = K',$$

nous avons

$$\frac{1}{f} = -(n-1)\mathrm{K}, \qquad \frac{1}{f'} = -(n'-1)\mathrm{K}',$$

$$\frac{1}{f_c} = -(n_c-1)\mathrm{K}, \qquad \dots\dots\dots\dots\dots,$$

$$\dots\dots\dots\dots\dots\dots\dots\dots\dots\dots\dots$$

L'équation d'achromatisme devient donc

$$(n_c-1)\mathrm{K} + (n'_c-1)\mathrm{K}' = (n_{c'}-1)\mathrm{K} + (n'_{c'}-1)\mathrm{K}',$$

$$(n_c-n_{c'})\mathrm{K} = (n'_{c'}-n'_c)\mathrm{K}',$$

$$\frac{\mathrm{K}}{\mathrm{K}'} = -\frac{n'_{c'}-n'_c}{n_{c'}-n_c},$$

$$\frac{(n'-1)f'}{(n-1)f} = -\frac{n'_{c'}-n'_c}{n_{c'}-n_c},$$

$$(51) \qquad \frac{f'}{f} = -\frac{\dfrac{n'_{c'}-n'_c}{n'-1}}{\dfrac{n_{c'}-n_c}{n-1}} = -\frac{\omega'}{\omega},$$

c'est-à-dire que les distances focales doivent être de signes contraires et que leur rapport doit être celui des pouvoirs dispersifs des deux verres pour l'intervalle choisi.

Si d'ailleurs nous voulons que le système soit convergent, il faut que $\frac{1}{\mathrm{F}}$ soit positif; donc, si nous donnons à la lentille convergente la distance focale f, et f' à la divergente, nous devons avoir, en réprésentant par $(f)'$ la valeur numérique de f',

$$\frac{1}{f} - \frac{1}{(f)'} > 0,$$

$$f < (f)',$$

et comme

$$\frac{f}{(f)'} = \frac{\omega}{\omega'},$$

il faut, pour que le système achromatique soit convergent, que l'élément convergent soit fait du verre le moins dispersif; avec les matières de type ancien, où le pouvoir dispersif varie toujours dans le même sens que l'indice, cette condition en entraîne une autre, à savoir que l'élément convergent soit fait du verre le moins réfringent; c'est ce qu'on a nommé la combinaison *normale*. Il est possible, avec les verres nouveaux, de réaliser des combinaisons dites *anormales*, où l'élément positif est à la fois le moins dispersif et le plus réfringent.

Au point de vue théorique, pour arriver à superposer les foyers correspondant à m couleurs, il nous faudrait associer m lentilles; dans la pratique, on obtient un achromatisme général suffisant en ne se servant que de deux lentilles, pourvu que les deux couleurs soient convenablement choisies (Frauenhofer prenait le bleu et l'orangé), et que le rapport des pouvoirs dispersifs des deux matières employées ne varie pas trop avec l'intervalle considéré.

On a d'ailleurs maintenant une collection de verres assez riche pour qu'il soit possible d'y trouver deux matières pour lesquelles ce rapport soit presque constant. On peut ainsi réaliser un achromatisme plus parfait, auquel on a donné en Allemagne le nom d'*apochromatisme*.

Dans les objectifs de photographie, où l'on doit rassembler sensiblement au même point des radiations plus écartées que dans le cas des objectifs de lunettes, on emploie couramment des combinaisons de trois lentilles.

Enfin il ne faut pas oublier que l'influence de la dispersion se fait également sentir, dans les lentilles épaisses, sur les points nodaux. Si, dans un système de deux lentilles, on a réalisé, pour deux couleurs données, la superposition des foyers principaux sans assurer en même temps celle des points nodaux, la distance focale absolue du système reste différente pour les deux couleurs; les deux images colorées d'un même objet se feront dans le même plan, mais avec des dimensions différentes : c'est ce qu'on appelle l'*aberration chromatique de grossissement*.

112. Calcul des objectifs astronomiques. — Les objectifs de lunettes sont formés d'une lentille convergente en crown, associée à une lentille divergente en flint.

Nous disposons, en admettant que les verres soient imposés, des quatre rayons de courbure; et entre ces quatre variables, nous avons trois équations de condition :

D'abord, l'équation de convergence, fixant la distance focale du système (80)

$$\frac{1}{F} = \frac{1}{f} + \frac{1}{f'};$$

et l'équation d'achromatisme (111)

$$f' = -f\,\frac{\omega}{\omega'},$$

celle-ci ne convenant d'ailleurs que pour les rayons centraux parallèles à l'axe.

Une troisième équation est donnée par la condition d'aplanétisme, qui peut s'écrire (voir *Compléments, III*)

$$\Delta f = 0,$$

en appelant Δf l'écart entre le foyer des rayons centraux de réfrangibilité moyenne et le point de concours des rayons de même couleur qui tombent sur l'objectif parallèlement à l'axe et à une distance y de cet axe.

Pour un système de deux lentilles, en négligeant y' et les puissances supérieures de y, Δf peut être mis sous la forme d'un polynome du second degré, et la condition de réalité des racines peut être facilement satisfaite avec les verres existants.

Le problème est donc encore indéterminé, et l'on peut se poser une quatrième condition :

Pour les objectifs de petit diamètre, on adopte celle de Clairaut, qui consiste à donner aux faces de contact des deux lentilles le même rayon de courbure. On colle alors les deux lentilles l'une à l'autre au moyen de baume du Canada, résine qui fond au-dessous de 100°, qui n'est que très faiblement colorée, et dont l'indice est voisin de l'indice moyen du verre.

Dans le cas des objectifs de grand diamètre, il y aurait des inconvénients graves à unir ainsi les surfaces voisines de manière invariable; on sépare au contraire les deux lentilles l'une de l'autre en plaçant entre leurs bords une couche annulaire de papier d'étain. On retrouve alors la libre disposition de la quatrième condition; et l'on peut s'imposer, par exemple, de rendre le système achromatique pour les rayons marginaux parallèles à l'axe (d'Alembert); ou doubler l'équation d'aplanétisme, qui visait seulement les rayons parallèles à l'axe, par une autre qui s'applique aux rayons venant d'un point situé sur l'axe à une distance donnée, finie mais assez grande (Frauenhofer, Herschel). On a proposé d'autres conditions encore.

Dans toutes ces équations, nous n'avons pas tenu compte de l'épaisseur des verres. Stampfer a montré que dans les objectifs astronomiques construits sur les données de Frauenhofer ou sur celles d'Herschel, cette épaisseur n'influait sensiblement ni sur l'achromatisme, ni sur l'aplanétisme (¹). Il ne faudrait pas généraliser cette règle.

Nous avons, d'autre part, admis que les verres employés étaient imposés d'avance : il n'en est pas généralement ainsi, et la très grande variété que présente maintenant la collection des verres d'optique donne beaucoup de latitude pour la solution du problème.

Ajoutons enfin que, de façon générale, la valeur définitive des courbures ne sera fixée que par un calcul trigonométrique, procédant par tâtonnements, auquel la méthode analytique a surtout pour but de fournir une base, et où l'on fera intervenir les épaisseurs.

(¹) AD. MARTIN, *Mémoire sur les méthodes employées pour la détermination des courbures des objectifs* (*Annales de l'École Normale supérieure*, 1877. Supplément I).

CHAPITRE X.

ŒIL ET VISION.

113. Structure de l'œil. — L'œil a une forme sphéroïdale; il est constitué par une série de milieux transparents, que séparent des surfaces ellipsoïdales de révolution pouvant être considérées comme sphériques, et presque rigoureusement centrées sur un même axe; c'est l'axe optique.

L'œil, dont la *fig.* 96 représente de façon schématique une coupe à peu près horizontale (sensiblement inclinée cependant vers la base du nez), et correspondant à l'œil droit, est complètement

Fig. 96.

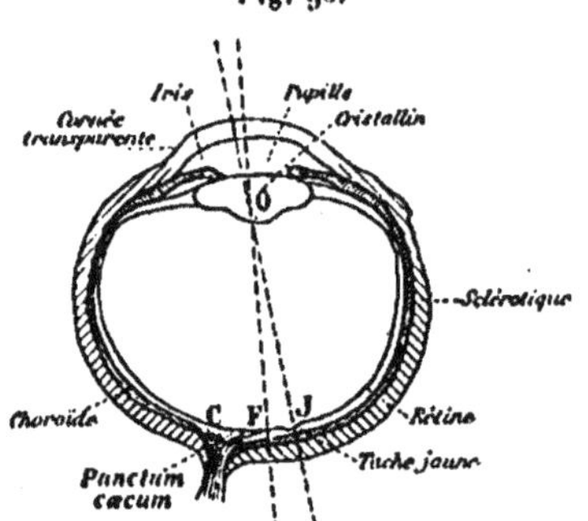

enveloppé par une membrane composée de deux parties : l'une blanche et opaque, dite *sclérotique*, recouvrant, en arrière, la plus grande portion du globe oculaire; l'autre, transparente, en avant; plus bombée que la première et enchâssée sur elle comme un verre de montre, c'est la *cornée transparente*.

Sous la sclérotique se trouve une couche remplie de vaisseaux sanguins et colorée par un pigment : c'est la *choroïde*, qui donne à l'œil sa couleur; elle se prolonge en avant par un écran muni de

fibres musculaires lisses disposées circulairement et radialement :
c'est *l'iris;* il est percé d'une ouverture circulaire appelée *pupille*
et dont la surface peut se modifier de façon très rapide, mais sans
intervention de la volonté, sous l'action de ces fibres musculaires.

Contre la choroïde est appliquée la rétine, membrane transparente complexe dont l'épaisseur varie de $\frac{1}{5}$ millimètre en arrière à
$\frac{1}{50}$ de millimètre en avant : c'est, dans l'œil, le seul organe qui
puisse, affecté par un agent quelconque, donner lieu à la sensation de lumière. La couche élémentaire postérieure de la rétine
est formée de petits corps allongés, les uns coniques, les autres en
forme de bâtonnets, tous rangés côte à côte, perpendiculairement
à la surface de la rétine; la couche élémentaire antérieure est,
constituée par l'expansion des fibres du nerf optique. Ce sont les
bâtonnets et les cônes qui sont impressionnés par la lumière; les
fibres nerveuses, qu'elle traverse pour arriver à la couche des bâtonnets, sont insensibles à son action.

A peu près au centre de la paroi postérieure, la rétine présente
une dépression circulaire d'environ 1^{mmq}, appelée, à cause de sa
teinte jaunâtre, *tache jaune,* ou, à cause de sa forme et de sa position, *fovea centralis;* en cet endroit la couche des fibres nerveuses
fait défaut, et celle des bâtonnets se trouve à peu près à nu; les
bâtonnets eux-mêmes y sont assez rares; les cônes au contraire
sont très nombreux et très serrés, plus longs et plus grêles que
dans les parties voisines.

A quelque distance de cette tache jaune, vers le bas et du côté
du nez, le nerf optique pénètre dans l'œil, à travers la choroïde et
la rétine, dont il vient, en s'épanouissant, recouvrir, comme nous
venons de le voir, la surface antérieure.

Immédiatement derrière l'iris est une masse lenticulaire, plus
bombée en arrière qu'en avant, constituée par une gelée, très
transparente et consistante, qu'enferme une membrane mince :
cette masse est le *cristallin :* elle est maintenue par une char-
pente membraneuse appelée le *ligament suspenseur.*

Le cristallin sépare la *chambre antérieure,* remplie d'un liquide qu'on nomme l'*humeur aqueuse,* de la *chambre postérieure,* qu'occupe une sorte de gelée, l'*humeur vitrée,* enfermée
dans la *membrane hyaloïde.*

Tout cet ensemble constitue un système réfringent, centré sur l'axe optique; les plans principaux, très voisins l'un de l'autre, sont situés vers le milieu de la chambre antérieure; les points nodaux (présentant, nous le savons, le même écartement), tout près de la face postérieure du cristallin; le foyer principal postérieur est en F, à très peu près sur la rétine.

On peut considérer comme confondus les points nodaux, d'une part, les plans principaux, d'autre part : le système est alors assimilable à une simple surface réfringente, ayant pour centre de courbure le point de confusion O des points nodaux, et celui des points principaux comme sommet.

Cette surface réfringente, dont le sommet serait placé à $2^{mm},34$ et le centre à $7^{mm},52$, en arrière de la surface antérieure de la cornée, et dont par suite le rayon de courbure est de $5^{mm},18$, est ce qu'on appelle l'*œil réduit*. Son centre de courbure est le *centre optique* de l'œil.

Elle donne, des objets extérieurs, une image qui se forme, renversée, sur la rétine; le fait peut être constaté expérimentalement en se servant de l'œil d'un animal fraîchement tué, et en amincissant la sclérotique de façon à la rendre translucide. Il n'y a pas lieu d'ailleurs de rechercher comment ce renversement des images ne nous est pas sensible; il ne doit pas l'être, puisqu'il ne modifie pas la position relative des objets.

La sensibilité de la rétine présente un maximum au centre de la tache jaune, et décroît très rapidement à partir de là; quand nous visons un point, nous amenons instinctivement l'image de ce point à se former au centre de la tache jaune, qui détermine avec le centre optique ce qu'on appelle l'*axe visuel* de l'œil. L'axe visuel OJ n'est pas confondu avec l'axe optique OF; il fait avec lui un angle de 5° environ, et le plan que déterminent les deux axes est un peu incliné vers la base du nez.

La sensibilité de la rétine est nulle au point d'épanouissement C du nerf optique; c'est ce que l'on nomme le *punctum cæcum*.

114. Champ de l'œil. Accommodation. — Le champ de vision nette, c'est-à-dire la portion de l'espace où doit être compris un point lumineux pour que nous en percevions une image nette, est limité latéralement par le cône ayant pour sommet le centre optique, et pour base la portion sensible de la rétine : cône dont

l'angle au sommet est très petit; en avant et en arrière, le champ
est fermé par deux sections, assez voisines l'une de l'autre, de ce
cône. Il semble même, au premier abord, qu'il doive être réduit
à une simple surface : car l'œil, ayant une distance focale déterminée, ne donne sur la rétine des images rigoureusement nettes que
de points situés à une distance également déterminée. En réalité,
tant que le diamètre de la tache formée sur la rétine par le pinceau lumineux ne dépasse pas sensiblement $0^{mm},005$, nous avons
la sensation d'un point. Il en résulte une *tolérance de mise au
point*, et c'est ainsi que le champ a une certaine profondeur.

La mobilité de l'œil dans l'orbite fait que l'ouverture du champ
de vision nette est pratiquement beaucoup plus grande; et l'accommodation, d'autre part, en augmente considérablement la profondeur.

Cette accommodation consiste en une modification de la distance focale, par déformation du système réfringent que constitue
l'œil. En quoi consiste exactement la déformation, c'est ce que
l'expérience des *images de Purkinje* a permis de déterminer.

Plaçons, devant l'œil d'une personne fixant un objet éloigné,
une bougie allumée, par exemple; nous en verrons se former, par
réflexion, trois images, que nous pourrons observer avec une
loupe : la plus brillante, qui est droite, est fournie par la surface
antérieure de la cornée transparente, jouant le rôle de miroir convexe; une seconde, droite aussi, mais plus grande et beaucoup
moins lumineuse, est donnée par la surface antérieure du cristallin, miroir convexe de courbure moindre que le premier; enfin,
la dernière, très petite et renversée, est formée par la face postérieure du cristallin, constituant un miroir concave d'assez forte
courbure. Si maintenant, sans autre changement, nous faisons
fixer au sujet un objet rapproché, nous voyons la seconde et la
troisième image diminuer : la troisième légèrement, la seconde
beaucoup plus; les dimensions de la première ne varient pas.
Nous en concluons que la cornée transparente ne se déforme pas,
et que la modification est localisée au cristallin, dont les courbures augmentent, surtout pour la face antérieure. Helmholtz a
pu, au moyen d'un appareil appelé *ophtalmomètre*, et dont nous
nous bornerons à dire qu'il utilise le déplacement apparent d'un
point lumineux par l'interposition d'une lame à faces parallèles,

mesurer les dimensions de ces images et en déduire la variation
de la distance focale; cette variation peut atteindre 2ᵐᵐ.

Nous avons dit que toute tache lumineuse formée sur la rétine
et de diamètre inférieur à 0ᵐᵐ,005 environ était perçue comme un
point : le fait est attribuable à ce que les bâtonnets et les cônes
présentent une section qui n'est pas négligeable, et que pour percevoir deux sensations lumineuses distinctes, il faut que deux
cônes différents, et même peut-être deux cônes non juxtaposés,
soient affectés. Il résulte aussi de là que l'œil ne pourra distinguer
l'un de l'autre deux points lumineux voisins que si les axes secondaires de ces deux points par rapport au centre optique de l'œil
font entre eux un angle suffisant : l'observation montre que cet
angle doit être au moins de 1 minute.

115. Limites de l'accommodation. — La puissance de l'œil au
repos diffère d'un sujet à un autre, ainsi que les limites entre
lesquelles on peut la faire varier. On appelle *distance normale
de la vision distincte* la distance à laquelle se trouve le plan conjugué de la rétine par rapport à l'œil au repos. Il faut, pour la
déterminer, se placer dans des conditions où l'accommodation ne
puisse pas intervenir : on pourra, par exemple, disposer en avant
de l'œil, et très près, un écran percé de deux trous d'épingle assez
rapprochés pour se trouver en même temps devant la pupille; et
regarder, à travers le diaphragme ainsi formé, une ligne lumineuse dirigée très obliquement : on voit alors cette ligne se dédoubler, sauf sur une petite portion de sa longueur : la distance
à l'œil de cette portion non dédoublée donne la distance normale
de vision distincte : soit P_1, par exemple, un point pris sur la

Fig. 97.

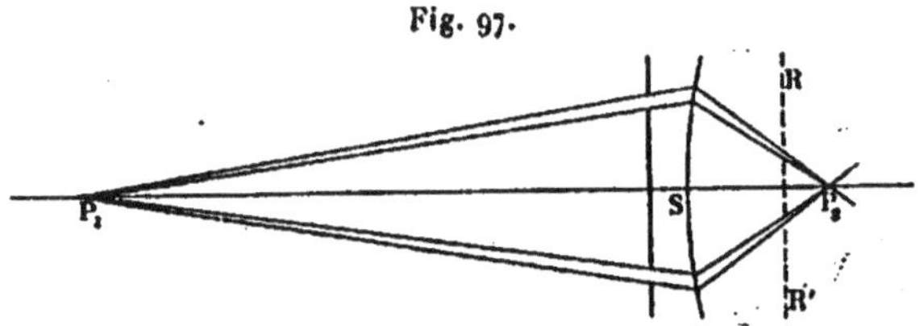

droite lumineuse : le diaphragme ne laisse venir de ce point jusqu'à l'œil que deux pinceaux très étroits, qui, après réfraction,
vont converger en P_2, image de P_1 par rapport à l'œil réduit S; si

P₁ est sur la surface conjuguée de la rétine, ou s'il en est assez voisin, les deux pinceaux donneront sur la rétine RR' une tache unique; s'il en est au contraire un peu éloigné, les pinceaux formeront deux taches distinctes et l'image perçue sera dédoublée; c'est le cas de la *fig.* 97, où nous avons supposé le point P₁ trop rapproché de l'œil.

On appelle *punctum remotum* et *punctum proximum* le point le plus éloigné et le point le plus rapproché dont on puisse, grâce à l'accommodation, amener l'image à se faire nettement sur la rétine.

Pour l'œil dit *normal*, la distance normale de vision distincte est de 0ᵐ,50 à 0ᵐ,60; le punctum proximum est à 0ᵐ,20 environ, le punctum remotum à l'infini.

Pour l'œil *presbyte*, la distance normale est plus ou moins grande, le punctum proximum plus ou moins loin, au delà des valeurs convenant à l'œil normal.

Pour l'œil *hypermétrope*, le punctum proximum est à l'infini, et la vision nette d'un objet infiniment éloigné exige déjà un effort d'accommodation.

Pour l'œil *myope*, le punctum remotum est à distance finie.

De façon générale, la myopie est due à une trop forte convergence, la presbytie et l'hypermétropie à une trop faible convergence de l'œil; on remédie à la première par l'adjonction d'un verre divergent, à la seconde et à la troisième au moyen d'un verre convergent, de puissance convenable.

116. Aberrations de l'œil. — L'œil paraît à peu près exempt d'aberration sphérique, ce que l'on peut attribuer à la structure du cristallin, formé de couches concentriques dont l'indice de réfraction croît à mesure qu'on s'approche du centre : de sorte que la distance focale est, pour les portions marginales, un peu plus longue que pour les parties centrales; les bords extrêmes sont d'ailleurs masqués par l'iris, qui forme un diaphragme d'ouverture variable.

L'œil au contraire n'est pas exempt d'aberration chromatique; car, si l'on regarde un dessin violet sur fond rouge, le dessin paraît venir un peu en avant du fond.

Enfin les surfaces réfringentes de l'œil ne sont pas toujours exactement de révolution autour de l'axe; il en résulte un défaut qu'on appelle l'*astigmatisme*, et qui se traduit en particulier par ce que l'œil ne résout pas aussi facilement, à même distance, un réseau de lignes parallèles dans toutes les orientations que l'on peut donner au réseau : on corrige l'astigmatisme par l'emploi de verres cylindro-sphériques.

En général, les images données d'un point extérieur par les deux yeux se superposent exactement : les deux images se font en des points dits *correspondants*, semblablement placés par rapport à des axes verticaux qui passeraient par les centres des deux yeux. Ceux-ci, dans leurs mouvements à l'intérieur de l'orbite, se suivent, et leurs champs visuels restent confondus. Mais si pour une cause quelconque les yeux ne se suivent pas, si par exemple on empêche, par une pression du doigt, le mouvement de l'un d'eux, les images se séparent l'une de l'autre.

117. Appréciation de la distance et de la grandeur des objets. — Nous apprécions la grandeur d'un objet par la distance des images que forment sur la rétine ses points extrêmes, et par conséquent, par l'angle, dit *angle visuel,* que font entre eux les axes secondaires de ces points : c'est le *diamètre apparent.* Il varie évidemment non seulement avec les dimensions, mais aussi avec la position de l'objet. L'appréciation de la distance et celle de la grandeur sont donc intimement liées entre elles ; avec un seul œil, nous ne pouvons faire la part des deux variables, lorsque nous ne connaissons pas directement la valeur de l'une d'elles, que de façon très imparfaite ; et cela grâce à la présence dans le champ d'objets de dimensions connues, qui nous donnent l'échelle ; grâce à l'atténuation, par la couche d'air qu'ont traversée les rayons, des couleurs et des contours, c'est-à-dire à ce qu'on appelle la *perspective aérienne;* grâce aussi à la sensation de l'effort que nous faisons pour accommoder l'œil à la distance.

Dans la vision binoculaire, nous sommes aidés, de façon beaucoup plus efficace, par la sensation d'un autre effort musculaire, celui dont nous avons besoin pour faire converger sur l'objet les axes visuels des deux yeux. L'angle que font ces axes est dit *angle optique.*

118. Sensation du relief. — La notion du relief des objets nous

est fournie par la superposition de deux images qui ne sont pas
identiques : chaque œil voit l'objet en perspective, et le point de
vue de la perspective est le centre optique de l'œil : aux deux
images correspondent donc des points de vue différents.

Wheatstone réussit le premier, en 1838, à produire artificielle-
ment la sensation du relief par l'emploi de deux dessins, faits en
prenant deux points de vue distincts, et examinés à l'aide d'un
instrument qui permît la superposition des images formées sur les
deux rétines.

Il n'est pas impossible, d'ailleurs, d'obtenir cette superposition
sans instrument, simplement en fixant avec chaque œil l'une des
deux images, et en agissant sur les muscles oculaires de façon à
produire un degré convenable de strabisme.

L'instrument dont on se sert d'habitude s'appelle le *stéréoscope;*
il peut être formé de miroirs ou de prismes; le type le plus commun, le stéréoscope de Brewster (*fig.* 98), se compose de deux
prismes lenticulaires P et P', qui ne sont autres que les deux

Fig. 98.

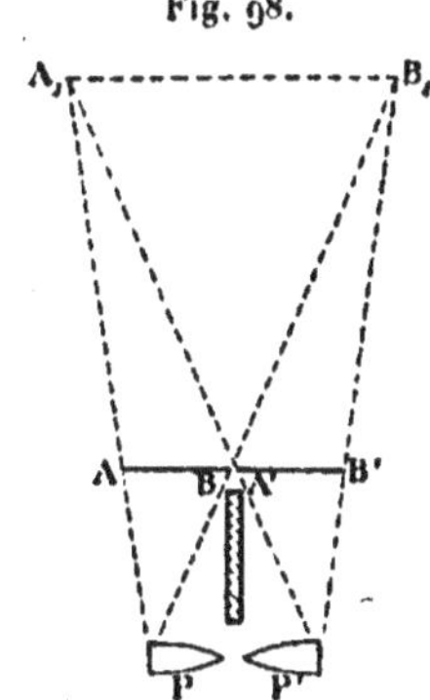

moitiés d'une même lentille convergente : de chacun des deux dessins AB et A'B', chacune de ces demi-lentilles donne une image
qui est exclusivement perçue par un des deux yeux; et l'appareil
est réglé de telle sorte que les deux images se superposent en $A_1 B_1$.

Il n'est pas nécessaire de faire intervenir une déviation latérale
des rayons par les prismes; et le stéréoscope peut être parfaitement construit avec des lentilles entières, ayant leurs axes parallèles entre eux et perpendiculaires aux dessins. La superposition

des images est obtenue par un phénomène d'ordre physiologique.

Il est indispensable, pour que la sensation de relief soit produite, que chaque œil perçoive l'image même qui lui est destinée; une inversion des dessins amènerait ce qu'on appelle l'*effet pseudoscopique,* c'est-à-dire que l'impression de relief serait remplacée par une sensation de creux.

Il faut aussi, pour reconstituer le relief exact, satisfaire à certaines conditions, dont la plus essentielle est que, pour l'examen des images, le centre optique de l'œil coïncide bien avec le point de vue de la perspective. On peut, bien que la distance des yeux soit invariable, donner aux points de vue un écartement quelconque, en ayant recours, pour l'examen des images, à des jeux de miroirs; mais pour retrouver l'impression même que donnerait la vue directe des objets, il faut que l'écart des points de vue diffère peu de celui des yeux.

La photographie, dont la découverte est postérieure à celle du stéréoscope, fournit très simplement les images nécessaires, soit qu'on se serve d'une chambre double prenant simultanément les deux vues, soit qu'on obtienne successivement ces vues au moyen d'une chambre simple que l'on déplace parallèlement à elle-même, d'une quantité convenable, entre les deux opérations.

On peut reconstituer par projections la sensation du relief, pourvu que, par un moyen quelconque, on rende exclusivement visible pour chacun des deux yeux l'image qui lui correspond : le procédé le plus simple est celui qu'a indiqué d'Almeida : les deux images sont projetées l'une sur l'autre, mais éclairées de couleurs complémentaires : la perspective de gauche, par exemple, avec de la lumière rouge, celle de droite avec de la lumière verte; à l'œil nu, on a une image confuse, avec des taches colorées, puisque la superposition des images n'est pas complète; mais si l'on regarde cette image double en mettant devant l'œil gauche un verre rouge, devant l'œil droit un verre vert, la confusion disparaît, et la sensation de relief est obtenue. En inversant les verres placés devant les yeux, on aurait l'effet pseudoscopique.

119. Persistance des impressions rétiniennes. — L'impression produite sur la rétine par la lumière venant d'un objet extérieur ne disparaît pas instantanément quand l'excitation cesse : quand, par exemple, on intercepte de façon quelconque les rayons lumineux. L'impression, pour s'effacer, exige plus d'un dixième de seconde; si, par suite, les excitations se suivent d'assez près, les impressions se superposeront en partie; cette persistance a été utilisée par Plateau dans le *phénakisticope*, où l'on faisait se succéder rapidement devant les yeux des dessins représentant les phases successives d'un mouvement. Les divers *cinématographes* emploient de la même façon des images chronophotographiques. Il suffit de quinze images par seconde pour donner la sensation de continuité.

120. Perception des couleurs. — La théorie la plus séduisante, qu'on ait proposée pour expliquer la perception des couleurs est celle de Thomas Young.

L'expérience montre que l'on peut reproduire toutes les sensations colorées par la combinaison, en proportions convenables, de trois couleurs que Young a nommées *primaires* ou *fondamentales.*

Le physicien anglais admettait l'existence dans la rétine de trois types distincts de terminaisons nerveuses, isolément et exclusivement sensibles à l'une des couleurs fondamentales. Toute sensation colorée proviendrait ainsi d'excitations simultanées et distinctes, par les éléments primaires d'une teinte complexe, des trois groupes de terminaisons nerveuses.

D'après Young, les trois couleurs fondamentales étaient le rouge, le vert et le bleu : ce choix est juste s'il s'agit de couleurs pures, comme le sont celles du spectre; mais si l'on se sert de pigments, d'encres d'imprimerie par exemple, il faut en réalité prendre le rouge pourpre, le jaune et un bleu un peu vert.

C'est sur ce principe qu'est fondée la méthode, dite *indirecte,* de photographie des couleurs. Cette méthode, imaginée par Cros et Ducos du Hauron, consiste à photographier isolément, en se servant de filtres appropriés, les éléments primaires de l'objet coloré, et à superposer les trois images positives, transparentes, et respectivement amenées à la teinte primaire correspondante.

La perception des couleurs est imparfaite pour un assez grand nombre de personnes; en général, c'est la sensation du rouge qui fait défaut : dans l'hypothèse précédente, cette maladie, connue

sous le nom de *daltonisme,* devrait être attribuée à l'atrophie
d'un des trois types de terminaisons nerveuses.

121. Images consécutives. — Lorsque l'on fixe pendant quelque
temps un objet coloré, et que l'on reporte les yeux sur une surface
blanche, on croit y voir une tache présentant la forme de l'objet,
mais avec la teinte complémentaire. Le phénomène s'explique
par une fatigue de la rétine, qui devient ainsi insensible pendant
quelques instants à la couleur perçue. Cette fatigue paraît d'ailleurs ne pas se faire sentir pendant le même temps pour les
diverses couleurs; car quand l'œil a fixé attentivement un objet
blanc se détachant sur un fond noir, l'image consécutive présente
successivement diverses colorations, dont la dernière est toujours
le rouge.

122. Contrastes simultanés. — Quand on examine un objet
présentant des plages diversement colorées, les couleurs perçues
ne sont pas les mêmes que si l'on observait isolément chacune des
plages monochromes. La loi du phénomène a été posée par Che-
vreul sous le nom de *loi des contrastes simultanés :* à chacune
des couleurs voisines s'ajoute la complémentaire de l'autre. Si,
par exemple, du rouge et de l'orangé sont juxtaposés, le rouge tire
sur le violet, et l'orangé sur le jaune.

CHAPITRE XI.

INSTRUMENTS D'OPTIQUE.

Les instruments d'optique peuvent être divisés en trois groupes :

Premier groupe : Instruments donnant une image réelle directement utilisée.

Deuxième groupe : Instruments donnant une image virtuelle directement utilisée.

Troisième groupe : Instruments composés, dans lesquels l'image fournie par un premier système optique est observée à travers un second système appelé *oculaire*.

I. — INSTRUMENTS SIMPLES A IMAGE RÉELLE.

123. Chambre noire. — La chambre noire a été employée d'abord par les dessinateurs; elle sert maintenant de façon à peu près exclusive aux besoins de la photographie.

On a commencé par utiliser les images par petite ouverture; puis pour augmenter la netteté en même temps que l'éclairement,

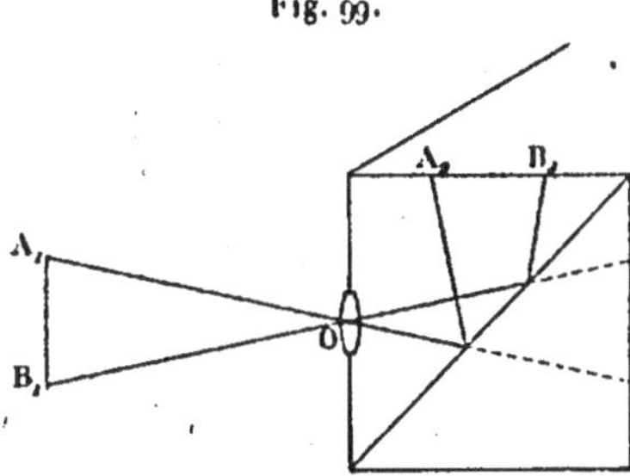

Fig. 99.

on plaça devant l'ouverture une lentille simple. La chambre noire elle-même se composait d'une caisse rectangulaire (*fig.* 99) dans

laquelle était disposé un miroir à 45° : les rayons lumineux, admis
par une ouverture pratiquée dans une des faces verticales, étaient
renvoyés par le miroir sur une surface translucide formant la
paroi horizontale supérieure, et y donnaient une image redressée
qu'un écran protégeait contre la lumière extérieure. C'est en
somme la disposition adoptée très fréquemment encore pour les
viseurs des appareils de photographie.

On trouva plus commode d'abriter le dessinateur lui-même sous
une tente, au sommet de laquelle un système optique, formé d'un
miroir à 45° et d'une lentille, déviait à angle droit les rayons lumineux et donnait des objets extérieurs une image horizontale,
qu'on observait non plus par transparence, mais par réflexion :
cette image venait ainsi se former immédiatement sur le papier, où
le dessinateur n'avait plus qu'à en suivre les contours. Le miroir
à 45° fut ensuite remplacé par un prisme; enfin à ce système composé on substitua un prisme unique à réflexion totale, dans lequel

Fig. 100.

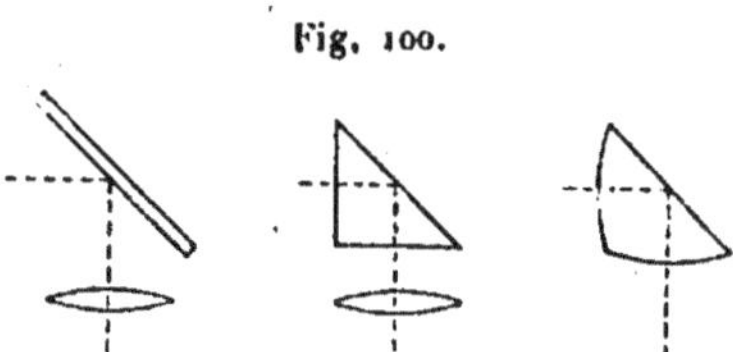

les faces de l'angle droit étaient transformées en des surfaces
sphériques convexes (*fig.* 100); elles produisaient sur les rayons
lumineux le même effet que la lentille; et la réflexion était produite
entre les deux réfractions.

Dans la *chambre noire des photographes*, l'image est reçue
directement sur la face verticale postérieure; on utilise parfois
encore les dispositions primitives : soit avec une simple ouverture;
mais alors, comme cette ouverture doit être extrêmement petite
pour que la netteté soit suffisante, les phénomènes de diffraction
interviennent, et il faut, de façon ou d'autre, en tenir compte; soit
au moyen d'une lentille simple, et dans ce cas il est nécessaire de
faire chaque fois une correction de mise au point, les radiations
qui agissent sur les sels d'argent étant plus réfrangibles que celles
qui forment l'image visible. Dans l'un et l'autre cas on n'obtient

qu'une image assez médiocre, que l'on ne doit rechercher qu'en vue d'obtenir certains effets.

En général, l'image est au contraire fournie par un système optique complexe, achromatique, corrigé au point de vue de l'aberration de sphéricité et des aberrations auxquelles donnent lieu les rayons très obliques à l'axe ; car on admet dans ces instruments des faisceaux qui font avec l'axe principal des angles très grands, atteignant parfois jusqu'à 50°.

Les types d'objectifs sont très nombreux et très variés ; le plus répandu est formé par l'association de deux systèmes symétriques (*fig.* 101), comprenant deux, trois ou même quatre lentilles, et isolément corrigés : ces systèmes ont la forme générale de ménisques et tournent l'une vers l'autre leurs faces concaves : entre eux, et

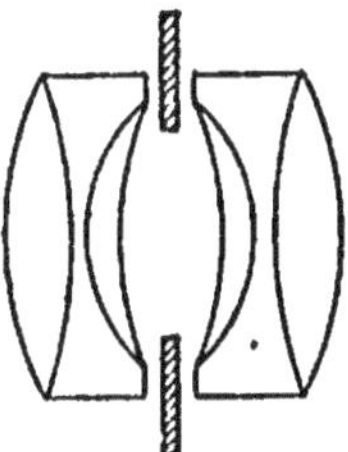

Fig. 101.

dans le plan de symétrie, est disposé un diaphragme, dont le rôle est d'affecter aux faisceaux d'obliquités diverses des portions différentes de la surface des lentilles ; de telle sorte que, dans chaque faisceau, les rayons lumineux rencontrent aussi normalement que possible les surfaces réfringentes.

Dans plusieurs de ces objectifs de photographie, les points nodaux sont sensiblement confondus, et l'ensemble des lentilles se comporte comme une lentille mince unique.

124. Microscope solaire. — Le microscope solaire se compose de deux parties : un système éclairant et un objectif.

Celui-ci fournissant des images considérablement agrandies, il est nécessaire, pour que l'éclairement sur l'écran ait une intensité suffisante, que l'objet soit extrêmement lumineux : pour cela, on produit derrière l'objet, qui est transparent, ou du moins translucide, une image réelle et petite du Soleil.

C'est cette image qu'est chargé de fournir le système éclairant :
il se compose d'un condensateur, formé d'un certain nombre de
lentilles, et d'un miroir incliné, porte-lumière ou héliostat, qui
renvoie suivant l'axe du condensateur les rayons venant du centre
du Soleil (*fig.* 102, I).

Fig. 102.

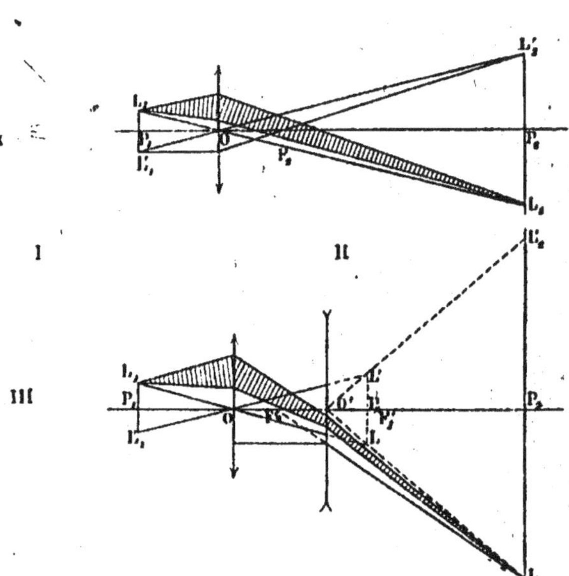

Le faisceau des rayons solaires, en sortant du condensateur,
que nous supposerons ici réduit à une lentille unique Ω, forme un
système de deux troncs de cône accolés par leur petite base, qui
est l'image réelle *ss'* du Soleil et se trouve dans le plan focal d'émergence du condensateur. C'est un peu au delà de cette image, dans
le tronc de cône divergent, que l'on place l'objet, L, L'. Celui-ci se
trouve ainsi très vivement éclairé ; l'objectif, généralement constitué par une combinaison de lentilles, mais que nous supposons,
dans la figure, formé d'une seule lentille O (*fig.* 102, II), est placé

en avant, à une distance un peu supérieure à sa distance focale principale; il donne, sur un écran, une image renversée, réelle, très agrandie, et suffisamment lumineuse. On a soin d'arrêter, par un diaphragme, toute la portion du faisceau solaire qui n'est pas utilisée à éclairer l'objet.

Le grossissement est le rapport des dimensions linéaires de l'image et de l'objet :

$$G = \frac{h_2}{h_1} = \frac{p_2}{p_1} = 1 + \frac{p_2}{f}.$$

Pour l'augmenter encore, sans faire croître p_2 — qui est la distance, généralement limitée, de l'écran de projection à l'appareil —, et sans donner à l'objectif une distance focale trop courte — ce qu'on ne pourrait faire sans être arrêté par les aberrations —, on dispose souvent, en avant de l'objectif, une lentille additionnelle, divergente (*fig.* 102, III) : cette lentille intercepte et dévie, en les écartant de l'axe, les rayons lumineux qui tendent à former l'image réelle, et si sa distance à cette image est inférieure à sa distance focale principale, elle lui substitue une image nouvelle, réelle encore, de même sens, mais plus grande, que l'on peut amener à se faire sur le même écran, en déplaçant un peu l'objectif tout entier par rapport à l'objet.

Le système convergent, représenté par la lentille O, tend à donner de l'objet l'image LL'; la lentille additionnelle O' substitue à LL' une nouvelle image $L_2 L'_2$: un pinceau lumineux émané d'un point L_1 de l'objet, forme, au sortir du système convergent, un cône de sommet L : il est intercepté par la lentille divergente, qui le dévie et le transforme en un cône de sommet L_2.

On peut déterminer directement la valeur du grossissement, dans tous les cas, en prenant comme objet une division micrométrique gravée sur verre, et en mesurant sur l'écran, dans la partie centrale de l'image, la longueur occupée par une division.

125. Appareils de projection. — Au microscope solaire se rattachent directement les appareils de projection : ils en diffèrent en ce que, destinés à fournir de moindres grossissements, ils n'ont besoin ni d'un objectif aussi convergent, ni d'un appareil éclairant aussi puissant. La source lumineuse est placée derrière un condensa-

teur, généralement formé de deux lentilles plan-convexes, en verre
très peu dispersif, et dont les faces convexes, à très forte courbure, sont tournées l'une vers l'autre et sont presque en contact :
le condensateur fournit un faisceau fortement convergent, et c'est
dans ce faisceau, très près des lentilles, que l'on place l'objet
transparent à projeter. L'image que le condensateur donne de la
source va se former dans l'objectif même; de façon que toute la
lumière venant du premier traverse le second.

II. — INSTRUMENTS SIMPLES A IMAGE VIRTUELLE.

126. Chambre claire. — La chambre claire est un instrument
destiné à faciliter la reproduction, par dessin, soit des objets réels,
soit des images virtuelles produites dans les instruments d'optique,
et tout particulièrement dans le microscope.

Nous ne nous occuperons ici que de la chambre claire des
dessinateurs; nous étudierons, à propos du microscope, celles qui
s'adaptent à cet instrument.

Le type le plus simple de chambre claire est une glace sans
tain, inclinée à 45°, et que le dessinateur interpose entre son œil

Fig. 103.

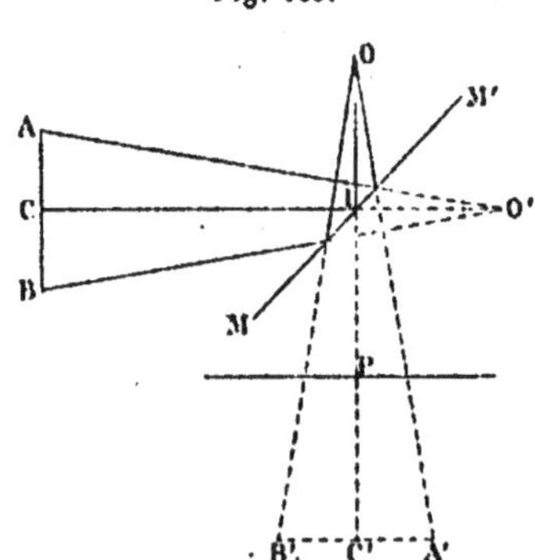

et le papier, supposé horizontal, sur lequel il veut dessiner
(*fig.* 103).

Suivant une même direction IO, l'œil reçoit un rayon lumineux
venant, par réflexion sur la face supérieure de la glace MM', d'un

point C, par exemple, qui appartient aux objets placés devant l'appareil; et un rayon venant directement, par transmission, d'un point P de la feuille de papier : de la pointe d'un crayon, par exemple, posée en P sur cette feuille. Il reportera sur cette même direction IO l'image du point C et celle du point P, qui paraîtront ainsi se projeter l'une sur l'autre.

L'image, renversée, A′B′, d'un objet AB, sera de même façon projetée sur la feuille de papier, et l'on pourra en suivre les contours avec le crayon.

Seulement l'image A′B′ est reportée à la distance où se trouve réellement l'objet; or l'œil ne peut être accommodé simultanément sur cette image et sur le crayon : il ne peut les voir tous deux nettement que de façon alternative; il faut modifier à chaque instant, et très rapidement, l'accommodation, ce qui est extrêmement fatigant.

On emploie, de préférence aux glaces sans tain, des prismes à réflexion totale de petites dimensions; et l'on place l'œil de façon que la moitié seulement de la pupille soit intéressée par les rayons venant du prisme, l'autre moitié recevant directement les rayons qui viennent du papier, et qui passent en dehors du verre.

Le prisme de Wollaston, à peu près exclusivement employé, est à section quadrangulaire, de sorte que les rayons, réfléchis deux fois à l'intérieur, donnent une image redressée (*fig.* 104, I).

L'un des angles est droit; l'angle opposé est de 135°; les deux autres sont égaux entre eux et, par conséquent, ont 67°,5.

Les rayons, arrivant à l'œil des divers points d'un objet AB, traversent à peu près normalement les deux faces de l'angle droit; ils passent, avant de subir la seconde réflexion, par le point O′, symétrique du centre O de l'œil par rapport à la seconde face de l'angle obtus. Avant la première réflexion, ils passent par O″, symétrique de O′ par rapport à la première face de ce même angle. L'œil reporte l'image sur le prolongement des rayons définitivement émergents, et cette image est droite; mais elle est encore à une distance qui est celle de l'objet, et les difficultés d'accommodation subsistent.

Pour les supprimer, ou du moins les atténuer, le prisme de Wollaston est, dans la portion utile de sa face supérieure, entaillé en surface concave (*fig.* 104, II) : cette surface concave agit comme

un dioptre sur les rayons lumineux sortant du prisme, et substitue
à l'image virtuelle A′B′, trop éloignée, une image, virtuelle. aussi

Fig. 104.

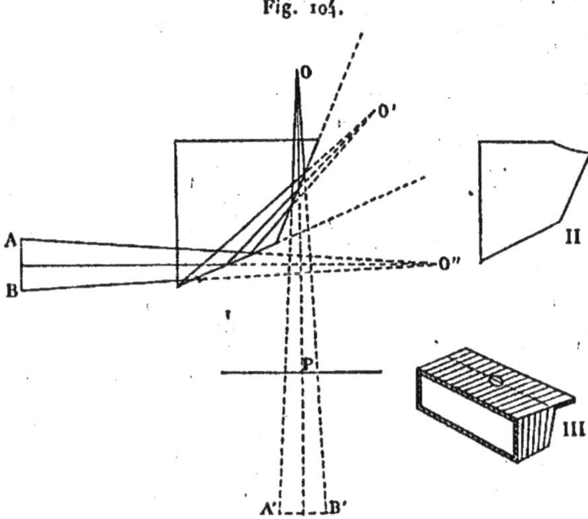

et de même sens, mais assez rapprochée pour que, sans modifier
l'accommodation, l'œil puisse voir nettement cette image et le
crayon.

Il faut évidemment que le point O, qui est le point de vue de la
perspective, soit invariable : on y arrive par l'emploi d'un petit
œilleton : le prisme est entouré d'une gaine métallique qui laisse
seulement libre l'une des faces de l'angle droit (*fig.* 104, III) :
sur l'autre, cette gaine, qui déborde le verre, est percée d'une
ouverture circulaire très petite, dont la moitié est intéressée par
le prisme, tandis que l'autre, libre, laisse passer les rayons venant
directement de la feuille de papier.

On fait varier l'échelle du dessin en modifiant la distance de
l'appareil au papier.

LOUPE.

127. Mise au point. — La loupe est une lentille convergente,
que l'on interpose entre l'œil et l'objet, pour avoir de cet objet une
image virtuelle, droite et agrandie. L'écartement entre la lentille

W.   13

et l'objet doit donc être un peu inférieur à la distance focale principale.

Par la mise au point, on règle cet écartement de telle façon que l'image se forme à la distance *la plus favorable* à la vision distincte. Soient D cette distance, f la distance focale principale de la lentille, soit enfin a l'écart entre le centre optique O de la loupe et le centre M de la pupille (*fig.* 105).

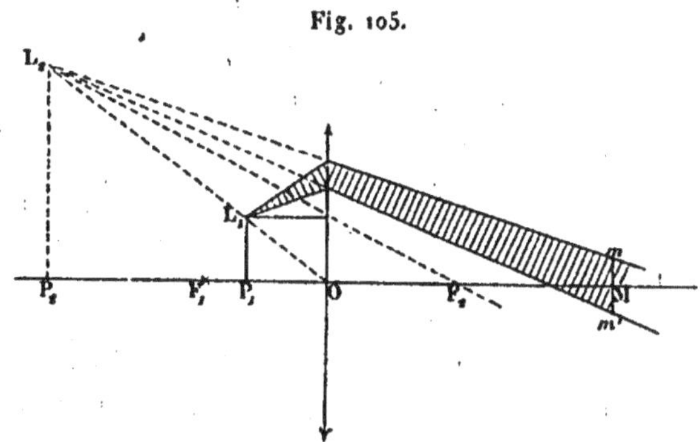

Fig. 105.

La distance de l'image à la loupe doit, d'après notre convention générale des signes, être $D + a$; mais comme a ne peut avoir qu'une valeur négative, rien n'empêche d'introduire sa valeur numérique, que nous appellerons α : nous devons alors avoir

$$p_2 = D - \alpha;$$

et l'équation de mise au point sera

(55)
$$\frac{1}{p_1} - \frac{1}{D - \alpha} = \frac{1}{f},$$
$$p_1 = \frac{f(D - \alpha)}{D - \alpha + f}.$$

Sous sa première forme, l'équation montre immédiatement que $\frac{1}{p_1}$ et $\frac{1}{D - \alpha}$ doivent toujours varier de quantités égales et contraires : donc il faut rapprocher la loupe de l'objet à mesure que D diminue.

Nous pouvons facilement tracer la marche du pinceau lumineux donnant l'image d'un point L_1 de l'objet. La portion émergente appartient à un cône qui a pour base l'ouverture mm' de la pupille et pour sommet l'image L_2 : la portion incidente a pour base la section du premier cône par la lentille, et pour sommet L_1.

128. Grossissement. — Il semble naturel d'admettre que si l'on observait l'objet à l'œil nu, on le placerait précisément à la distance D de l'œil : distance qui est, pour l'image, la plus favorable à la vision distincte. Si nous acceptons cette hypothèse, nous n'aurons, pour apprécier l'effet produit par la loupe, qu'à supposer l'objet reporté en $L'_1 P_2$ (*fig.* 106) dans le plan de l'image, et à comparer les diamètres apparents β_2 et β_1.

C'est ainsi qu'on définit le grossissement de la loupe : le rap-

Fig. 106.

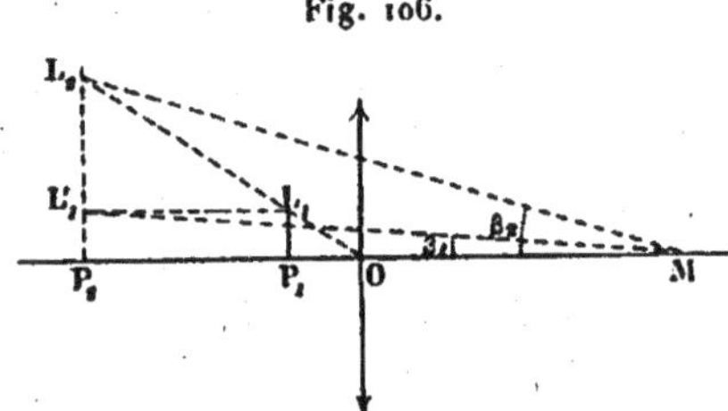

port des diamètres apparents de l'image et de l'objet, celui-ci étant supposé reporté à la même distance que l'image.

Or, si nous appelons toujours h_2 et h_1 deux dimensions linéaires homologues de l'image et de l'objet, les diamètres apparents sont respectivement

$$\frac{h_2}{D} \quad \text{et} \quad \frac{h_1}{D}$$

et leur rapport

$$G = \frac{h_2}{h_1} = \frac{p_2}{p_1}$$

(56)
$$G = 1 + \frac{D - \alpha}{f}.$$

La définition que nous avons donnée nous amène donc à prendre en réalité, pour mesure du grossissement, le rapport des dimensions linéaires de l'image et de l'objet.

Ceci suffit à montrer que le grossissement a été mal défini, et qu'il ne correspond à rien d'intéressant. Un observateur, doué d'une vue normale, pourra donner à G à peu près telle valeur qu'il voudra; et, en particulier, rejetant l'image à l'infini, obtenir un grossissement infini, sans y trouver d'ailleurs aucun avantage.

D'ailleurs l'hypothèse fondamentale ne résiste pas à l'examen : l'objet étant de dimensions données, nous devons, pour en voir aussi bien que possible les détails, le rapprocher de l'œil autant que nous le permet l'accommodation ; il n'en est pas de même en ce qui concerne l'image, puisque celle-ci grandit à mesure qu'elle s'éloigne.

129. Puissance. — Il y a donc lieu de rechercher une autre caractéristique, donnant une mesure plus juste de l'utilité que nous trouvons à l'emploi de la loupe.

C'est ainsi qu'a été introduite la notion de *puissance*. On la définit par l'angle sous lequel on voit, à travers la loupe, une unité de longueur prise dans la partie centrale de l'objet.

Dans l'image, cette unité prend une longueur G ; placée à une distance D de l'œil, elle est vue sous un angle, qui, toujours petit, peut être considéré comme égal à

$$\frac{G}{D}.$$

La puissance P est donc

$$P = \frac{G}{D} = \frac{1}{D} + \frac{D - \alpha}{Df},$$

$$(57) \qquad P = \frac{1}{f} + \frac{1}{D}\left(1 - \frac{\alpha}{f}\right),$$

somme de deux termes dont le premier est de beaucoup le plus fort. Cependant, si le second est positif, il est avantageux de le faire aussi grand qu'on le peut, et pour cela d'amener l'image à se faire aussi près de l'œil que possible, c'est-à-dire au punctum proximum. C'est pour cela que l'on dit en général que les myopes, pour lesquels le punctum proximum est plus rapproché de l'œil, ont, dans l'emploi de la loupe, un avantage sur les vues normales et presbytes.

Seulement, en réalité, ce second terme est très généralement négatif. On ne peut approcher indéfiniment l'œil de la loupe : la valeur minima de α est de 12^{mm}, et si la loupe est un peu forte, f est plus petit que α. C'est donc à diminuer le plus possible ce terme

$$\frac{1}{D}\left(1 - \frac{\alpha}{f}\right),$$

que l'on trouve bénéfice : par suite, c'est au punctum remotum qu'il faut amener l'image à se former, et c'est aux vues normales, pour lesquelles ce punctum remotum est à l'infini, qu'appartient réellement l'avantage ([1]).

Il y a d'ailleurs une disposition particulièrement favorable, quand on peut la réaliser : c'est celle qui consiste à faire coïncider le centre optique de la pupille et le foyer d'émergence de la loupe; alors

$$\frac{1}{D}\left(1 - \frac{\alpha}{f}\right) = 0,$$

$$P = \frac{1}{f},$$

c'est-à-dire que la puissance devient indépendante de D et que l'observateur n'a plus à faire aucun effort d'accommodation.

Remarque. — Ainsi que l'ont montré MM. Guebhard et Gariel, on peut donner une définition tout à fait générale et précise du grossissement dans les instruments d'optique.

Pour voir les détails d'un objet, nous cherchons à augmenter son diamètre apparent, et à le rapprocher le plus près possible de l'œil; mais on est arrêté à la limite inférieure d'accommodation. C'est alors qu'interviennent la loupe et, en général, les instruments d'optique, dont l'effet revient à reculer cette limite inférieure.

Ce qui mesure l'utilité réelle de l'instrument, et ce qui peut être pris pour définition générale du grossissement, c'est « le rapport des angles visuels sous lesquels se voient l'image à travers l'instrument et l'objet à l'œil nu, dans les conditions les plus favorables. »

Si les distances les plus favorables à l'observation de l'image et de l'objet sont respectivement D et d, les deux diamètres apparents sont

$$\frac{h_2}{D} \quad \text{et} \quad \frac{h_1}{d};$$

---

[1] GUEBHARD, *Puissance et grossissement des appareils dioptriques.* M. . . . ; 1883. — GARIEL, *Dictionnaire de Dechambre :* article *Grossissement.* — *Cours de Physique de l'École des Ponts et Chaussées.*

le grossissement serait

$$\frac{h_2}{D} : \frac{h_1}{d},$$

ce que l'on peut écrire

$$\frac{\dfrac{h_2}{h_1}\ \dfrac{1}{D}}{\dfrac{h_1}{h_1}\ \dfrac{1}{d}}.$$

Dans ce rapport, le numérateur est la puissance de l'instrument; le dénominateur est de même la puissance de l'œil, dans les conditions les plus favorables. Ce dénominateur est une sorte de coefficient personnel, invariable pour un même opérateur : il n'y a donc à considérer que le numérateur (¹).

C'est ainsi que la définition de la puissance, telle que nous l'avons donnée pour la loupe, se rattache à une définition générale de ce que l'on peut appeler le *coefficient d'utilité des instruments d'optique.*

130. Champ. — On appelle *champ de la loupe* la portion d'espace où doit se trouver un point lumineux pour que la loupe en donne à l'œil une image nette.

Ce champ est naturellement un cône, dont l'angle au sommet est très restreint, limité qu'il est par les diverses aberrations; il ne dépasse guère 9° ou 10°.

Il est facile, en particulier, de voir comment le champ est réduit par l'aberration chromatique.

D'un objet $L_1 P_1$ placé devant elle, la loupe, lentille simple,

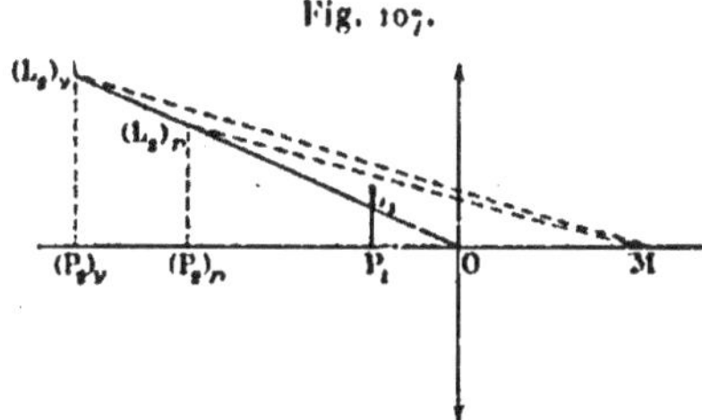

Fig. 107.

donne en réalité, au lieu d'une image unique, une série d'images colorées, de positions et de grandeurs différentes, comprises entre

---

(¹) GUÉBHARD et GARIEL, *loc. cit.*

$(L_2 P_2)_r$ et $(L_2 P_2)_v$ par exemple (*fig.* 107). L'œil, n'étant pas placé au centre optique, ne voit pas sous un angle nul la ligne $(L_2)_r (L_2)_v$, et, par suite, l'image de l'objet paraît entourée d'une auréole colorée, dont l'importance croît très vite à mesure qu'augmente l'angle $L_1 O P_1$.

On peut, par l'emploi d'une lentille achromatique, éviter cet inconvénient.

131. Loupes diaphragmées. — Pour augmenter l'angle de champ sans être gêné par les aberrations de réfraction, on a eu recours aux loupes diaphragmées, dans lesquelles, par une disposition que nous avons indiquée déjà à propos des objectifs de photographie, on affecte aux faisceaux d'obliquités diverses différentes portions du système réfringent.

La loupe de Wollaston (*fig.* 108, I) est une sphère de verre dans laquelle est pratiqué un profond sillon équatorial.

Fig. 108.

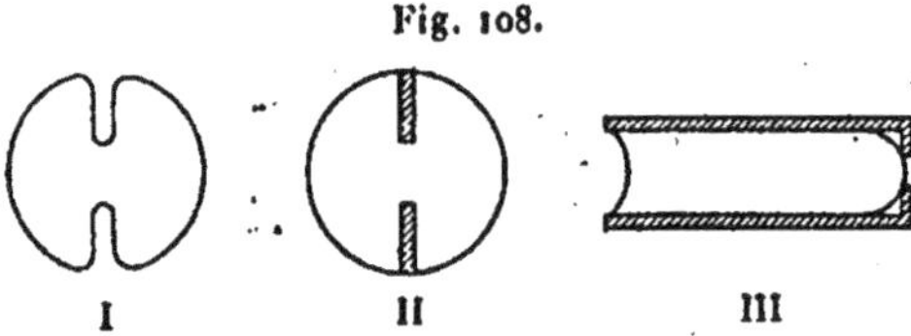

I   II   III

Dans la loupe de Coddington (*fig.* 108, II), ce sillon est remplacé par un anneau opaque.

A ces deux instruments peut se rattacher la loupe de Stanhope (*fig.* 108, III), cylindre de verre épais, entouré d'une gaine opaque, dont l'une des bases est fortement convexe, et l'autre légèrement concave : c'est sur celle-ci qu'est appliqué directement l'objet.

132. Loupes et oculaires composés. — L'emploi des loupes diaphragmées est très restreint. Pour éliminer l'influence mauvaise des aberrations, on se sert de systèmes composés, comprenant deux lentilles écartées l'une de l'autre.

Soit, de façon générale, un système de deux lentilles O' et O'', de foyers f' et f'', d'écartement ε, au moyen duquel on se propose d'obtenir d'un objet une image virtuelle, droite et agrandie, située à une distance donnée de l'œil.

Nous avons traité le problème général d'un système de deux
lentilles (82), et trouvé pour valeurs de p_1 et de G en fonction
de p_2 (éq. 41) :

$$\begin{cases} p_1 = f' \dfrac{p_2(f''-\varepsilon)-\varepsilon f'}{p_2(f'+f''-\varepsilon)-(\varepsilon-f')f''}, \\[2ex] G = \dfrac{p_2(f'+f''-\varepsilon)-(\varepsilon-f')f''}{f'f''}. \end{cases}$$

La première fournit l'équation de mise au point :

Si D est la distance la plus favorable à la vision distincte, et α
l'écart entre la seconde lentille O'' et le centre M de l'œil,
$p_2 = D - \alpha$ et

$$(58) \qquad p_1 = f' \frac{(D-\alpha)(f''-\varepsilon)-\varepsilon f'}{(D-\alpha)(f'+f''-\varepsilon)-(\varepsilon-f')f''}.$$

Si, comme on le fait d'ordinaire dans cette étude, nous négligeons α par rapport à D,

$$(58\ bis) \qquad p_1 = f' \frac{D(f''-\varepsilon)-\varepsilon f'}{D(f'+f''-\varepsilon)-(\varepsilon-f')f''}.$$

Si enfin nous supposons D infini, faisant ce qu'on appelle à tort
l'hypothèse de *l'œil infiniment presbyte,* mais, en réalité, considérant simplement le cas d'un œil normal qui rejette l'image au
punctum remotum,

$$p_1 = f' \frac{f''-\varepsilon}{f'+f''-\varepsilon}.$$

Cette position particulière de l'objet n'est autre que le foyer
principal d'incidence du système; et la valeur correspondante
de p_1 est la distance f_1 de ce foyer à la première lentille,

$$(59) \qquad f_1 = f' \frac{f''-\varepsilon}{f'+f''-\varepsilon}.$$

L'équation du grossissement peut s'écrire

$$(60) \qquad G = 1 - \frac{\varepsilon}{f'} + p_2 \left(\frac{1}{f'} + \frac{1}{f''} - \frac{\varepsilon}{f'f''} \right),$$

où nous remplacerons p_2 par D — α, ou simplement par D si,
comme on le fait d'habitude, on néglige la distance α :

$$(60\ bis) \qquad G = 1 - \frac{\varepsilon}{f'} + D \left(\frac{1}{f'} + \frac{1}{f''} - \frac{\varepsilon}{f'f''} \right);$$

nous en déduisons, pour la puissance,

$$(61) \qquad P = \frac{1}{D}\left(1 - \frac{\varepsilon}{f'}\right) + \frac{1}{f'} + \frac{1}{f''} - \frac{\varepsilon}{f'f''};$$

somme dont le premier terme est toujours très petit, et qui se réduit sensiblement dans le cas général, rigoureusement dans le cas d'un œil normal accommodé sur l'infini, à

$$(61 \ bis) \qquad P = \frac{1}{f'} + \frac{1}{f''} - \frac{\varepsilon}{f'f''}.$$

On emploie trois types de loupes composées :

1° *Doublet de Wollaston.* — Le doublet de Wollaston est exclusivement utilisé comme loupe; c'est la loupe de mise au point des photographes.

Il comprend deux lentilles plan-convexes, tournant vers la

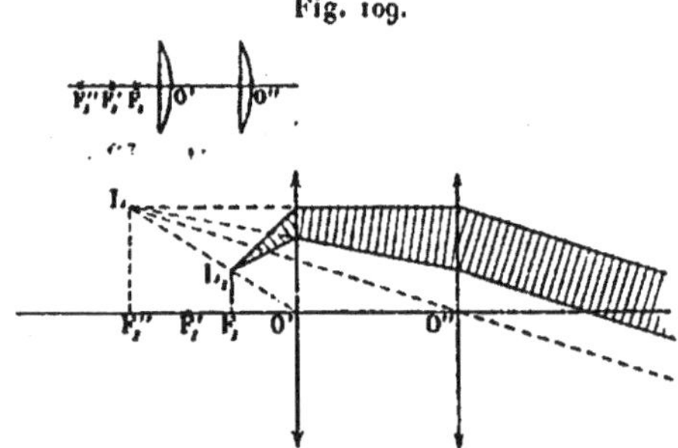

Fig. 109.

lumière leurs faces planes. Les dimensions caractéristiques sont (*fig.* 109) :

$$\frac{f'}{1} \ \bigg| \ \frac{\varepsilon}{\frac{3}{2}} \ \bigg| \ \frac{f''}{3},$$

ce qui nous donne, dans l'équation (59),

$$(62 \qquad f_1 = f' \frac{3 - \frac{3}{2}}{1 + 3 - \frac{3}{2}} = f' \frac{3}{5}.$$

Le foyer d'incidence du système est donc aux $\frac{3}{5}$ de $O'F'_1$ à partir de O' et en avant de ce point. Pour le grossissement (éq. 60 *bis*),

$$G = 1 - \frac{3}{2} + \frac{D}{f'}\left(1 + \frac{1}{3} - \frac{3}{2}\frac{1}{3}\right),$$

$$G = -\frac{1}{2} + \frac{D}{f'}\frac{5}{6};$$

ou, en mettant en évidence la distance focale f'' de la lentille postérieure,

$$(63) \qquad G = -\frac{1}{2} + \frac{D}{f''}\frac{5}{2}.$$

De là, pour la puissance,

$$(64) \qquad P = -\frac{1}{2D} + \frac{1}{f''}\frac{5}{2};$$

valeur qui se réduit très sensiblement dans le cas général, et rigoureusement pour une vue normale accommodée sur l'infini, à

$$(64\ bis) \qquad \frac{5}{2}\frac{1}{f''}.$$

Si nous nous attachons à ce cas, l'objet devra être placé en F_1; l'image intermédiaire virtuelle se fera en F''_1, et l'image définitive à l'infini.

Un pinceau de lumière, concourant à former l'image d'un point L_1 de l'objet, sera, à l'incidence, un cône de sommet L_1; entre les deux lentilles, un tronc de cône de sommet L_4, et, à l'émergence, un cylindre parallèle à LO''.

2° *Oculaire de Ramsden* ou *oculaire positif.* — L'oculaire de Ramsden comprend deux lentilles plan-convexes tournant l'une vers l'autre leurs faces convexes. On lui donne généralement les dimensions caractéristiques suivantes, indiquées par Pouillet comme étant les plus favorables (*fig.* 110) :

f'	ϵ	f''
1	$\frac{2}{3}$	1

De là

$$(65) \qquad f_1 = f'\frac{1 - \frac{2}{3}}{1 + 1 - \frac{2}{3}} = f'\frac{1}{4}.$$

Le foyer d'incidence du système est au quart de $O'F'_1$, à partir de O' et en avant. Le grossissement est

$$G = 1 - \frac{2}{3} + \frac{D}{f'}\left(1 + 1 - \frac{2}{3}\right),$$

(66) $$G = \frac{1}{3} + \frac{4}{3}\frac{D}{f'} = \frac{1}{3} + \frac{4}{3}\frac{D}{f'}.$$

La puissance,

(67) $$P = \frac{1}{3D} + \frac{4}{3}\frac{1}{f'} = \frac{1}{3D} + \frac{4}{3}\frac{1}{f'};$$

se réduisant sensiblement dans le cas général, et rigoureusement,

Fig. 110.

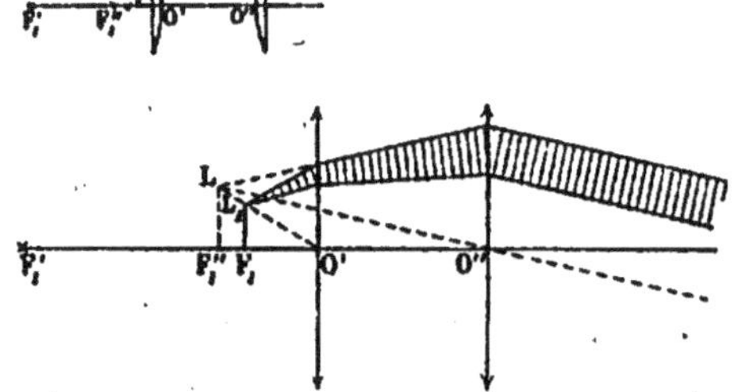

dans le cas de l'œil normal accommodé sur l'infini, à

(67 *bis*) $$\frac{4}{3}\frac{1}{f'}.$$

La marche des rayons lumineux est tout à fait semblable à ce qu'elle est dans le doublet de Wollaston; l'image intermédiaire est encore virtuelle, et, si D est infini, doit se faire en F'_1; il faut placer l'objet en F_1.

Le système pourrait donc être employé comme loupe; on ne l'utilise que comme oculaire, et seulement dans les instruments à réticule.

3° *Oculaire de Huyghens* ou *oculaire négatif*. — Dans l'oculaire de Huyghens, les deux lentilles, toujours plan-convexes, tournent vers la lumière leurs faces convexes. Les dimensions élémentaires sont (*fig.* 111) :

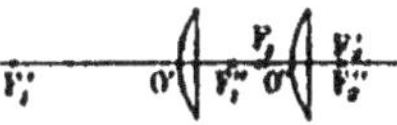

Fig. 111.

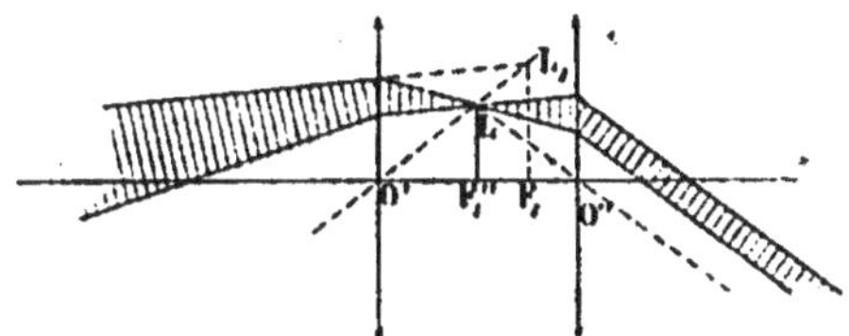

ce qui donne, pour f_1,

$$(68) \qquad f_1 = f' \frac{\frac{1}{3} - \frac{2}{3}}{1 + \frac{1}{3} - \frac{2}{3}} = - f' \frac{1}{2} = - \frac{3}{4} t.$$

Le foyer d'incidence est donc entre les deux lentilles, aux $\frac{3}{4}$ de O'O" à partir de O'.

Le grossissement est

$$G = 1 - \frac{2}{3} + \frac{D}{f'}\left(1 + 3 - \frac{2}{3}3\right),$$

$$(69) \qquad G = \frac{1}{3} + 2\frac{D}{f'} = \frac{1}{3} + \frac{2}{3}\frac{D}{f'};$$

et la puissance

$$(70) \qquad P = \frac{1}{3D} + \frac{2}{3}\frac{1}{f'},$$

ou très sensiblement

$$(70\ bis) \qquad \frac{2}{3}\frac{1}{f'}.$$

Nous attachant toujours à l'hypothèse d'un œil normal accommodé sur l'infini, nous voyons que l'objet doit être placé au foyer principal F_1 du système ; et ce foyer est dans l'intervalle des lentilles; nous ne pouvons en conséquence examiner avec cette combinaison qu'un objet virtuel, c'est-à-dire une image fournie par un premier système optique; l'instrument ne peut donc servir que comme oculaire, associé à un objectif : on fait coïncider avec l'image réelle fournie par l'objectif le foyer principal F_1 de l'oculaire; l'image intermédiaire se fait au foyer d'incidence F'_1 de la seconde lentille, et l'image définitive est rejetée à l'infini.

Un faisceau de rayons venant de l'objectif se dirige en convergeant vers un point L_1 de l'image réelle; mais la première lentille intercepte les rayons, substitue à l'image $L_1 F_1$ une image droite, réelle et diminuée LF'_1 : le pinceau est rabattu vers L; après y avoir formé son point de concours, il diverge de nouveau, traverse la seconde lentille et en sort parallèlement à l'axe secondaire LO''.

La première lentille de l'oculaire négatif ramène donc vers l'axe les rayons lumineux, et permet ainsi à la seconde de recevoir des pinceaux obliques qui, sans cette intervention, passeraient en dehors et ne seraient pas utilisés. Elle a donc pour effet d'augmenter le champ de l'instrument. Aussi l'appelle-t-on *lentille de champ,* la seconde étant dite *lentille de l'œil.*

Associé à un objectif simple, l'oculaire de Huyghens permettait d'y atténuer les effets de l'aberration chromatique. D'un point de l'objet, l'objectif simple donne (*fig.* 112) une série d'images

Fig. 112.

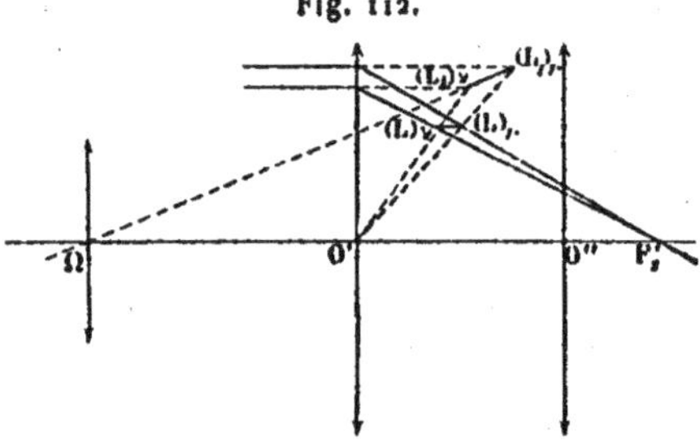

colorées, situées sur l'axe secondaire du point, et comprises, par exemple, entre $(L_1)_r$ et $(L_1)_v$; la ligne $(L_1)_r (L_1)_v$ est vue sous un angle très grand du centre optique O'' de la lentille de l'œil, et par conséquent si cette lentille est employée seule, — en d'autres termes si l'oculaire est simple, — les effets de l'aberration chromatique seront très graves; mais la lentille de champ, intervenant, substitue à $(L_1)_r$ et $(L_1)_v$ des images nouvelles $(L)_r$ et $(L)_v$; la ligne qui joint celles-ci est, par rapport à la précédente, rabattue vers l'axe et, par suite, elle est vue sous un angle beaucoup moindre; on pourrait même calculer les dimensions de l'oculaire de telle sorte que la ligne $(L)_r(L)_v$ passât sensiblement par O'', et alors les effets de l'aberration chromatique seraient non plus seulement atténués, mais supprimés.

En réalité, l'oculaire de Huyghens n'est plus associé qu'à des objectifs achromatiques; ses dimensions sont calculées pour qu'il soit isolément achromatique et présente une aberration sphérique très réduite.

Nous reviendrons sur cette question dans les Compléments, où l'on trouvera une étude moins sommaire des oculaires composés.

L'oculaire négatif est très supérieur à *l'oculaire positif;* et toutes les fois qu'on n'a pas besoin de réticule, c'est lui qu'on emploie dans les instruments composés à oculaire convergent.

133. Oculaire à micromètre. — Dans un certain nombre d'instruments de mesure utilisant un système optique, microscope ou lunette, on emploie des oculaires à micromètre, qui permettent de déterminer avec une grande précision la distance de deux points voisins.

Un réticule est placé devant l'oculaire (qui ne peut être alors que du type positif, puisqu'on aura besoin de mettre au point le réticule, et que par conséquent celui-ci doit être mobile par rapport à l'oculaire) : il est disposé sur une monture pouvant recevoir, au moyen d'une vis micrométrique, des déplacements rectilignes : le centre du réticule se meut ainsi, dans un plan perpendiculaire à l'axe principal, de quantités très petites et très exactement connues : le système est relié à l'oculaire par un tube à tirage permettant la mise au point.

Cet oculaire étant associé à un objectif, et le réticule étant amené dans le plan où se forme l'image réelle donnée par cet objectif, je suppose (*fig.* 113) que l'on veuille déterminer la distance exacte de deux points L_1 et L'_1 de l'objet, placés en même temps dans le champ de l'instrument sur une perpendiculaire à l'axe principal : on fait successivement coïncider le centre du réticule avec les images L' et L' de ces deux points : le déplacement du micromètre donne la distance δ de ces images ; si, par exemple, la vis micrométrique donne le $\frac{1}{K}$ de millimètre, la distance δ est connue à $\frac{1}{K}$ de millimètre près. Celle des points L_1 et L'_1 est

$$\delta \frac{p_1}{p},$$

le rapport $\frac{p_1}{p}$ peut être calculé en fonction de la distance focale

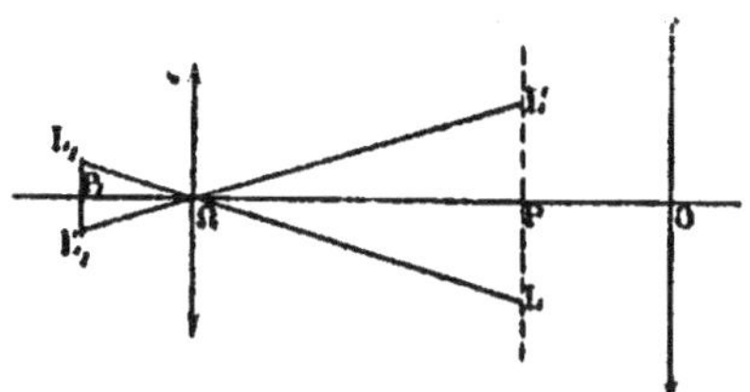

Fig. 113.

de l'objectif et de la distance p_1 de cet objectif à l'objet : il peut être mesuré directement, en substituant à l'objet une division millimétrique disposée perpendiculairement à l'axe de l'instrument, visant deux divisions successives et mesurant la valeur correspondante de δ. L'emploi de ces oculaires micrométriques est d'autant plus avantageux que le rapport $\frac{p_1}{p}$ est plus petit : c'est donc associés à des objectifs de microscope qu'ils donnent le procédé de mesure le plus délicat.

134. Microscope simple. — On appelle *microscope simple* un instrument dans lequel le système optique est réduit à une loupe, simple ou composée (généralement un doublet de Wollaston). Cette loupe est disposée sur une monture à pied munie d'un porte-objet et d'un système éclairant, de manière à faciliter l'examen des objets.

III. — INSTRUMENTS COMPOSÉS.

MICROSCOPE COMPOSÉ.

Le microscope composé comprend : un objectif, donnant des
objets une image réelle, renversée et très agrandie; et un oculaire,
fournissant une nouvelle image, virtuelle, encore agrandie et
droite par rapport à la première.

L'objectif et l'oculaire sont placés aux extrémités d'un tube
dont on laisse généralement la longueur constante. Nous les supposerons d'abord isolément réduits à une lentille unique.

135. Marche des rayons. — Un pinceau lumineux (*fig.* 114),
venant d'un point L_1 de l'objet, donne son point de concours en L,
après réfraction par l'objectif, puis diverge de nouveau, et, au
sortir de l'oculaire, constitue un cône divergent de sommet L_2,

136. Mise au point. — Soient Ω (*fig.* 114) le centre optique

Fig. 114.

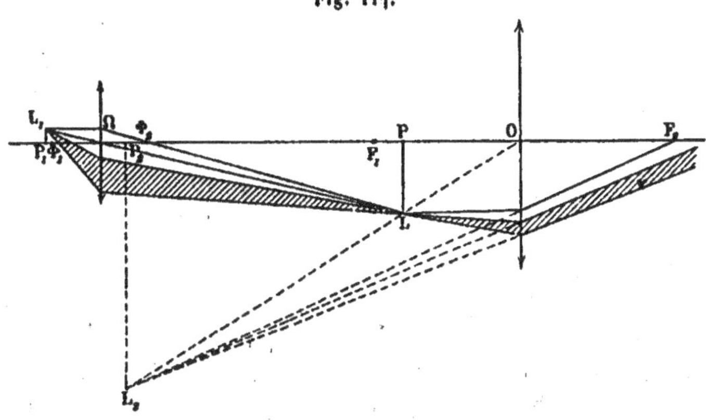

de l'objectif, O celui de l'oculaire; φ et f les distances focales;
e l'écartement, qui est très supérieur à leur somme $\varphi + f$; l'équation générale de mise au point dans un système de deux lentilles
[(82) éq. (41)]

$$p_1 = f' \frac{p_2(f'-\varepsilon) - \varepsilon f''}{p_2(f+f'-\varepsilon) - (\varepsilon - f')f''},$$

devient ici, en rendant positives les parenthèses,

$$p_1 = \varphi \, \frac{p_2(e-f)+ef}{p_2(e-\varphi-f)+(e-\varphi)f};$$

ou, si nous supposons que l'image doive se faire à une distance D de l'œil, et que celui-ci ait son centre optique à une distance α de l'oculaire (α étant une valeur numérique),

$$(71) \qquad p_1 = \varphi \, \frac{(D-\alpha)(e-f)+ef}{(D-\alpha)(e-\varphi-f)+(e-\varphi)f}.$$

L'équation de mise au point, dans laquelle $D-\alpha$ est multiplié, au numérateur, par un coefficient un peu plus grand qu'au dénominateur, nous montre que p_1 croît un peu lorsque D augmente.

La mise au point se fait en déplaçant le microscope tout entier par rapport à l'objet, c'est-à-dire en modifiant p_1 : si donc la mise au point a été effectuée par un presbyte, un myope devra rapprocher le microscope de l'objet; et inversement.

On voit d'ailleurs immédiatement, en se rappelant les résultats de la discussion relative aux lentilles convergentes, que, pour rapprocher l'image définitive $L_2 P_2$ de l'oculaire et, par conséquent, de l'œil, il faut réduire la distance qui sépare de ce même oculaire l'image réelle LP; et, pour cela, diminuer l'écart entre l'objet et le foyer principal d'incidence Φ_1 de l'objectif.

Mais l'objet est toujours extrêmement voisin de ce foyer principal d'incidence Φ_1; et l'image très proche du foyer d'incidence F_1 de l'oculaire; elle doit coïncider exactement avec lui si l'observateur est doué d'une vue normale et l'accommode sur l'infini.

137. Grossissement et puissance. — On a étendu au microscope la définition du grossissement que l'on avait adoptée pour la loupe; le grossissement est donc encore le rapport des dimensions linéaires homologues de l'image et de l'objet.

Il est, comme dans tout système centré, égal au produit des grossissements élémentaires.

Celui de l'oculaire est [128, équation (56)]

$$1 + \frac{D-\alpha}{f},$$

où $\dfrac{D}{f}$ est très grand et $1 - \dfrac{\alpha}{f}$ très petit; de sorte que nous pouvons

W.   14

réduire cette somme au seul terme

$$\frac{D}{f}.$$

Le grossissement de l'objectif est $\frac{p}{p_1}$, où p diffère extrêmement peu de $-(e - f)$, et p de φ; nous pouvons donc prendre pour valeur du grossissement de l'objectif

$$-\frac{e - f}{\varphi},$$

et même, f étant petit par rapport à e,

$$-\frac{e}{\varphi};$$

de sorte que l'expression du grossissement total est donnée avec une précision suffisante par

$$(72) \qquad G = -\frac{De}{f\varphi}.$$

La définition est mauvaise, comme dans le cas de la loupe, et pour les mêmes raisons : un œil normal peut donner à G, sans y trouver avantage, telle valeur qu'il voudra, à partir d'un minimum assez peu élevé.

Nous introduirons donc, ici encore, la notion de *puissance*, la puissance étant toujours l'angle sous lequel l'œil voit, à travers l'instrument, l'unité de longueur prise dans la portion centrale de l'objet; c'est la valeur absolue de $\frac{G}{D}$,

$$(73) \qquad P = \frac{e}{\varphi f}.$$

On fait varier la puissance — et le grossissement pour une même valeur de D — en substituant les uns aux autres des objectifs et des oculaires de distances focales variées : à cet effet les microscopes sont munis d'un jeu d'objectifs et d'un jeu d'oculaires; une Table, jointe à l'instrument, donne la valeur du grossissement correspondant, pour chaque combinaison, à une valeur convenue de D.

C'est surtout au changement d'objectifs que l'on a recours.

138. Pouvoir séparateur. — La puissance n'est pas, dans un microscope, la seule qualité caractéristique; ce n'est même pas la plus importante : au point de vue des recherches auxquelles sert le microscope, l'essentiel est de pouvoir distinguer dans l'objet des détails très fins et, pour cela, d'obtenir de points très voisins des images distinctes. Ici la théorie élémentaire ne suffit plus, et il faut tenir compte des phénomènes de diffraction.

D'un point lumineux, même placé sur l'axe principal, un système centré, supposé corrigé de l'aberration sphérique, donne comme image non pas un point, mais une tache centrale entourée de franges circulaires alternativement brillantes et obscures : cela résulte de ce que la lumière ne se propage pas uniquement suivant la ligne droite, comme nous l'avons supposé. On peut admettre que les images de deux points commencent à être distinctes quand chacune des taches centrales passe par le centre de l'autre : quand, par conséquent, l'écart entre leurs centres, c'est-à-dire entre les points où les deux axes secondaires rencontrent le plan de l'image, est égal au demi-diamètre de chacune d'elles.

Or ce diamètre dépend tout d'abord de l'ouverture du système. Si nous considérons, partant d'un point de l'axe, les deux rayons qui, dans le plan du Tableau, limitent le faisceau lumineux concourant utilement à former l'image du point, et si nous désignons par 2β l'angle qu'ils font entre eux, n étant l'indice du milieu avec lequel est en contact la surface frontale du système optique, on appelle *ouverture numérique* du système le produit

$$a = n \sin\beta;$$

et le diamètre de la tache centrale que forment les rayons venant du point est

$$2\varepsilon = \frac{2\lambda}{a},$$

λ étant la longueur d'onde (6) de la lumière considérée.

Pour une même distance de l'objet, et pour une même distance focale de l'objectif, ce diamètre croît donc proportionnellement à λ, et varie en sens inverse de n et du rayon d'ouverture de l'objectif; il ne dépend pas de la puissance.

L'écartement minimum qui doit séparer deux points de l'objet pour que le microscope en donne des images distinctes étant, pour une même valeur de p_1 et de φ, proportionnel au rayon ε, on prend celui-ci comme mesure de ce que l'on appelle le *pouvoir séparateur* de l'instrument : d'après cette définition, un microscope montre d'autant mieux les détails d'un objet que son pouvoir séparateur est exprimé par un nombre moins grand.

Il résulte de ce qui précède qu'il y a bénéfice : 1° à augmenter autant que possible le diamètre de l'objectif par rapport à sa distance focale; cette disposition est évidemment avantageuse aussi au point de vue de l'éclairement, mais on est vite arrêté par les phénomènes d'aberration sphérique; 2° à augmenter l'indice du milieu en contact avec la surface frontale de l'objectif; ce que l'on fait en se servant de ce que l'on appelle les *objectifs à immersion,* et en introduisant, entre ces objectifs et la préparation, une goutte d'un liquide ayant un indice voisin de celui du verre.

Enfin les considérations précédentes permettent de comprendre comment la Photographie peut parfois enregistrer des détails que, dans le même microscope, l'œil ne perçoit pas : les rayons qui concourent à former l'image photographique étant plus réfrangibles, et par conséquent de longueur d'onde moindre, que ceux qui agissent sur la rétine.

139. Diaphragme. — Les pinceaux de rayons venant des points situés dans les portions marginales de l'objet, et tombant sur les bords de l'oculaire, ne seraient reçus que partiellement par cet oculaire; et par suite la zone extérieure de l'image présenterait un éclairement décroissant.

On arrête ces rayons par un diaphragme : celui-ci doit, évidemment, être placé de façon à intercepter complètement les pinceaux qui ne seraient reçus que partiellement par l'oculaire, et à laisser passer tout entiers les autres : il doit donc être disposé dans le plan où tous les pinceaux venant des divers points de l'objet sont isolément réduits à un point, c'est-à-dire dans le plan où se forme l'image réelle.

Cette image se faisant très sensiblement dans le plan focal d'incidence de l'oculaire, c'est là qu'on mettra le diaphragme, dont il est facile de calculer l'ouverture.

Soient UU′, YY′ les diamètres de l'objectif et de l'oculaire (*fig.* 115), u et y leurs rayons d'ouverture.

Le pinceau le plus oblique qui puisse être entièrement reçu par l'oculaire est évidemment limité par le rayon U'Y; le point Δ où

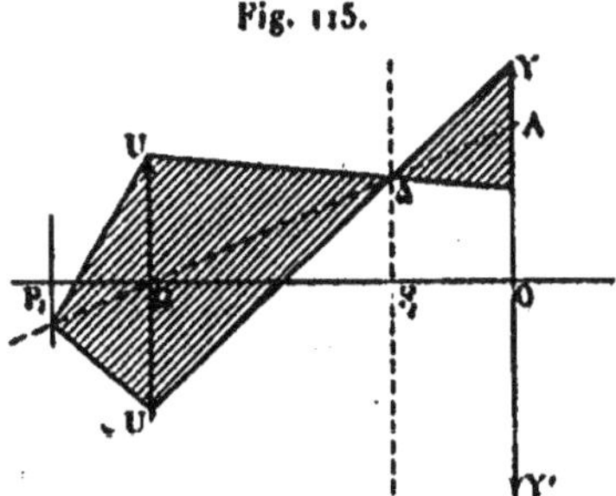

Fig. 115.

il coupe le plan focal d'incidence de l'oculaire est le point de concours du pinceau, qui est par conséquent limité d'autre part au rayon UΔ; l'axe secondaire du pinceau est ΩA. Le rayon d'ouverture du diaphragme doit être

$$\delta = \Delta F_1.$$

Les similitudes de triangles nous donnent

$$\frac{\delta}{y - \mathrm{YA}} = \frac{e - f}{e} \quad \text{et} \quad \frac{\mathrm{YA}}{u} = \frac{f}{e - f},$$

d'où

$$\delta = \left(y - u \frac{f}{e - f} \right) \frac{e - f}{e},$$

$$(74) \qquad \delta = y \frac{e - f}{e} - u \frac{f}{e};$$

le dernier terme compte peu, u étant très petit par rapport à e, plus grand lui-même que f : on prend dans les calculs

$$(74 \; bis) \qquad \delta = y \frac{e - f}{e}.$$

140. Champ. — On appelle *champ* du microscope la portion de l'espace où doit être compris un point lumineux pour que le microscope en donne l'image : il faut pour cela que l'axe secondaire du point passe à l'intérieur du diaphragme.

Le champ est donc limité par un cône ayant pour sommet Ω et s'appuyant sur le contour intérieur du diaphragme; on prend comme mesure du champ le double angle au sommet du cône.

Cet angle, assez petit pour qu'on puisse le confondre avec sa tangente, est, en le désignant par γ,

$$\gamma = 2\delta(e - f).$$

(75) $$\gamma = \frac{2y}{e}.$$

Ce qu'il est vraiment intéressant de considérer, c'est la section de l'objet par le cône de champ, c'est-à-dire la portion visible de l'objet : elle a comme diamètre

$$2v = \gamma\varphi,$$

puisque l'objet est très sensiblement placé au foyer principal d'incidence de l'objectif; nous avons donc

(76) $$2v = \frac{2y}{e}\varphi.$$

Nous pouvons l'exprimer autrement : on a constaté expérimentalement que dans les lentilles plan-courbes employées comme oculaires (et seulement comme oculaires, car cette règle empirique ne s'applique pas du tout aux lentilles travaillant comme objectifs), l'aberration garde une valeur pratiquement acceptable, tant que le diamètre de la lentille ne dépasse pas la moitié de la distance focale; si nous supposons qu'on donne à l'oculaire cette ouverture maximum

$$2y = \frac{f}{2},$$

le diamètre de la partie visible de l'objet prend comme valeur

$$2v = \frac{f\varphi}{2e},$$

et comme la puissance $P = \dfrac{e}{f\varphi}$,

(76 *bis*) $$2v = \frac{1}{2P}.$$

141. Cercle oculaire. — Pour voir de façon complète, et d'un seul coup, toute la portion visible de l'objet, il faut que le faisceau des rayons émergents pénètre tout entier dans la pupille; cela est possible, à condition de placer l'œil dans une position convenable : le faisceau émergent présentant, à peu de distance de l'oculaire, une section extrêmement réduite qu'on appelle *cercle oculaire* ou *anneau oculaire.*

'Ce cercle n'est autre chose que l'image de l'objectif par rapport à l'oculaire. Tous les pinceaux lumineux qui, venant des divers points de l'objet, ont traversé le microscope, ont naturellement dû passer à travers l'objectif; ils devront donc, après avoir été réfractés par l'oculaire, passer à l'intérieur du cercle conjugué de l'objectif par rapport à l'oculaire, et ils auront ce cercle pour section commune.

Nous avons tracé, dans la *fig.* 116, les deux pinceaux extrêmes

Fig. 116.

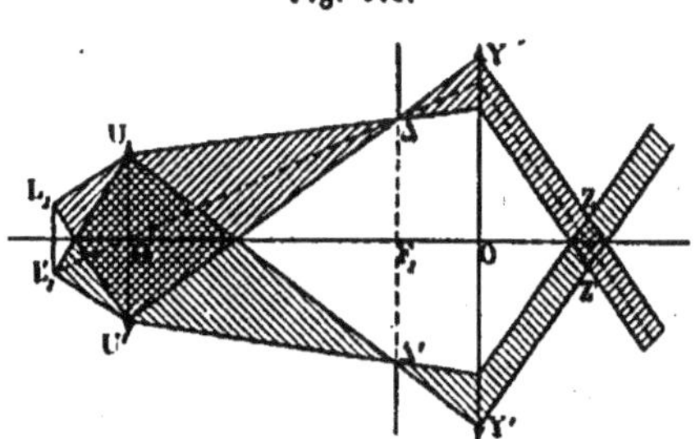

du faisceau lumineux traversant l'instrument : on voit que la portion émergente de ce faisceau constitue un système de deux troncs de cône, ayant, comme base commune, le cercle oculaire ZZ'.

Il est facile d'en calculer la position et le diamètre.

Soit x la distance du cercle oculaire à l'oculaire; celle de l'objectif, jouant le rôle d'objet, est e; nous avons donc

$$\frac{1}{e} - \frac{1}{x} = \frac{1}{f},$$

$$(77) \qquad x = \frac{ef}{f - e},$$

valeur négative et très voisine de f : le cercle oculaire est situé un peu au delà du foyer principal d'émergence de l'oculaire.

Soit $2z$ le diamètre; $2u$ étant celui de l'objectif, l'équation générale du grossissement nous donne

$$\frac{z}{u} = \frac{x}{e} = \frac{f}{f-e},$$

(78)
$$z = u\,\frac{f}{f-e}.$$

En fait, ce diamètre ne dépasse pas une fraction de millimètre.

142. Objectifs et oculaires composés. — Pour pouvoir donner
à l'objectif une ouverture relativement grande avec une distance
focale très petite, sans pour cela que les aberrations prennent une
trop grande importance, on le forme de plusieurs lentilles.

Elles sont, en général, isolément achromatiques, plan-convexes,
tournent leurs faces planes vers l'objet, et sont disposées de telle
sorte que l'image donnée de l'objet par la première et, ensuite,
toutes les images intermédiaires, soient virtuelles et droites :
l'image définitive seule est réelle et renversée; pour cela l'image
donnée par chacune des lentilles successives doit se faire en arrière
du foyer principal d'incidence de la lentille suivante; seule l'image
donnée par l'avant-dernière lentille se forme un peu en avant du
foyer d'incidence de la dernière (*fig.* 117).

Fig. 117.

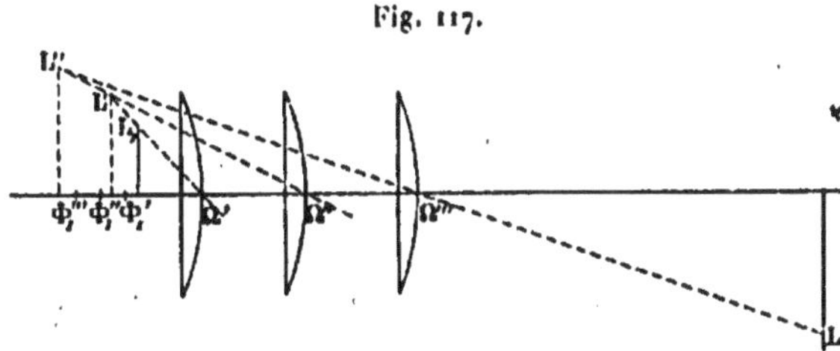

Lister a d'ailleurs observé, et le calcul confirme, qu'une lentille
est aplanétique pour deux points situés sur l'axe principal et
comprenant entre eux le foyer d'incidence; et il a montré qu'on
pouvait utiliser ces points aplanétiques pour diminuer l'aberration
sphérique du système.

Soient (*fig.* 118) deux lentilles Ω' et Ω'', Φ'_i et Φ''_i leurs foyers
d'incidence, A'B', A''B'' leurs points aplanétiques : chacune d'elles
présentera une aberration positive pour un point lumineux situé

dans l'intervalle des points aplanétiques et une aberration négative pour les points extérieurs. Supposons que nous placions
l'objet lumineux en A′, et que nous fassions coïncider avec l'image

Fig. 118.

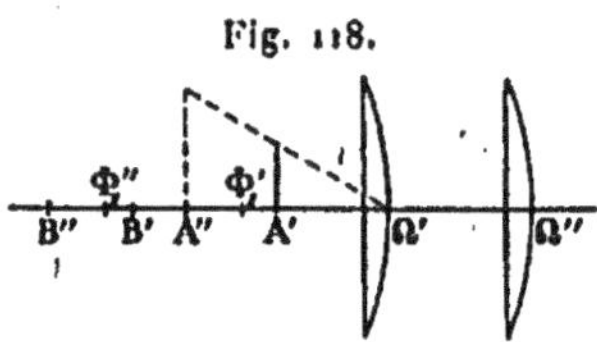

que donne la première lentille le point aplanétique A″ de la
deuxième : l'image définitive sera exempte d'aberration sphérique.
Si nous rapprochons l'objet de la première lentille, il sortira de
l'intervalle A′B′, et la lentille donnera une aberration négative;
mais en même temps l'image intermédiaire s'éloigne, pénètre dans
l'intervalle A″B″, et la seconde lentille donne une aberration
positive; il y a compensation plus ou moins complète.

On arrive ainsi à réaliser des objectifs extrêmement convergents
qui, avec une ouverture relativement grande, donnent des images
nettes, bien qu'ils admettent des faisceaux très obliques, faisant
avec l'axe des angles qui parfois dépassent 70°.

Il n'est pas nécessaire que toutes les lentilles soient isolément
achromatiques, pour que le système tout entier le soit. Observons
aussi que l'emploi des verres nouveaux a permis de réaliser un
achromatisme très parfait, dans ce qu'on a appelé les *objectifs
apochromatiques*.

— Comme oculaire, on emploie exclusivement celui de
Huyghens. Le grossissement est alors, celui de l'oculaire étant
très sensiblement $\frac{2}{3}\dfrac{D}{f'}$ [132, équation (70 *bis*)], et celui de l'objectif restant égal à $-\dfrac{c}{\varphi}$,

$$(79) \qquad G_{\text{II}} = -\frac{2}{3}\frac{D}{f'}\frac{c}{\varphi},$$

et la puissance

$$(80) \qquad P_{\text{II}} = \frac{2}{3}\frac{c}{f'\varphi} :$$

c'est-à-dire les $\frac{2}{3}$ de ce que seraient le grossissement et la puissance dans un microscope qui, avec le même objectif, aurait, comme oculaire simple, la lentille de l'œil de l'oculaire composé.

On peut considérer le cône de champ comme défini par le centre optique de l'objectif et par le contour de la lentille de champ, c'est-à-dire que

$$\gamma_{\text{II}} = \frac{2y'}{e},$$

et si l'on donne à cette lentille l'ouverture maximum,

$$(81) \qquad \gamma_{\text{II}} = \frac{f'}{2e}.$$

L diamètre de la partie visible de l'objet est donc

$$(82) \qquad 2\gamma_{\text{II}} = \frac{f'\varphi}{2e} = 3\frac{f''\varphi}{2e},$$

c'est-à-dire qu'il est trois fois plus grand que dans le microscope ayant le même objectif, et, comme oculaire simple, la lentille de l'œil.

Nous pouvons exprimer le diamètre de la partie visible en fonction de la puissance

$$(82\ bis) \qquad 2\gamma_{\text{II}} = \frac{1}{P_{\text{II}}};$$

et nous avions trouvé, avec l'oculaire simple,

$$(76\ bis) \qquad 2\gamma = \frac{1}{2P}.$$

Le diamètre de la partie visible est donc deux fois plus grand, dans un microscope muni de l'oculaire négatif, que dans un microscope à oculaire simple, ayant la même puissance.

Le diaphragme doit toujours être placé dans le plan où se forme l'image réelle (*fig.* 119), c'est-à-dire qu'ici il doit être interposé entre les deux lentilles de l'oculaire, à égale distance de chacune d'elles; on calculera très facilement son diamètre en employant la méthode dont nous nous sommes servis dans le cas de l'oculaire simple.

Il doit arrêter tous les pinceaux qui ne seraient pas entièrement

reçus par la lentille de champ : le pinceau le plus oblique qui
doive être admis est limité au rayon UY; il formerait son point de

Fig. 119.

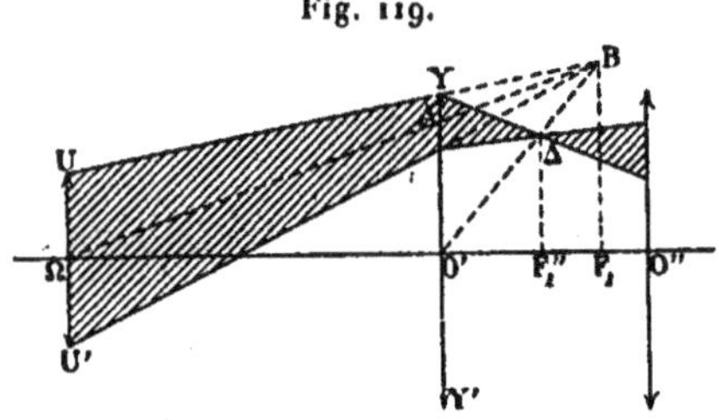

concours en B, dans le plan focal principal d'incidence F_1 de l'oculaire; mais la lentille de champ le renvoie en Δ, dans le plan focal
d'incidence de la lentille de l'œil : l'axe secondaire rencontre
en A la lentille de champ. Le rayon d'ouverture du diaphragme
doit être

$$\delta = \Delta F_1'' = \frac{2}{3} BF_1,$$

$$BF_1 = O'A \frac{\Omega F_1}{\Omega O'} = O'A \frac{e + \dfrac{f'}{2}}{e},$$

car $O'F_1$ [132, équation (68)] est égal à $\frac{1}{2} f'$; d'autre part,

$$O'A = y - AY = y - u \frac{\dfrac{f'}{2}}{e + \dfrac{f'}{2}},$$

d'où

$$\delta = \frac{2}{3} \frac{2e + f'}{2e} \left(y - u \frac{f'}{2e + f'} \right)$$

$$= \frac{2}{3} \left(y \frac{2e + f'}{2e} - u \frac{f'}{2e} \right);$$

ce qui se réduit très sensiblement à

$$y \frac{2e + f'}{3e}.$$

On calcule sans plus de difficulté la position et le rayon du
cercle oculaire.

Nous avons trouvé que, de façon générale, dans un système de deux lentilles [82, équation (40)],

$$p_2 = -f'' \frac{p_1(f'-\varepsilon)+f'\varepsilon}{p_1(f'+f''-\varepsilon)+f'(\varepsilon-f'')}.$$

$$G = -\frac{f'f''}{p_1(f'+f''-\varepsilon)+f'(\varepsilon-f'')}.$$

et ici

$$p_1 = e,$$
$$f' = 3f'',$$
$$\varepsilon = 2f''.$$

On a donc

$$x = -f'' \frac{e+6f''}{2e+3f''},$$

$$z = -u\frac{3f''}{2e+3f''}.$$

143. Disposition de l'instrument. — L'objectif et l'oculaire sont aux extrémités d'un tube à tirage dont on laisse en général la longueur constante : les oculaires y entrent à frottement doux ; les objectifs peuvent se substituer rapidement les uns aux autres au moyen d'une monture à revolver.

Le tube tout entier se déplace par l'action d'une crémaillère, et, pour les petits déplacements, on se sert d'une vis de rappel. Il reste perpendiculaire au porte-objet, plate-forme percée d'un trou central, sur laquelle la préparation est fixée par des pinces et qui, grâce à des vis de réglage, peut recevoir de petits mouvements de rotation ou de translation qui permettent d'amener dans le champ du microscope les diverses parties de la préparation. Celle-ci est très fortement éclairée, à travers le trou du porte-objet, au moyen d'un système optique destiné à former, très près de lui, l'image d'une source lumineuse.

Ce système optique comprend un miroir concave et un condensateur réfringent, dont le type varie.

Le condensateur d'Abbe, le plus employé, est constitué par deux lentilles, l'une biconvexe, d'assez grand diamètre, l'autre formant à peu près la demi-boule, de diamètre moindre et placée au-dessus de l'autre.

144. Chambre claire. — En adaptant une chambre claire sur l'oculaire du microscope, on peut dessiner les images fournies

par l'instrument. Les deux modèles les plus employés sont ceux de
Nachet et du D\ Abbe. La chambre claire de Nachet (*fig.* 120)

Fig. 120.

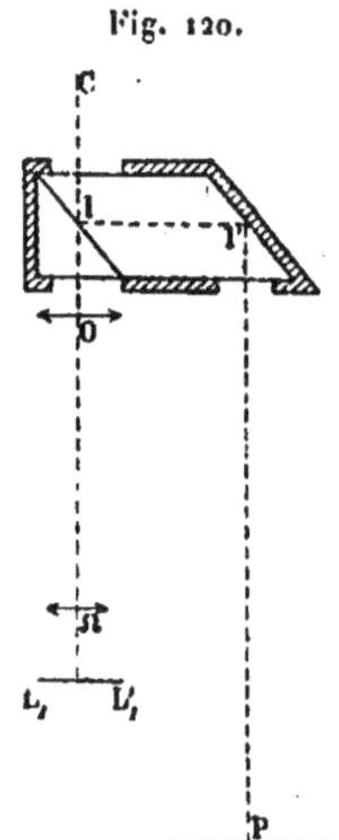

est formée de deux prismes de même verre; l'un a comme section
un triangle rectangle isoscèle, l'autre un parallélogramme; ils
sont réunis par une substance dont l'indice est intermédiaire entre
celui du verre et celui de l'air.

L'œil, placé en C, reçoit, par transmission directe, les rayons
lumineux venant du microscope; et, confondus avec eux à l'émergence, des rayons qui, venant d'une feuille de papier placée à
côté du microscope, se sont réfléchis totalement en l' et partiellement en I. L'observateur voit ainsi se projeter sur le papier, et
peut y dessiner, l'image de l'objet examiné.

Si les verres n'étaient pas collés entre eux, la lumière venant
du microscope serait réfléchie totalement en I, et n'arriverait
pas à l'œil; si, au contraire, ils étaient réunis par une substance
ayant, comme le baume du Canada, sensiblement l'indice du verre,
les rayons venant du papier suivant l'I ne se réfléchiraient pas
sensiblement en I; en employant un corps d'indice intermédiaire, convenablement choisi, les deux faisceaux sont, en I,
partiellement réfléchis, et on peut les amener à avoir une intensité lumineuse à peu près égale.

La chambre claire d'Abbe (*fig.* 121) comprend un système de prismes et un miroir plan indépendant.

Fig. 121.

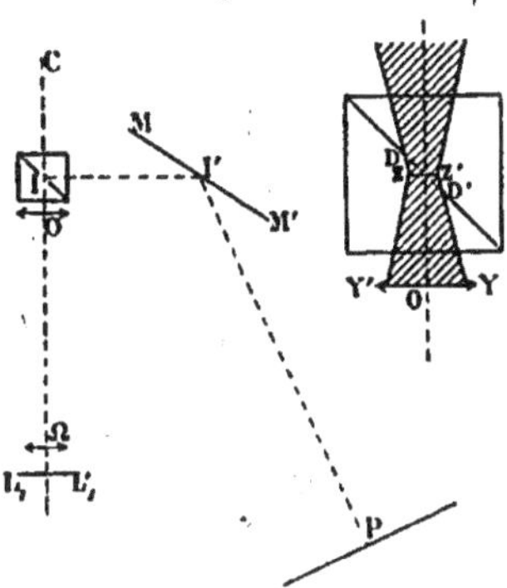

Les prismes ont tous deux comme section un triangle rectangle isoscèle de quelques millimètres de côté ; ils sont séparés par une couche mince et continue d'argent, laissant libre en son centre une petite lacune DD' dont le diamètre est de 1^{mm} environ ; ils sont collés au baume du Canada. Le miroir plan MM', d'assez grandes dimensions, est porté par un bras d'environ 10^{cm} : il peut tourner autour d'un axe parallèle aux arêtes du prisme.

Les dimensions de l'appareil sont telles que, quand il est installé sur l'oculaire, la petite ouverture pratiquée dans la couche réfléchissante d'argent se trouve extrêmement voisine de l'anneau oculaire ZZ', et peut, au moyen d'un réglage simple, être amenée à occuper exactement la même position : si réduite que soit cette ouverture, sa projection est encore supérieure à la surface du cercle oculaire, et tous les rayons sortant du microscope peuvent y passer : le champ est donc complètement libre pour l'œil placé immédiatement au-dessus du prisme. Le miroir plan MM' renvoie sur ce prisme des rayons lumineux qui se réfléchissent sur la couche d'argent entourant la tache transparente, et arrivent à la pupille en un faisceau annulaire, formant autour des rayons qui viennent du microscope comme une gaine concentrique.

L'interposition de verres colorés sur le parcours de l'un ou l'autre des deux faisceaux permet d'équilibrer leurs intensités.

En faisant varier l'inclinaison du miroir plan, on peut amener à l'œil des rayons venant de points assez éloignés du pied du microscope, ce qui est extrêmement commode; mais, pour que le dessin ne soit pas déformé, il faut évidemment que le papier soit toujours perpendiculaire à la direction des rayons qui, après double réflexion, se propagent suivant la direction IC : aussi se sert-on de pupitres dont on peut régler l'inclinaison.

145. Mesure expérimentale du grossissement. — Le grossissement se mesure expérimentalement au moyen de la chambre claire.

Il suffit de prendre comme objet une division micrométrique, et d'en dessiner, puis d'en mesurer l'image.

Si, par exemple, le micromètre est au $\frac{1}{n}$ de millimètre, et si sur l'image une division présente une longueur de K millimètres, c'est que

$$\frac{G}{n} = K.$$

La valeur trouvée dépend évidemment de la distance à laquelle le papier se trouve de la chambre claire, comme le grossissement lui-même dépend de la distance à laquelle on envoie se former l'image.

Pour avoir des résultats comparables, on convient de donner à l'éloignement du papier une valeur déterminée; seulement on n'est pas absolument d'accord : on prend tantôt 25^{cm}, tantôt 30^{cm}; en Angleterre, 27^{cm}.

Il serait évidemment préférable de diviser le résultat obtenu par le nombre de millimètres qui séparent l'œil du papier; le quotient donnerait la valeur de la puissance.

Ce que l'on peut mesurer d'ailleurs de façon précise, avec la chambre claire, c'est d'une part la dimension réelle des objets examinés, et d'autre part l'échelle à laquelle en est fait le dessin. Il suffit pour cela, après avoir dessiné l'image de l'objet, de substituer à celui-ci un micromètre transparent, et de tracer, sur la même feuille de papier, qu'on a laissée immobile, l'image des divisions.

On a quelquefois besoin de connaître, au lieu du grossissement total du microscope, le grossissement partiel donné par l'ensemble

de l'objectif et de la lentille de champ. Ici l'image est réelle, et
la mesure est facile. On peut enlever la lentille de l'œil, et introduire dans le tube de l'oculaire, jusqu'au plan où se fait l'image
réelle, une lame transparente portant une division millimétrique.

Comme objet, on prend un micromètre. Si, celui-ci étant au $\frac{1}{n}$ du
millimètre, et le micromètre oculaire étant au $\frac{1}{p}$, une division de
l'image réelle du micromètre-objet comprend K divisions
du micromètre oculaire, c'est que, g étant le grossissement
cherché,

$$\frac{g}{n} = \frac{K}{p}.$$

Il vaut mieux observer le micromètre oculaire, et l'image qui s'y
forme, à travers la lentille de l'œil, jouant le rôle de loupe : il faut
seulement donner alors à cette lentille une certaine indépendance,
qui permette de faire une mise au point exacte sur le micromètre
oculaire.

LUNETTE ASTRONOMIQUE.

La lunette astronomique proprement dite est exclusivement
employée à l'observation d'objets dont la distance peut être considérée comme infinie.

Elle se compose d'un objectif donnant des objets, dans son plan
focal principal d'émergence, une image réelle et renversée, et
d'un oculaire convergent qui, de cette première image, donne
une image définitive virtuelle, agrandie et de même sens, c'est-
à-dire renversée par rapport à l'objet.

L'objectif est une lentille achromatique, calculée d'après la méthode que nous avons sommairement indiquée à propos des
aberrations : la forme générale en est à peu près plan-convexe ;
elle tourne vers la lumière sa face convexe.

L'oculaire peut être simple, comme dans la lunette de Kepler,
ou composé ; nous examinerons d'abord le premier cas.

148. Marche des rayons. — Il suffit, pour construire l'image
réelle donnée par l'objectif, de mener (*fig.* 122) jusqu'à la rencontre du plan focal principal d'émergence, deux axes secondaires

faisant entre eux un angle égal au diamètre apparent de l'astre
visé. Un pinceau lumineux contribuant à former l'image du bord
inférieur L'_1 de l'astre est, à l'incidence, constitué par des rayons

Fig. 122.

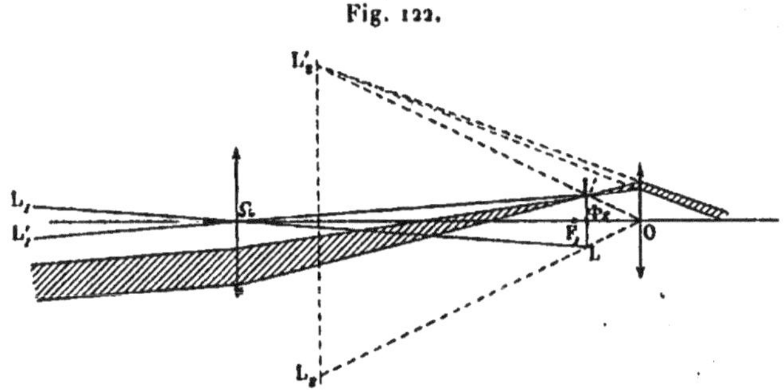

parallèles à l'axe secondaire $L'_1 \Omega$: après réfraction par l'objectif,
il devient conique, forme son point de concours en L', diverge de
nouveau à partir de ce point, et sort de l'oculaire suivant un cône
de sommet L'_2.

147. Mise au point. — La mise au point se fait en déplaçant
l'oculaire par rapport à l'image réelle; celle-ci est fixe, et doit être
comprise entre l'oculaire et son foyer d'incidence; si l'on rapproche d'elle ce foyer, en tirant l'oculaire, l'image définitive
s'éloigne; si donc la mise au point a été effectuée par un observateur doué d'une vue normale et accommodée pour une distance
finie, un presbyte devra tirer l'oculaire, et un myope l'enfoncer.

Le calcul conduit aux mêmes résultats : la distance de l'oculaire
à l'image réelle est $e - \varphi$, si nous appelons e la longueur totale
de l'instrument et φ la distance focale principale de l'objectif.
Pour que l'image définitive se fasse à la distance D de l'œil,
celui-ci étant écarté, du centre optique de l'oculaire, d'une quantité dont la valeur numérique est α, il faut que

$$(83) \qquad \frac{1}{e - \varphi} - \frac{1}{D - \alpha} = \frac{1}{f} \cdot$$

Cette équation montre, les différences $e - \varphi$ et $D - \alpha$ étant toutes
deux positives, que e et D doivent varier dans le même sens; si
donc la mise au point a été effectuée pour une vue normale, accom-

modée sur une distance finie, un myope devra diminuer l'intervalle e; un presbyte devra au contraire l'augmenter.

Pour un œil normal accommodé sur l'infini, l'image réelle devra se trouver au foyer principal d'incidence de l'oculaire, et alors

$$e = \varphi + f.$$

148. Grossissement. — On appelle *grossissement,* dans la lunette astronomique, et dans les lunettes en général le rapport des diamètres apparents sous lesquels on voit l'objet à travers l'instrument et à l'œil nu; il y a lieu d'observer que, comparant des angles, nous pouvons ne considérer que des valeurs absolues.

On calcule d'ordinaire le grossissement en supposant que l'image

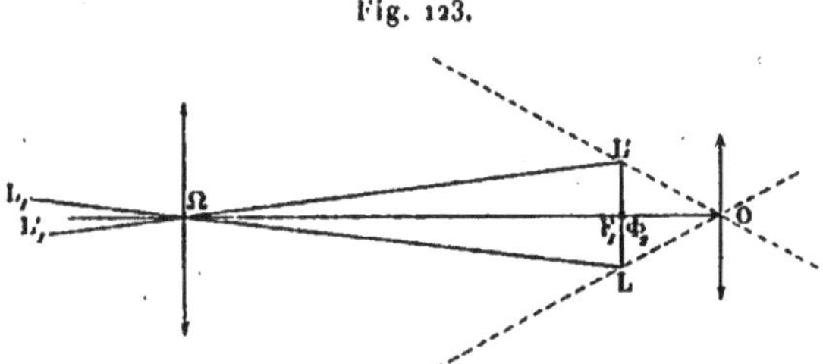

Fig. 123.

définitive est rejetée à l'infini, et le centre optique de l'œil confondu en O avec celui de l'oculaire. Alors le diamètre apparent de l'image est (*fig.* 123)

$$L O L' = 2\frac{LF_1}{OF_1};$$

celui de l'objet est

$$L_1 \Omega L_1' = 2\frac{L\Phi_2}{\Omega\Phi_2};$$

et, par suite,

$$G = \frac{LF_1}{OF_1} \cdot \frac{\Omega\Phi_2}{L\Phi_2} = \frac{\Omega\Phi_2}{OF_1},$$

$$(84) \qquad\qquad G = \frac{\varphi}{f}.$$

Si nous supposons, au contraire, que l'œil soit accommodé pour une distance finie D, et qu'il soit à une distance α de l'oculaire, en C par exemple, le diamètre apparent de l'image est (*fig.* 124),

$$L_1 C L_2' = 2 L O \Phi_2 \frac{D - \alpha}{D} = 2 \frac{L\Phi_2}{O\Phi_2} \frac{D - \alpha}{D};$$

celui sous lequel l'objet serait vu à l'œil nu,

$$L_1 \Omega L_1' = 2 \frac{L \Phi_2}{\Omega \Phi_2};$$

Fig. 124.

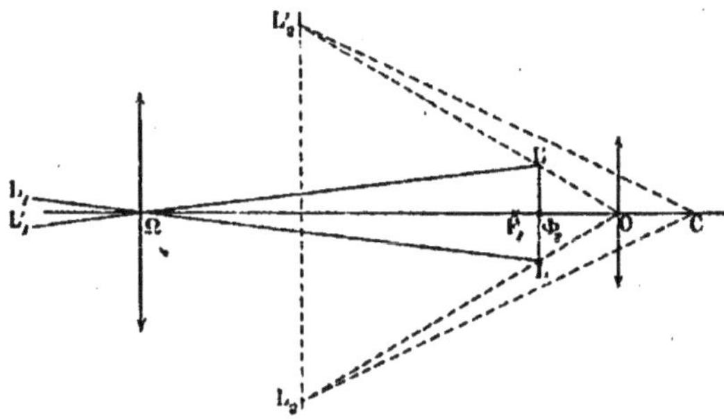

et le grossissement est, en valeur absolue,

$$G = \frac{D - \alpha}{D} \frac{\Omega \Phi_2}{O \Phi_2} = \frac{D - \alpha}{D} \frac{\varphi}{e - \varphi},$$

d'où, en vertu de l'équation (83), de mise au point,

$$(84 \text{ bis}) \qquad G = \frac{D - \alpha}{D} \varphi \frac{D - \alpha + f}{f(D - \alpha)} = \frac{\varphi}{f} \frac{D - \alpha + f}{D},$$

valeur qui se réduit pratiquement à la précédente, car $f - \alpha$ est extrêmement petit.

149. Diaphragme. — Le diaphragme, jouant le même rôle que dans le microscope, est placé dans le plan focal principal de l'objectif; il a encore comme rayon d'ouverture (130),

$$\delta = \left(y - u \frac{f}{e - f} \right) \frac{e - f}{e}.$$

Ici e ne diffère pas sensiblement de $\varphi + f$;

$$(85) \qquad \delta = y \frac{\varphi}{\varphi + f} - u \frac{f}{\varphi + f},$$

ou, comme f est très petit, dans la lunette astronomique, par rapport à φ,

$$\delta = y - u\frac{f}{\varphi},$$

(85 *bis*)
$$\delta = y - \frac{u}{G}.$$

Bien qu'ici, contrairement à ce qui se passait dans le microscope, u soit beaucoup plus grand que y, c'est encore le premier terme qui domine, et de beaucoup.

150. **Champ.** — Le champ est le cône ayant pour sommet le centre optique de l'objectif et pour base le contour du diaphragme : on confond ce cône avec celui qui, ayant même sommet, admet comme base l'oculaire, et qui diffère très peu du premier ; alors le double angle au sommet du cône

$$\gamma = \frac{2y}{\varphi + f},$$

ou sensiblement $\frac{2y}{\varphi}$; et, si nous supposons que l'oculaire présente l'ouverture maximum $2y = \frac{f}{4}$,

(86)
$$\gamma = \frac{f}{2\varphi} = \frac{1}{2G};$$

il varie donc en raison inverse du grossissement.

On l'exprime généralement en minutes :

$$\gamma' = \frac{180.60}{\pi}\frac{1}{2G},$$

(86 *bis*)
$$\gamma' = 3438\frac{1}{2G}.$$

Il est extrêmement petit, et le plus souvent n'atteint pas 1°.

De là une grande difficulté à chercher avec la lunette un astre dans le ciel, et la nécessité d'adjoindre aux instruments puissants un *chercheur*, c'est-à-dire une petite lunette de grossissement beaucoup moindre, mais, par conséquent, de champ plus grand ; les axes sont parallèles, et quand un astre est, dans le champ du chercheur, amené au voisinage du centre, il est compris dans le champ de la lunette.

151. Cercle oculaire. — La distance à l'oculaire et le rayon d'ouverture du cercle oculaire sont toujours (**141**, équations 77 et 78),

$$x = \frac{ef}{f-e},$$

$$z = u\frac{f}{f-e}.$$

et comme ici $e - f = \varphi$,

$$(87) \qquad x = -f\frac{\varphi + f}{\varphi};$$

le cercle oculaire est donc extrêmement voisin du foyer principal d'émergence de l'oculaire : celui-ci est muni d'un œilleton qui, placé à peu près aux deux tiers de la distance focale, détermine la position de l'œil de façon à faire sensiblement coïncider le plan de la pupille avec l'anneau oculaire, qui est, en général, plus petit qu'elle. L'œil peut ainsi voir d'un seul coup le champ tout entier. Quant à l'expression de z, elle devient

$$(88) \qquad z = -u\frac{f}{\varphi};$$

et comme nous avons trouvé que la valeur absolue de G était $\frac{\varphi}{f}$, nous voyons que le rapport $\frac{2u}{2z}$, du diamètre de l'objectif à celui du cercle oculaire, a la même valeur numérique que le grossissement.

152. Mesure expérimentale du grossissement. — On utilise cette relation pour la mesure du grossissement : on se sert d'un petit appareil appelé *dynamètre de Ramsden;* il se compose de trois tubes glissant l'un dans l'autre; le premier, vide, s'appuiera sur la monture de l'oculaire, dont il est bon d'enlever l'œilleton; le second porte un écran translucide sur lequel est gravée une division micrométrique; le troisième, une loupe : on met d'abord la loupe au point sur la division, et l'on immobilise l'un par rapport à l'autre le second et le troisième tube; appuyant alors l'appareil contre l'oculaire de la lunette, qui est braquée sur le ciel, pendant le jour, on voit se former sur l'écran translucide une tache circulaire lumineuse qui est la section du faisceau émergent : on fait glisser le second tube dans le premier jusqu'à ce que cette tache présente un diamètre minimum : c'est alors (141, *fig.* 116) l'anneau oculaire qui se forme sur l'écran, et on lit immédiatement son diamètre $2z$ sur la division micrométrique; reste à connaître celui de l'objectif; comme souvent les portions marginales sont masquées par des diaphragmes, on applique sur l'objectif les pointes d'un compas, et on les rapproche l'une de l'autre jusqu'à ce que leurs images apparaissent, diamétralement opposées, sur les bords du cercle oculaire : l'écartement des pointes mesure alors ce que nous avons désigné par $2u$.

Une autre méthode, qui n'est guère applicable qu'aux lunettes de faible grossissement, repose sur l'emploi d'une chambre claire, analogue à celle du microscope, et qui permet de superposer deux images d'une mire très éloignée, l'une formée par des rayons qui ont traversé la lunette, l'autre par des rayons qui arrivent directement à l'œil. Le grossissement est donné par le nombre des divisions de la plus petite image qui sont comprises dans une division de la plus grande. Pour les lunettes de faible diamètre, la chambre claire est même inutile : on regarde la mire directement avec l'un des deux yeux, et à travers la lunette avec l'autre.

153. Clarté. — On appelle *clarté*, dans une lunette, le rapport des éclairements que présentent, dans l'œil de l'observateur, les images d'un objet regardé à travers la lunette et à l'œil nu.

Il y a lieu de distinguer deux cas, suivant que l'objet a ou n'a pas de diamètre apparent :

1° *Objets sans diamètre apparent* (*étoiles*).

L'image est alors réduite à un point où se concentre toute la lumière pénétrant dans l'œil.

Soient toujours u et z les rayons d'ouverture de l'objectif et du cercle oculaire; soit ρ celui de la pupille.

Dans l'observation à l'œil nu, l'œil reçoit de l'astre une quantité de lumière proportionnelle à la surface de la pupille, soit

$$K\rho^2.$$

La lunette reçoit de même une quantité

$$Ku^2,$$

qui traverse ensuite le cercle oculaire.

Si le cercle oculaire est plus petit que la pupille, ce qui s'exprime par $z < \rho$, toute cette lumière pénètre dans l'œil, et la clarté est

$$L = \frac{K u^2}{K \rho^2} = \frac{u^2}{\rho^2},$$

quantité très supérieure à l'unité, mais inférieure à G^2, puisque

$$\frac{u^2}{\rho^2} < \frac{u^2}{z^2},$$

et que $\frac{u}{z} = G$ (181).

Si le cercle oculaire est plus grand que la pupille, l'œil ne reçoit, de la lumière ayant traversé le cercle oculaire, et qui est $K u^2$, qu'une fraction

$$\frac{\rho^2}{z^2} K u^2;$$

et la clarté devient

$$L = \frac{u^2 \frac{\rho^2}{z^2}}{\rho^2} = \frac{u^2}{z^2} = G^2;$$

il ne faudrait pas en conclure que le second cas est plus avantageux que le premier : G est plus petit qu'il n'était tout à l'heure, et la nouvelle valeur de L est inférieure à l'ancienne.

2° *Objets à diamètre apparent.*

L'image présente, dans ce second cas, une certaine surface, sur laquelle se répartit la lumière qui pénètre dans l'œil.

Soit, par exemple, β le diamètre apparent de l'objet.

L'œil reçoit une quantité de lumière $K \rho^2$, qui se répartit sur une surface proportionnelle à β^2, soit $K' \beta^2$: l'éclairement de l'image formée sur la rétine est donc

$$\frac{K}{K'} \frac{\rho^2}{\beta^2}.$$

La lunette reçoit une quantité $K u^2$; mais la surface de l'image formée sur la rétine, quand l'œil est placé derrière la lunette, est $K' G^2 \beta^2$.

Si le cercle oculaire est plus petit que la pupille, cette image reçoit tout, et l'éclairement y est

$$\frac{K}{K'} \frac{u^2}{G^2 \beta^2}.$$

La clarté est donc

$$L = \frac{u^2}{\rho^2}\,\frac{1}{G^2},$$

plus petite que l'unité, puisque $\frac{u^2}{\rho^2} < \frac{u^2}{s^2}$.

Si le cercle oculaire est plus grand que la pupille, la quantité de lumière qui pénètre dans l'œil est

$$\frac{\rho^2}{s^2}\,K u^2,$$

et l'éclairement de l'image

$$\frac{\rho^2}{s^2}\,\frac{K}{K'}\,\frac{u^2}{G^2\beta^2} = \frac{K}{K'}\,\frac{\rho^2}{\beta^2};$$

il est donc le même que si l'on observe à l'œil nu : la clarté devient ici égale à l'unité.

Ces considérations font comprendre comment les lunettes permettent de voir en plein jour certaines étoiles : l'éclat de l'étoile, objet sans diamètre apparent, étant augmenté par la lunette, dont le cercle oculaire est, de façon générale plus petit que la pupille, tandis que pour le fond du ciel, objet à diamètre apparent, il est diminué.

154. Pouvoir séparateur. — La diffraction intervient dans la lunette comme dans le microscope, comme dans tous les instruments d'optique d'ailleurs. Le diamètre de la tache centrale est ici, où les rayons incidents venant du point lumineux à l'objectif sont parallèles entre eux, de la forme

$$2M\,\frac{\varphi}{u},$$

M étant une constante. Pour que la lunette puisse dédoubler deux étoiles voisines, il faut que les axes secondaires de ces étoiles rencontrent le plan focal à une distance au moins égale à $M\frac{\varphi}{u}$, et par conséquent fassent entre eux un angle ε au moins égal à

$$\frac{M}{u}.$$

Le pouvoir séparateur, défini par la valeur de ε, c'est-à-dire par la distance angulaire minimum que doivent présenter deux étoiles voisines pour que la lunette en donne des images distinctes, est donc inversement proportionnel au rayon d'ouverture de l'objectif. Foucault a montré qu'un objectif de 13^{cm} de diamètre a un pouvoir séparateur de $1''$, c'est-à-dire dédouble deux étoiles dont la distance angulaire est de $1''$ (¹); la valeur de M est par suite égale à 6,5 si le pouvoir séparateur est évalué en secondes, et u en centimètres.

Il y a donc à ce point de vue comme à celui de la clarté, avantage à augmenter le diamètre de l'objectif. Mais l'aberration de sphéricité a aussi pour effet de donner à l'image d'un point une certaine étendue; or nous avons vu (79, équation 37) que l'aberration latérale est

$$b = n^2 \frac{u^3}{2} S,$$

où S est une fonction du second degré des courbures, et par suite varie comme $\frac{1}{f^2}$; de sorte que l'aberration latérale varie comme

$$\frac{u^3}{f^2}.$$

De ce côté on serait donc amené à réduire le diamètre de l'objectif et à augmenter sa distance focale; et, le plus souvent, on est arrêté par l'aberration de sphéricité avant de l'être par la diffraction.

On prend un moyen terme : suivant une règle empirique fondée sur l'examen d'un certain nombre de lunettes connues comme très bonnes, on donne en général à $\frac{2u}{\varphi}$, rapport du diamètre à la distance focale de l'objectif, la valeur $\frac{1}{12}$; c'est ce qu'on appelle la *règle du « pied pour pouce »;* pour les petites lunettes, on va jusqu'à $\frac{1}{10}$; pour les grandes, on descend à $\frac{1}{25}$, $\frac{1}{30}$ et même au delà.

155. Oculaires composés. — On emploie comme oculaires celui d'Huyghens ou celui de Ramsden.

(¹) BAILLAUD, *Cours d'Astronomie*, Ire Partie, p. 126. Paris, Gauthier-Villars. Foucault, dans son Mémoire *Sur la construction des miroirs en verre argenté*, donnait ce résultat sous une autre forme : il considérait le *pouvoir optique*, inverse de ce que nous avons appelé *pouvoir séparateur*.

1° *Oculaire d'Huyghens.*

Si nous supposons l'observateur doué d'une vue normale et accommodée sur l'infini, nous savons que l'image donnée par la lentille de champ doit se faire au milieu de l'intervalle qui sépare les deux lentilles de l'oculaire; et que, pour cela, il faut que l'objet, c'est-à-dire l'image réelle formée par l'objectif dans son plan focal principal, se place aux trois quarts de cette distance; soit à $\frac{f}{2}$ de la lentille de champ (132, 3°).

Soient donc (*fig.* 125) $L\Phi_2$ cette image, et $L'F'_1$ celle que

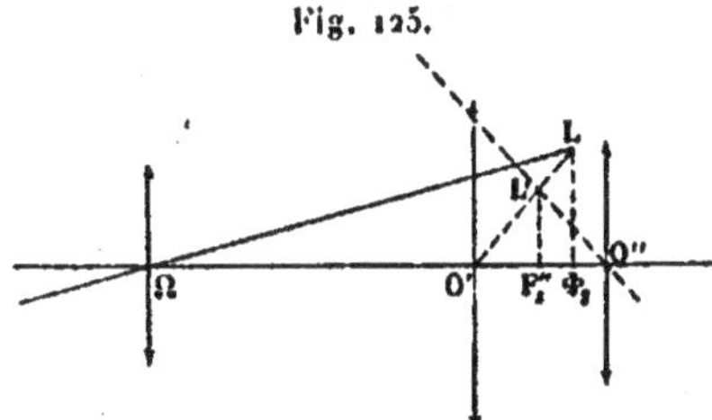

donne la lentille de champ. Le grossissement est

$$G_{II} = \frac{L'O'F'_1}{L\Omega\Phi_2} = \frac{L'F'_1}{L\Phi_2}\,\frac{\Omega\Phi_2}{O'F''_1};$$

ou comme, d'après ce qui précède,

$$\frac{L'F'_1}{L\Phi_2} = \frac{O'F'_1}{O'\Phi_2} = \frac{2}{3},$$

(89)
$$G_{II} = \frac{2}{3}\frac{\varphi}{f'};$$

il est donc les $\frac{2}{3}$ de celui que donnerait une lunette ayant le même objectif et, comme oculaire simple, la lentille de l'œil de l'oculaire d'Huyghens.

Le champ, défini par le centre optique de l'objectif et par le contour de la lentille de champ, est, en minutes,

$$\gamma'_{II} = 3438\,\frac{2y'}{\varphi - \dfrac{f'}{2}};$$

ou très sensiblement

$$\gamma'_{II} = 3438\,\frac{2y'}{\varphi};$$

ou encore, en admettant qu'on donne à y' la valeur maximum, et en nous rappelant que dans cet oculaire $f'' = \dfrac{f'}{3}$,

$$(g_1) \qquad \gamma_{\text{II}} = 3438\,\dfrac{f'}{2\varphi} = 3138\,\dfrac{3}{2}\,\dfrac{f'}{\varphi}\,;$$

c'est-à-dire qu'il est trois fois plus grand que dans une lunette ayant le même objectif et, comme oculaire simple, la lentille de l'œil.

Si nous introduisons le grossissement dans l'expression du champ,

$$(\text{90 } bis) \qquad \gamma_{\text{II}} = 3438\,\dfrac{1}{G_{\text{II}}}\,;$$

et comme, dans la lunette de Kepler,

$$(\text{86 } bis) \qquad \gamma' = 3438\,\dfrac{1}{2G}\,,$$

nous voyons que la lunette munie de l'oculaire d'Huyghens a un champ deux fois plus grand que la lunette à oculaire simple, de même grossissement.

Cet oculaire est le meilleur, mais il ne permet pas l'adaptation aux lunettes d'un réticule : car celui-ci doit être forcément disposé dans le plan où se forme l'image réelle, et par conséquent devrait être placé ici entre les deux lentilles de l'oculaire, où il ne pourrait pratiquement occuper qu'une position invariable : la mise au point de ce réticule ne serait donc pas possible.

2° *Oculaire de Ramsden.*

Dans toutes les lunettes à réticule, il faut avoir recours à l'oculaire de Ramsden, bien qu'il soit moins bon.

Nous savons que l'image réelle $L\Phi_2$ doit se faire à une distance $\dfrac{f'}{4}$ en avant de la première lentille (*fig.* 126), et que l'image intermédiaire $L'F'_1$ se fait alors à une distance $\dfrac{f'}{3}$ (132, 2°).

Le grossissement est

$$G_{\text{R}} = \dfrac{L'O'F'_1}{L\Omega\Phi_2} = \dfrac{L'F'_1}{L\Phi_2}\,\dfrac{\Omega\Phi_2}{O'F'_1}\,,$$

$$(91) \qquad G_{\text{R}} = \dfrac{4}{3}\,\dfrac{\varphi}{f'}\,,$$

c'est-à-dire les $\frac{4}{3}$ du grossissement d'une lunette ayant le même
objectif et, comme oculaire simple, une des deux lentilles semblables de l'oculaire de Ramsden.

Fig. 126.

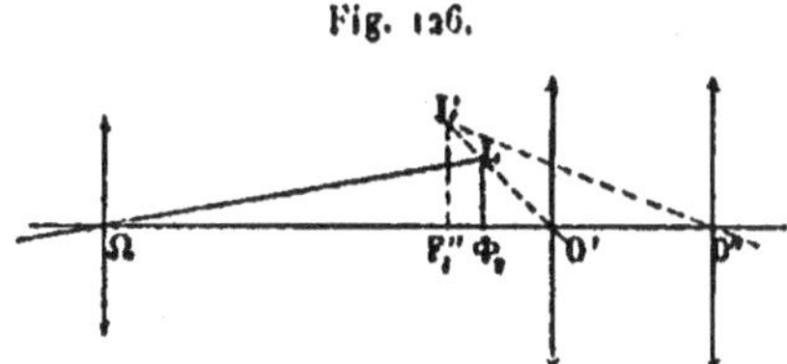

Le champ est

$$\gamma'_R = 3438 \frac{2y'}{\varphi + \frac{f'}{4}},$$

et très sensiblement

(92) $$\gamma'_R = 3438 \frac{2y'}{\varphi} = 3438 \frac{f'}{2\varphi};$$

c'est-à-dire que le champ serait le même que dans la lunette ayant
comme oculaire simple l'une des deux lentilles de l'oculaire composé.

Mais si nous introduisons la valeur du grossissement, comme
$f' = f''$ et que $\frac{f'}{\varphi} = \frac{4}{3} \frac{1}{G_R}$,

(92 *bis*) $$\gamma'_R = 3438 \frac{4}{3} \frac{1}{2 G_R};$$

et nous voyons ainsi que le champ est les $\frac{4}{3}$ de ce qu'il serait dans
une lunette à oculaire simple, de même grossissement.

Le réticule se place à poste fixe au foyer principal Φ_2; on le
met au point, en même temps que l'image, par déplacement de
l'oculaire. Le réticule se compose en principe de deux fils très fins,
rectangulaires : le point de croisement des fils définit, avec le
centre optique de l'objectif, l'axe optique de la lunette : si l'image
d'un point lumineux se fait sur ce point de croisement, c'est que
le point est sur l'axe optique. Mais alors cette image est masquée
par les fils : aussi remplace-t-on souvent chacun de ceux-ci par un
système de deux fils parallèles : le centre du réticule, définissant
l'axe optique, est ainsi le centre d'un petit espace vide, de forme
carrée, laissé libre par les fils.

— Il n'est pas inutile d'établir que, de façon générale, et quel que soit l'oculaire employé, les relations (84) et (88)

$$G = \frac{\varphi}{f} \qquad \text{et} \qquad \frac{z}{u} = \frac{1}{G}$$

subsistent, f étant la distance focale de l'oculaire, composé d'un nombre quelconque de lentilles.

Cet oculaire peut toujours être assimilé à une lentille épaisse

Fig. 127.

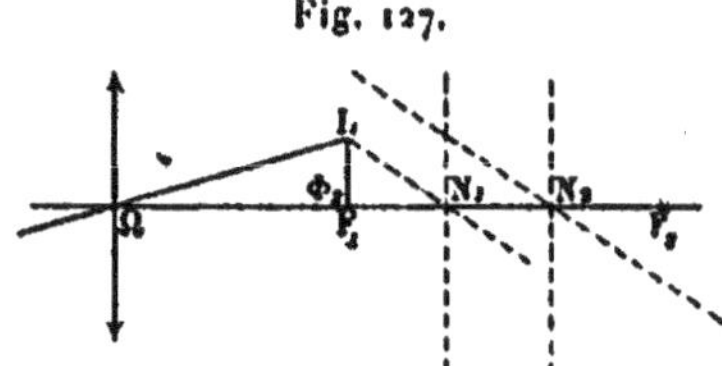

dont les points nodaux sont par exemple N_1 et N_2, les foyers principaux F_1 et F_2 (*fig.* 127).

L'image réelle donnée par l'oculaire doit se faire, toujours dans l'hypothèse d'un œil normal accommodé sur l'infini, au foyer d'incidence F_1, qui doit par conséquent coïncider avec Φ_2 : l'image définitive de L est rejetée à l'infini, sur l'axe secondaire formé de LN_1 et de la parallèle menée à cette droite par N_2.

Cette image définitive est vue sous un angle égal à LN_1F_1, et l'objet serait vu sous l'angle $L\Omega F_1$: donc

$$G = \frac{LN_1F_1}{L\Omega F_1} = \frac{\Omega F_1}{N_1F_1} = \frac{\varphi}{f}.$$

L'objectif est, du point N_1, à une distance

$$\varphi + f;$$

son image, par rapport à l'oculaire, est à une distance x du point nodal N_2, et

$$\frac{1}{\varphi + f} - \frac{1}{x} = \frac{1}{f},$$

$$x = - \frac{f(\varphi + f)}{\varphi};$$

le rayon d'ouverture de cette image est donné par

$$\frac{z}{u} = \frac{x}{\varphi + f}.$$

c'est-à-dire, en ne considérant toujours que la valeur absolue,

$$\frac{s}{u} = \frac{f}{\varphi} = \frac{1}{G}.$$

La méthode du dynamètre de Ramsden pour la mesure du grossissement est donc directement applicable aux lunettes munies
d'un oculaire quelconque, pourvu que cet oculaire soit convergent. Elle exige seulement, en effet, que l'image de l'objectif par
rapport à l'oculaire soit réelle.

156. Limites des grossissements. — On peut faire varier dans
des limites très étendues, par les valeurs relatives de φ et de f, le
grossissement des lunettes; et, par exemple, en associant successivement à un même objectif différents oculaires, — les grands
instruments en ont jusqu'à quinze ou vingt —, donner au grossissement, dans un même instrument, diverses valeurs.

Mais, d'une part, si l'on veut que toute la lumière soit utilisée,
il ne faut pas que le cercle oculaire soit plus grand que la pupille;
ce qui impose au grossissement une valeur minimum, et à f, si φ est
donné, une valeur maximum.

La question du pouvoir séparateur fixerait même, pour cette
distance focale f de l'oculaire, un maximum absolu.

Supposons que l'objectif d'une lunette ait un diamètre suffisant
pour dédoubler deux étoiles dont la distance angulaire, évaluée en
secondes, est ε. Pour que l'œil perçoive distinctement les images
de ces étoiles, qui se forment, dans le plan focal de l'objectif, à la
distance $\varepsilon\varphi$, il faut que les axes secondaires de ces images par rapport à l'oculaire fassent entre eux un angle minimum de $1'$ (114) :
or l'angle de ces axes secondaires est εG : il faut donc, pour que
l'oculaire ne diminue pas le pouvoir séparateur réel de la lunette,
que

$$\varepsilon G > 60,$$

et nous avons vu (154) que

$$\varepsilon = \frac{6,5}{u}.$$

Il faut donc que

$$\frac{6,5}{u}\frac{\varphi}{f} > 60.$$

Nous avons vu également que, dans les lunettes astronomiques, on donnait à $\frac{\varphi}{u}$ une valeur comprise entre 10 et 30. Même en adoptant la valeur la plus grande, la condition précédente impose, comme valeur maximum de f, $3^{cm},25$ ([1]).

Quant à la valeur minimum, elle est fixée par les aberrations ; on ne peut construire de bons oculaires dont la distance focale soit inférieure à 6^{mm}.

D'autre part, on ne peut augmenter indéfiniment la distance focale de l'objectif, sous peine d'arriver à des instruments qui ne soient pas maniables : les plus grandes lunettes actuellement en service (1899) sont celle de l'observatoire Yorkes, à Chicago ($\varphi = 18^m,30$; $2u = 1^m$), et le grand équatorial coudé, de l'Observatoire de Paris ($\varphi = 16,02$; $2u = 0^m,68$).

En ce qui concerne l'instrument que l'on construit pour l'Exposition universelle de Paris, en 1900, des dispositions toutes spéciales ont été adoptées : la distance focale de l'objectif est de 60^m pour un diamètre de $1^m,25$; cette lunette ne sera pas mobile : un sidérostat sera chargé de maintenir l'image de l'astre au foyer principal de l'objectif.

157. Lunettes-viseurs. Parallaxe. — À la lunette astronomique se rattachent immédiatement les lunettes employées comme viseurs dans un grand nombre d'appareils de mesure.

Ce sont, de façon générale, des lunettes à réticule, et par conséquent elles sont munies d'oculaires positifs. Tantôt, comme dans le spectroscope et le goniomètre, elles sont associées à un collimateur, dans lequel un réticule — ou une fente — est placé au foyer principal d'un objectif qui en donne une image rejetée à l'infini ; par conséquent la lunette, comme la lunette astronomique, ne sert à viser qu'un objet infiniment éloigné : de sorte que l'image réelle s'y formant toujours au foyer principal de l'objectif, l'oculaire n'a besoin de subir que les faibles déplacements nécessaires à la mise au point de cette image d'après la vue de l'observateur. Tantôt, au contraire, comme dans le cathétomètre, l'objet visé est à une distance variable, qui généralement n'est pas très grande par rapport à la distance focale principale de l'objectif : l'image réelle occupe

---

([1]) BAILLAUD, *loc. cit.*

donc, par rapport à cet objectif, des positions qui peuvent varier beaucoup; et il faudrait, pour les nécessités de la mise au point, donner à la lunette un tirage considérable. On y obvie souvent en munissant l'instrument d'un certain nombre d'objectifs de distances focales différentes, qu'on substitue les uns aux autres d'après la distance où se trouve l'objet, de manière que l'image réelle se fasse toujours dans un intervalle assez restreint.

Le point de croisement des fils du réticule détermine, avec le centre optique de l'objectif, l'axe optique de l'instrument. Il est souvent monté sur un cercle indépendant, relié à la monture de la lunette par des vis sur lesquelles on peut agir pour donner à l'axe optique, par de petits déplacements, la direction nécessaire : pour le rendre, par exemple, parallèle au limbe divisé dans le goniomètre, ou pour l'amener, dans le cathétomètre, à se confondre avec l'axe géométrique; pour ce réglage, l'axe optique pivote autour du centre optique de l'objectif.

Dans d'autres cas, le réticule peut, au moyen d'une vis micrométrique, recevoir de petits déplacements rectilignes, exactement connus, dans un plan perpendiculaire à l'axe principal de la lunette (*Oculaires micrométriques*, 133). Cette disposition est utilisée, par exemple, pour le cathétomètre à deux lunettes.

Les opérations faites au moyen des instruments à lunettes-viseurs, et en particulier, par exemple, les pointés faits au moyen des oculaires à micromètre, exigent qu'on amène l'image d'un point lumineux à se former rigoureusement sur le point de croisement des fils du réticule; l'œil étant placé sur l'axe optique, il y aura coïncidence apparente toutes les fois que l'image se fera sur cet axe, même si elle n'est pas exactement dans le plan du réticule : il y aura dans ce cas ce que l'on appelle une erreur de *parallaxe*. Pour voir si l'image est exactement au point de croisement ou si elle se projette seulement sur ce point, il faut donner à l'œil de petits déplacements latéraux par rapport à sa position normale : on l'amène ainsi à voir l'axe optique sous une certaine obliquité; et si la coïncidence n'est pas complète, on verra l'image quitter le point de croisement des fils et se déplacer en même temps que l'œil.

158. Lunette terrestre. -- Dans tous les instruments qui précèdent, le renversement de l'image par rapport à l'objet n'offre aucun inconvénient; il n'en est pas de même pour la lunette terrestre; on a donc dû, dans celle-ci, introduire un système redresseur, qu'on appelle un *véhicule* : il est, en général, formé d'une ou de deux lentilles convergentes.

1° S'il est réduit à une seule, celle-ci devra être placée en arrière de l'image réelle, à une distance supérieure à sa distance focale principale; elle donnera naissance alors à une nouvelle image, également réelle, mais renversée par rapport à la première, et par conséquent droite par rapport à l'objet (*fig.* 128).

Fig. 128.

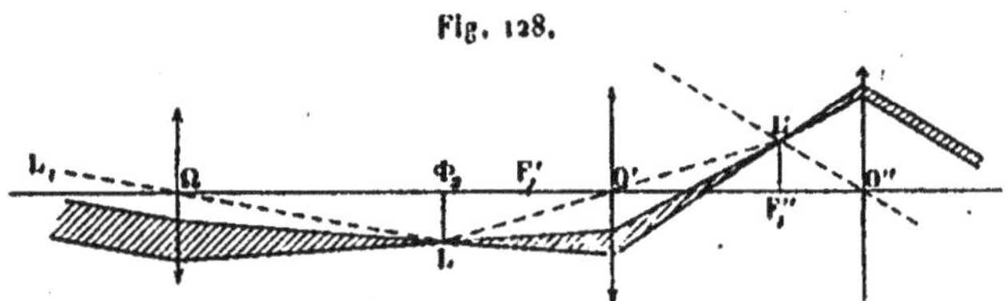

L'instrument sera donc allongé de tout l'intervalle des deux images réelles, et cet intervalle est au moins égal à quatre fois la distance focale, f' par exemple, de la lentille additionnelle; pour lui donner cette valeur minimum, on place la lentille O′ servant de véhicule à une distance $2f'$ du foyer principal d'émergence Φ_2 de l'objectif : les objets visés étant toujours très éloignés, c'est en ce foyer Φ_2 que se forme la première image réelle, soit L.Φ_2 : la lentille O′ en donne une image renversée et égale, qui, si l'observateur est doué d'une vue normale accommodée sur l'infini, doit se faire au foyer principal d'incidence de l'oculaire O″, suivant L.′F″₁ ; l'image virtuelle définitive, droite par rapport à l'objet, est rejetée à l'infini.

Dans la *fig.* 128 nous avons tracé la marche, à travers l'instrument ainsi réglé, d'un pinceau lumineux venant du point L₁ de l'objet; formé à l'incidence de rayons sensiblement parallèles à l'axe secondaire ΩL₁, le pinceau converge d'abord en L, puis diverge, rencontre le véhicule, qui lui fait former un nouveau point de concours en L′, et sort enfin de l'oculaire parallèlement à l'axe secondaire O″L′.

2° Si, au lieu d'une lentille unique, nous en employons deux, de

même distance focale f', placées l'une derrière l'autre, nous pouvons diminuer l'allongement de moitié, et le ramener à $2f'$
(*fig.* 129).

Nous ferons coïncider le foyer d'incidence F'_1 de la première,
avec l'image réelle, au foyer d'émergence Φ_2 de l'objectif : cette

Fig. 129.

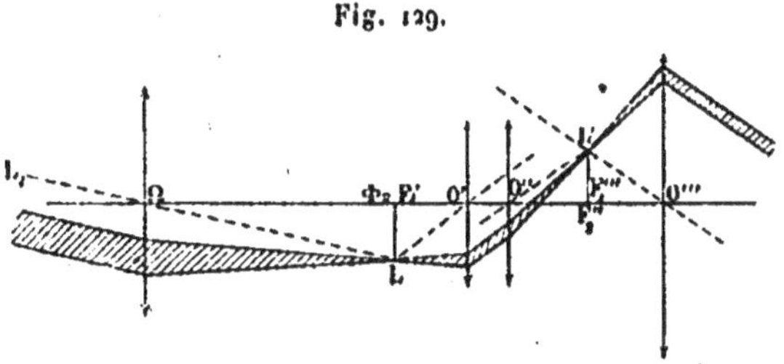

première lentille rend parallèles entre eux les rayons lumineux,
dont le point d'émission est dans son plan focal principal d'incidence : ils rencontrent alors la seconde, qui les fait converger
dans son plan focal principal d'émergence F'_2. Le système nous
fournit ainsi, comme la lentille unique de la première disposition, une image réelle, égale et renversée, $L'F'_2$ de LF'_1 ; mais la
distance des deux images n'est plus, si nous négligeons l'écartement des deux lentilles, que $2f'$ au lieu de $4f'$. Si l'on fait coïncider avec F'_2 le foyer d'incidence F''_1 de l'oculaire, l'image définitive est rejetée à l'infini.

On a renoncé à cette disposition, qui donnait des réfractions
trop brusques, et l'on emploie généralement la suivante :

3° Le véhicule est encore formé de deux lentilles (*fig.* 130);
la première O' est derrière l'image réelle $L\Phi_2$, à une distance
moindre que sa distance focale principale $O'F'_1$; elle donne une
image virtuelle droite $L'P'$ qui, rejetée en avant, se trouve, par
rapport à la seconde lentille, à une distance supérieure au double
de la distance focale principale $O''F'_1$: la seconde lentille fournit
alors, un peu au delà de son foyer, une image réelle et renversée
que l'on observe avec un oculaire d'Huyghens, et qui, par conséquent, pour que l'image définitive soit rejetée à l'infini, doit se
faire aux trois quarts de l'intervalle $O'''O^{iv}$ des deux lentilles de cet
oculaire : en $L''F_1$, F_1 étant le foyer d'incidence de l'oculaire ; la
lentille de champ lui substitue une image, encore droite et réelle,

L'''F'', au foyer principal d'incidence de la lentille de l'œil. L'allongement de la lunette peut n'être pas beaucoup plus grand qu'avec la disposition précédente, et les images sont meilleures.

Fig. 13o.

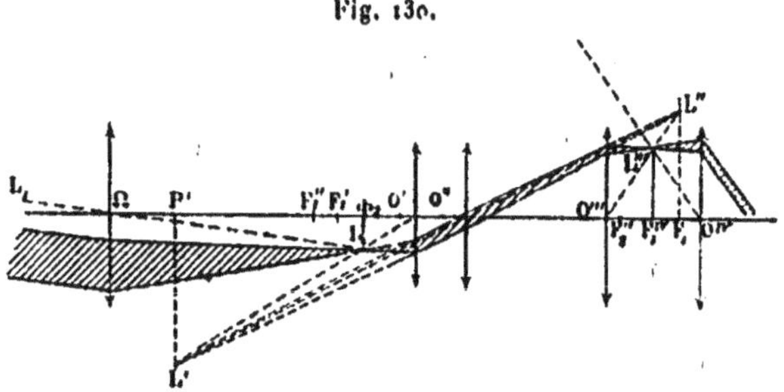

4° On peut enfin, pour constituer le système redresseur, employer des prismes à réflexion totale. Le *prisme de Porro,* formé de deux prismes rectangles isocèles dont les sections principales sont croisées à angle droit, suffit à redresser complètement les images.

Laissée de côté pendant près de cinquante ans, cette méthode est maintenant très en faveur : l'emploi des prismes à réflexion totale, associés en jeux de dispositions diverses, permet d'ailleurs, en même temps qu'on redresse les images, de construire des lunettes terrestres assez courtes, en faisant suivre aux rayons des chemins sinueux qui représentent un parcours total considérable dans un espace restreint, ou des lunettes binoculaires dans lesquelles l'écartement des objectifs est plus grand que celui des oculaires, forcément égal à celui des yeux.

LUNETTE DE GALILÉE.

La lunette de Galilée se distingue des précédentes par l'emploi d'un oculaire divergent, qui permet d'avoir directement des images droites avec un instrument assez court.

159. Marche des rayons. — Un objectif convergent Ω (*fig.* 131) donne des objets, dont la distance est toujours très grande, une image réelle renversée LP qui se forme un peu en arrière de son foyer principal d'émergence Φ_2, très sensiblement sur ce foyer même. Un oculaire divergent O intercepte les rayons lumineux : placé, à une distance un peu supérieure à sa distance focale principale OF_1, en avant de l'image réelle, il en donne une image

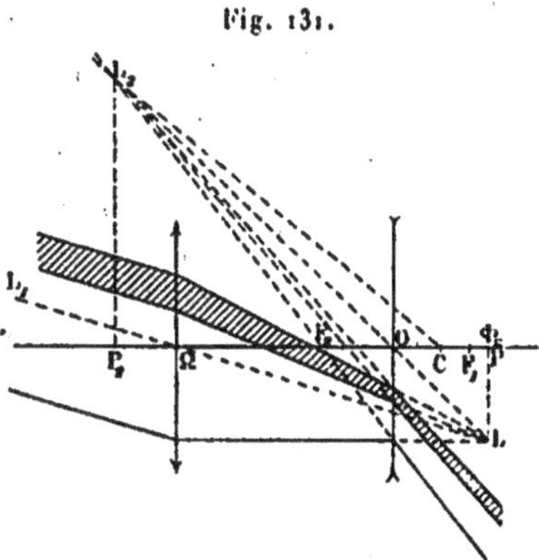

Fig. 131.

renversée (et par conséquent droite par rapport à l'objet), virtuelle et agrandie. Un rayon lumineux se propageant parallèlement à l'axe entre les deux lentilles, et se dirigeant sur le point L_1 est dévié suivant une direction qui passe par F_2; il rencontre l'axe secondaire OL en un point qui est l'image L_2.

Un pinceau lumineux venant du point L_1 de l'objet, et formé de rayons sensiblement parallèles à l'axe secondaire ΩL_1, est transformé par l'objectif en un cône de sommet L_1 et par l'oculaire en un cône divergent de sommet L_2.

100. Mise au point. — L'image réelle occupe, en Φ_2, une position fixe, un peu en arrière du foyer d'incidence F_1, si nous supposons que l'image définitive doive se faire à distance finie; en enfonçant l'oculaire, nous augmentons l'écartement $F_1\Phi_2$: le foyer d'incidence F_1 s'éloigne donc de l'image réelle, et par suite l'image définitive se rapproche; elle s'éloigne au contraire si, en tirant l'oculaire, nous diminuons l'intervalle $F_1\Phi_2$.

D'ailleurs, la distance de l'image réelle à l'oculaire est, de façon générale,

$$e + \varphi_2 = c - \varphi;$$

l'image définitive doit se faire à une distance D de l'œil, et par conséquent sa distance à l'oculaire doit être

$$D - z,$$

z désignant la valeur numérique de l'écart entre le centre optique de l'oculaire et celui de l'œil; l'équation de mise au point est donc

$$(93) \qquad \frac{1}{e - \varphi} - \frac{1}{D - z} = \frac{1}{f}.$$

La distance focale f est ici négative; si nous désignons par (f) sa valeur numérique, l'équation peut s'écrire

$$(93 \; bis) \qquad \frac{1}{\varphi - e} + \frac{1}{D - z} = \frac{1}{(f)},$$

où tous les termes sont positifs.

Le second membre ayant une valeur constante, il faut que les deux termes du premier présentent des variations égales et contraires; donc, si D augmente, il faut que $\varphi - e$ diminue et par suite que e augmente.

Donc e, qui représente la distance de l'oculaire à l'objectif, doit varier dans le même sens que D, c'est-à-dire que, si la mise au point a été faite pour un myope, un presbyte devra allonger l'instrument, en tirant l'oculaire; et inversement.

Pour un œil normal, accommodé sur l'infini, il faudra faire coïncider Φ_2 et F_1; e prend alors sa valeur maximum $\varphi + f$ [1].

161. Grossissement. — Le grossissement est toujours le rapport des diamètres apparents de l'image et de l'objet; et nous n'avons besoin d'en considérer que la valeur absolue.

Si nous supposons l'image définitive rejetée à l'infini, son diamètre apparent $L_2 OP_2 = LO\Phi_2$ est égal à

$$\frac{L\Phi_2}{OF_1},$$

puisque alors F_1 coïncide avec Φ_2, et que, D étant infini, nous n'avons évidemment pas à tenir compte de z.

---

[1] Si l'on augmentait l'écartement au delà de cette limite, l'image deviendrait réelle; cette disposition a été utilisée dans les « téléobjectifs » pour la photographie des objets éloignés.

Le diamètre apparent de l'objet est

$$L\Omega\Phi_2 = \frac{L\Phi_2}{\Omega\Phi_2}.$$

Donc

(94)
$$G = \frac{\Omega\Phi_2}{OF_1} = \frac{\varphi}{(f)}.$$

— Si nous supposons que D soit fini et que nous tenions compte de α, le diamètre apparent de l'image est, en désignant par C la position du centre optique de l'œil,

$$L_2 CP_2 = L_2 OP_2 \frac{D-\alpha}{D},$$
$$= L O\Phi_2 \frac{D-\alpha}{D},$$
$$= \frac{L\Phi_2}{O\Phi_2} \frac{D-\alpha}{D}.$$

Le grossissement est donc

$$G = \frac{D-\alpha}{D} \frac{\Omega\Phi_2}{O\Phi_2} = \frac{D-\alpha}{D} \frac{\varphi}{\varphi - e},$$

et comme, d'après l'équation des foyers conjugués (93 *bis*),

$$\frac{1}{\varphi - e} = \frac{D-\alpha-(f)}{(f)(D-\alpha)},$$

(94 *bis*)
$$G = \frac{\varphi}{(f)} \frac{D-\alpha-(f)}{D} (^1).$$

(^{1}) Nous nous sommes bornés, ici comme à propos de la lunette astronomique, à considérer la valeur absolue du grossissement, parce qu'en somme elle est seule intéressante; mais il serait aussi facile d'obtenir la valeur algébrique, et cela de façon générale. Dans un système composé d'un objectif et d'un oculaire, le diamètre apparent de l'image est, en gardant nos notations habituelles et en supposant distincts les centres optiques de l'œil et de l'oculaire,

$$\frac{D-\alpha}{D} \frac{h_2}{p_2},$$

et celui de l'objet est

$$\frac{h_1}{p_1}.$$

Le grossissement, défini par le quotient de ces angles, est donc

$$G = \frac{D-\alpha}{D} \frac{h_2}{p_2} \frac{p_1}{h_1};$$

162. Cercle oculaire. — La distance x du cercle oculaire à l'oculaire O' est donnée par

$$\frac{1}{e} - \frac{1}{x} = \frac{1}{f},$$

$$x = \frac{ef}{f - e},$$

et son diamètre par

$$z = u\,\frac{x}{e}$$

ou, comme $e = \varphi + f$,

$$(95) \qquad x = -f\,\frac{e}{\varphi} = (f)\,\frac{e}{\varphi},$$

$$(96) \qquad \frac{z}{u} = -\frac{f}{\varphi} = \frac{(f)}{\varphi} = \frac{1}{G};$$

f étant négatif, et φ positif, on voit que x est positif et que par suite le cercle oculaire est virtuel.

La relation qui unit toujours à la valeur du grossissement le diamètre de ce cercle ne peut donc plus être utilisée pour la mesure expérimentale du grossissement.

163. Mesure expérimentale du grossissement. — On emploiera la méthode qui consiste à observer une mire assez éloignée, à travers l'instrument avec un œil, et directement avec l'autre. Le grossissement est donné par le nombre des divisions de la plus

---

mais, par rapport à l'oculaire,

$$\frac{h_2}{p_2} = \frac{h}{p + e};$$

et par rapport à l'objectif,

$$\frac{h_1}{p_1} = \frac{h}{p}.$$

Donc

$$G = \frac{D - \alpha}{D}\,\frac{p}{p + e}.$$

Pour $p_1 = \infty$, nous avons $p_2 = -\varphi$, et par suite

$$G = -\frac{D - \alpha}{D}\,\frac{\varphi}{e - \varphi},$$

se réduisant, si $D = \infty$, à

$$G = -\frac{\varphi}{f};$$

quantité négative dans les lunettes à oculaire convergent, et positive dans les lunettes à oculaire divergent.

petite image qui sont comprises dans une division de la plus grande.

Le grossissement est toujours assez faible : il ne dépasse jamais 10, et cette valeur est très rarement atteinte.

On accouple en général, sous le nom de *jumelles*, deux lunettes de Galilée ; la classification des divers types commerciaux est uniquement fondée sur la valeur du grossissement : les moins puissantes sont les *jumelles de théâtre;* puis viennent les *jumelles marine*, et enfin les *jumelles de campagne.*

104. Champ. Clarté. — Le champ est toujours la portion de l'espace où doit être compris un point lumineux pour que la lunette en donne une image perçue par l'œil de l'observateur.

Il est ici assez malaisé à définir. L'oculaire est de dimensions très supérieures à celles de la pupille, et le système des rayons émergents forme un cône divergent, dont une partie seulement pénètre dans la pupille.

Il en résulte tout d'abord que le champ variera quand l'œil se déplacera devant l'oculaire.

Admettons qu'on suppose le centre optique de l'œil maintenu dans une position fixe sur l'axe de la lunette ; même dans ce cas le problème n'a plus la simplicité qu'il présentait pour les instruments précédents, où l'œil recevait la totalité du faisceau émergent, et où, par suite, les pinceaux provenant des divers points de l'objet étaient tous intégralement, et de même façon, reçus par la pupille.

Ici les portions émergentes de ces divers pinceaux ont toujours pour section commune le cercle oculaire ; comme nous supposerons l'œil de l'observateur normal et accommodé pour l'infini, elles sont isolément cylindriques : mais le grossissement n'étant pas considérable et par suite z étant assez grand, elles ont une section supérieure à celle de la pupille ; quand elles arrivent à l'œil, qui est relativement assez éloigné du cercle oculaire, elles divergent déjà depuis un certain temps, et sont plus ou moins séparées les unes des autres. Par suite, les unes couvrent la surface tout entière de la pupille ; d'autres, plus obliques, ne l'intéressent que partiellement ; les autres, enfin, n'y sont pas reçues du tout.

1° Nous appellerons *champ de plein éclairement* la portion

de l'espace où doit être compris un point lumineux pour que le pinceau de rayons qui, partant de ce point, traverse l'instrument, couvre entièrement la surface de la pupille.

Tous les points du champ de plein éclairement envoient ainsi à l'œil une égale quantité de lumière, et donnent des images dont l'éclairement est maximum.

Figurons la marche, dans le plan du Tableau, du pinceau lumineux correspondant à un point L_1 situé sur la limite du champ de plein éclairement : la portion émergente de ce pinceau est tangente, intérieurement, au bord de la pupille (*fig.* 132). Soient

Fig. 132.

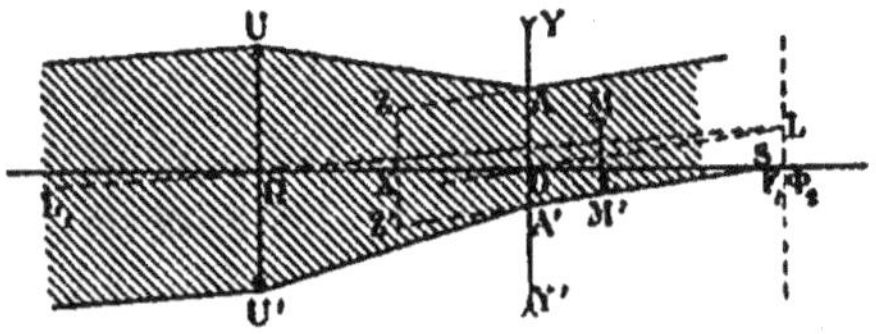

ZZ' le cercle oculaire, MM' la pupille, coupant respectivement en X et en C l'axe principal : la portion émergente du pinceau considéré est un cylindre ayant pour base ZZ' et admettant comme génératrice Z'M' : elle a, comme axe secondaire à l'émergence, une parallèle menée par O à Z'M' et rencontrant en L le plan focal principal de l'objectif ; elle coupe l'oculaire suivant AA'. La portion transverse de ce faisceau est limitée par les rayons UA, U'A' ; il reste à tracer la portion incidente. Or L est l'image réelle donnée par l'objectif d'un point L_1 de l'objet ; elle doit se trouver à la fois sur l'axe secondaire par rapport à l'oculaire et sur l'axe secondaire par rapport à l'objectif : ce dernier axe secondaire est donc ΩL, et la portion incidente du pinceau est un cylindre dont l'axe est ΩL.

Le demi-angle de champ, $\frac{1}{2}\gamma$, est l'angle opposé par le sommet à $L\Omega\Phi_2$.

$$\tfrac{1}{2}\gamma = L\Omega\Phi_2 = \mathrm{LO}\Phi_2 \frac{O\Phi_2}{\Omega\Phi_2} = \mathrm{LO}\,\Phi_2 \frac{(f)}{\varphi},$$

puisque F_1 et Φ_2 sont en coïncidence.

Soit S le point où Z'M' rencontre l'axe principal : les angles

Z'SX et LOΦ_2 sont égaux, comme alternes-internes

$$Z'SX = \frac{Z'X}{XS} = \frac{M'C}{CS} = \frac{Z'X - M'C}{XC}.$$

Z'X est le rayon z du cercle oculaire, M'C le rayon ρ de la pupille, XC est $x + \alpha$, en appelant x la distance du cercle oculaire à l'oculaire, et α la valeur numérique de l'écart entre l'oculaire et l'œil. Nous avons donc en somme

$$\gamma = 2\,LO\Phi_2\frac{(f)}{\varphi} = 2\frac{(f)}{\varphi}\frac{z - \rho}{x + z};$$

et comme nous avons trouvé (162), que

$$(95) \qquad\qquad x = (f)\frac{e}{\varphi},$$

$$(96) \qquad\qquad z = u\frac{(f)}{\varphi},$$

il vient

$$(97) \qquad\qquad \gamma = 2\frac{(f)}{\varphi}\frac{u(f) - \rho\varphi}{e(f) + \alpha\varphi};$$

expression où nous pouvons mettre en évidence le grossissement, en substituant G à $\frac{\varphi}{(f)}$. Nous avons alors

$$(97\ bis) \qquad\qquad \gamma = \frac{2}{G}\frac{u - \rho G}{e + \alpha G}.$$

2° Nous appellerons *champ maximum* la portion de l'espace où doit être compris un point lumineux pour que le pinceau émané de ce point affecte, si peu que ce soit, la pupille : il suffit pour cela qu'il fasse pénétrer dans l'œil un seul rayon; par suite, pour un point lumineux situé à la limite du champ maximum, le cylindre des rayons émergents sera tangent extérieurement à la pupille (*fig.* 133); pour un des points limites situés dans le plan du tableau, le cylindre émergent admettra comme génératrice Z'M : son axe secondaire sera la parallèle OL à Z'M, et l'axe secondaire du pinceau incident sera ΩL.

Le champ maximum, soit γ_m, sera donné par

$$\tfrac{1}{2}\gamma_m = L\Omega\Phi_2 = \frac{(f)}{\varphi}\,LO\,\Phi_2.$$

Si T est le point où Z'M coupe l'axe principal, les angles $LO\Phi_2$

Fig. 133.

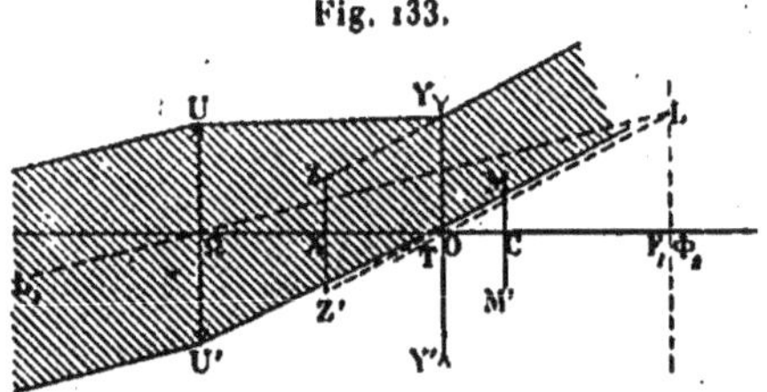

et MTC sont égaux, et comme

$$MTC = \frac{MC}{CT} = \frac{Z'X}{XT} = \frac{MC + Z'X}{CX},$$

$$\gamma_m = 2\,\frac{(f)}{\varphi}\,\frac{a + \rho}{x + \alpha},$$

$$(98)\qquad\qquad \gamma_m = 2\,\frac{(f)}{\varphi}\,\frac{u(f) + \rho\varphi}{e(f) + \alpha\varphi},$$

ou, mettant G en évidence,

$$(98\ bis)\qquad\qquad \gamma_m = \frac{2}{G}\,\frac{u + \rho G}{e + \alpha G}.$$

3° On considère enfin quelquefois le *champ moyen*, défini par la moyenne des deux précédents : si nous le désignons par γ_1 par exemple,

$$(99)\qquad\qquad \gamma_1 = \tfrac{1}{2}(\gamma + \gamma_m) = \frac{2u}{G(e + \alpha G)},$$

expression qui prend, si l'on néglige α, la forme simple

$$(99\ bis)\qquad\qquad \gamma_1 = \frac{2u}{Ge}.$$

Mais en réalité, αG n'est pas du tout négligeable par rapport à e, et ce champ moyen ne présente pas grand intérêt.

— Nous venons de voir que le faisceau émergent n'était jamais, dans la lunette de Galilée, entièrement reçu par la pupille ; nous

en concluons, nous reportant à la discussion que nous avons faite
à propos de la lunette astronomique (153), que la *clarté* est ici
toujours égale à l'unité, car nous ne nous servons de la lunette
de Galilée que pour observer des objets ayant un diamètre apparent.

TÉLESCOPES.

Dans les télescopes, l'objectif réfringent des lunettes est remplacé par un miroir concave.

L'image réelle donnée par ce miroir est examinée à travers un
oculaire : par des dispositions diverses, on dévie les rayons lumineux, après la réflexion, de façon à rejeter l'image réelle et l'oculaire en dehors du faisceau des rayons incidents, pour laisser
à ceux-ci libre passage.

165. Télescope d'Herschel. — La disposition la plus simple est
celle du *télescope d'Herschel :* le miroir était monté à l'extrémité
d'un long tube cylindrique : l'axe du miroir faisait avec celui du
tube un angle tel que l'image réelle d'un astre placé sur ce dernier axe vînt se former, à l'orifice du tube, au voisinage immédiat
de la paroi : l'observateur, examinant cette image, n'interceptait
ainsi qu'une très faible portion du faisceau lumineux incident,
pourvu que l'ouverture de l'appareil fût considérable : elle était
de $1^m,83$ dans le télescope de Lord Ross.

166. Télescope de Newton. — Le miroir concave est centré sur
le tube; un petit miroir plan, interposé entre le sommet et le
foyer principal, dévie à $90°$ les rayons réfléchis : l'image réelle
vient se faire ainsi dans un plan parallèle à l'axe de l'appareil; elle
est examinée au moyen d'un oculaire disposé dans la paroi.

Soient S, C et Φ le sommet, le centre et le foyer principal du
miroir concave, dont la distance focale est φ (*fig.* 134).

Un pinceau lumineux venant d'un point L_1 de l'objet, et formé
de rayons parallèles à l'axe secondaire $L_1 C$, tend à converger en
un point L du plan focal principal : à l'image $L\Phi$, le miroir plan M
substitue $L'\Phi'$: l'oculaire O donne enfin l'image définitive $L_2 P_2$,
virtuelle et renversée par rapport à l'objet : la mise au point s'ef-

fectue en approchant ou éloignant l'oculaire de l'image L'Φ', qui
est dans une position invariable.

Pour un observateur doué d'une vue normale accommodée sur
l'infini, le foyer principal d'incidence F_1 de l'oculaire devra coïn-

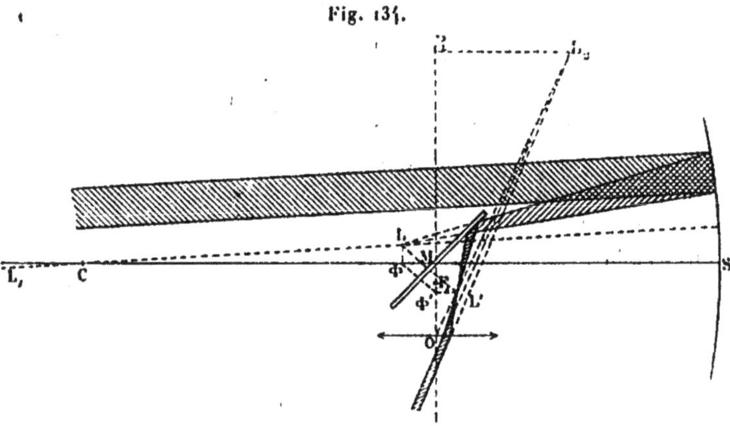

Fig. 134.

cider avec Φ', image, dans le miroir plan, du foyer principal Φ du
miroir concave.

Le grossissement, défini par le rapport des diamètres apparents
de l'image et de l'objet, est donné, dans ce cas, par

$$(100) \qquad G = \frac{L'OF_1}{LCΦ} = \frac{CΦ}{OF_1},$$

soit, en valeur absolue,

$$G = \frac{φ}{f}.$$

Si l'image doit se faire à une distance finie D de l'œil, et que
l'écart entre le centre optique de l'œil et celui de l'oculaire soit α
en valeur numérique, on trouvera, comme pour les lunettes,

$$(100 \ bis) \qquad G = \frac{D - α + f}{D} \frac{φ}{f},$$

valeur qui ne diffère pas sensiblement de la précédente, $α - f$
étant extrêmement petit par rapport à D.

On arrête, au moyen d'un diaphragme, les faisceaux lumineux
qui ne seraient reçus qu'en partie par l'oculaire : ce diaphragme

doit évidemment être placé dans le plan où se forme l'image réelle, c'est-à-dire dans le plan symétrique, par rapport au miroir M, du plan focal principal du miroir concave.

Nous admettrons que tous les pinceaux utiles sont entièrement reçus par le miroir plan; celui-ci, placé au voisinage immédiat du foyer Φ, n'a besoin de présenter, pour que cette condition soit remplie, qu'une surface extrêmement réduite.

Le rayon limitant, dans le plan du tableau, le faisceau le plus oblique qui puisse être entièrement reçu par l'oculaire, rencontre (*fig.* 135) le miroir concave à son bord inférieur, U' par exemple,

Fig. 135.

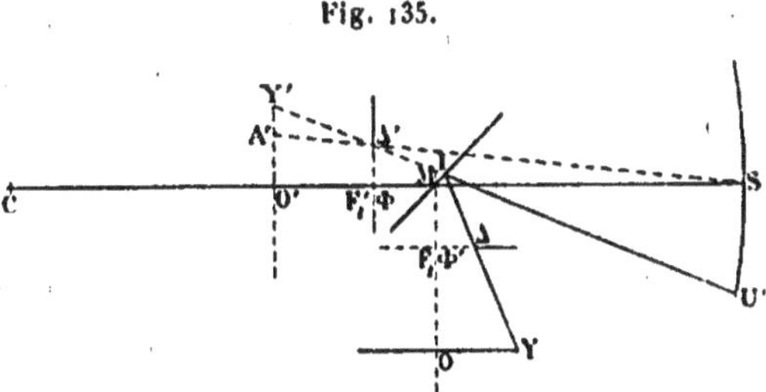

et l'oculaire au bord opposé Y, après s'être réfléchi en I sur la glace de renvoi.

Considérons les images, que donne ce miroir plan, de l'oculaire et de son plan focal principal, celui-ci étant supposé confondu avec le plan de l'image réelle. Soient Y' l'image du bord supérieur de l'oculaire, F'₁ l'image du foyer F₁, celle-ci confondue avec Φ. Le rayon limite est U'Y'; soit Δ' le point où il coupe le plan focal; ΦΔ' est l'image du diaphragme, ou du moins de son rayon d'ouverture; nous la désignerons par δ'.

Joignons Δ'S; cette droite rencontre en A' l'image de l'oculaire; les similitudes de triangles nous donnent

$$\delta' = O'A' \frac{S\Phi}{SO'},$$

$$O'A' = y' - Y'A' = y' - u\frac{O'\Phi}{S\Phi},$$

d'où

$$\delta' = \frac{\varphi}{\varphi + f}\left(y' - u\frac{f}{\varphi}\right),$$

et comme $\delta = \delta'$ et $y = y'$,

$$\delta = \frac{\varphi}{\varphi + f}\left(y - u\frac{f}{\varphi}\right),$$

(101)
$$= y\frac{\varphi}{\varphi + f} - u\frac{f}{\varphi + f}.$$

Bien que u soit très supérieur à y, comme le rapport $\frac{\varphi}{f}$ est plus grand que le rapport $\frac{u}{y}$, le premier terme du second membre l'emporte sur le second.

Le cône de champ a pour sommet le centre optique du miroir concave, et, comme section droite, l'image du diaphragme par rapport au miroir plan : l'angle au sommet est donc $\frac{\delta}{\varphi}$, et l'angle de champ

$$\gamma = \frac{2\delta}{\varphi} = 2\frac{y}{\varphi + f} - 2u\frac{f}{\varphi(\varphi + f)},$$

valeur qui se réduit sensiblement à

$$\frac{2y}{\varphi + f}$$

et même à

$$\frac{2y}{\varphi};$$

ou, en supposant qu'on donne à l'oculaire l'ouverture maximum $y = \frac{f}{4}$,

(102)
$$\gamma = \frac{f}{2\varphi} = \frac{1}{2G}.$$

Le grossissement et le champ ont donc les mêmes valeurs que dans une lunette astronomique ayant le même oculaire et, pour objectif, une lentille de même distance focale que le miroir concave (148 et 150).

L'avantage que l'on recherchait surtout, au début, en substituant, comme objectif, un miroir sphérique à une lentille, c'était la suppression de l'aberration chromatique; mais l'aberration sphérique restait et limitait l'ouverture du miroir.

Or, à ouverture égale, le télescope de Newton, où les miroirs étaient métalliques, donnait des images beaucoup moins lumineuses que la lunette astronomique. D'après Bouguer, le pouvoir réflecteur du métal des miroirs est $= \frac{3}{4}$: on peut considérer d'autre part qu'une lentille laisse passer les $\frac{9}{10}$ de la lumière qu'elle reçoit.

Dans le télescope de Newton, le miroir concave réfléchit les $\frac{3}{4}$ de la lumière incidente; le miroir plan renvoie $\frac{3}{4} \frac{3}{4} = \frac{9}{16}$; l'oculaire laisse enfin passer

$$\frac{9}{10} \frac{9}{16} = \frac{81}{160},$$

ou sensiblement $\frac{1}{2}$.

Dans la lunette, l'objectif transmet $\frac{9}{10}$, et l'oculaire

$$\frac{9}{10} \frac{9}{10} = \frac{81}{100},$$

ou sensiblement $\frac{8}{10}$.

107. Télescope de Foucault. — Avec les modifications apportées par Foucault, le télescope de Newton devient au contraire un instrument extrêmement lumineux. Au miroir concave sphérique, Foucault a substitué un miroir parabolique; et celui-ci, l'aberration sphérique étant ainsi supprimée, peut recevoir une ouverture considérable; ce miroir, constitué par une masse de verre argentée extérieurement, présente un pouvoir réflecteur qui n'est guère inférieur à $\frac{9}{10}$; le miroir plan est remplacé par un petit prisme à réflexion totale qui ne donne lieu qu'à une perte de lumière presque négligeable. Un oculaire composé est naturellement substitué à l'oculaire simple de Newton.

Dans ces conditions, le télescope, à ouverture égale, présente, à très peu près, la même luminosité que la lunette astronomique; mais on peut lui donner facilement une ouverture relative plus grande : dans les appareils construits par Foucault, la distance focale du miroir ne dépassait pas six diamètres.

Le miroir étant rigoureusement aplanétique pour les rayons parallèles, l'aberration n'intervient plus pour limiter le pouvoir séparateur, qui dépend uniquement de la diffraction, et par conséquent du diamètre donné au miroir. Or il est matériellement plus facile d'atteindre de grandes dimensions dans un miroir, qui peut être obtenu par coulée, que dans une lentille où le verre doit être parfaitement homogène.

La difficulté réside dans le travail du miroir, La méthode des *retouches locales*, créée par Foucault ([1]), exige une extrême habileté, et des opérations longues et minutieuses.

Elle repose sur l'emploi de trois procédés d'examen optique, se complétant mutuellement, et permettant, au moyen de retouches dirigées par leurs indications, de transformer progressivement la surface du miroir et de l'amener à la forme rigoureusement parabolique.

On commence par assurer une sphéricité parfaite : un peu sur le côté du centre de courbure (*fig.* 136), on forme une petite source

Fig. 136.

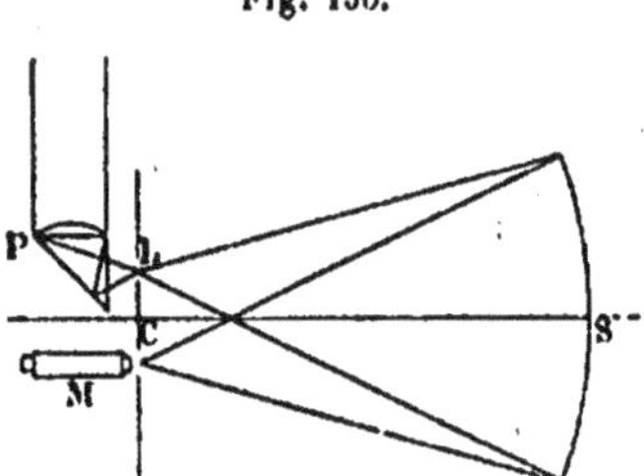

de lumière au moyen des dispositions suivantes : derrière un écran, percé d'une très petite ouverture circulaire, est placé un prisme à réflexion totale P, sur l'une des faces duquel a été collée une lentille plan-convexe à court foyer : une flamme de lampe est placée latéralement : le système du prisme et de la lentille forme sur l'écran une image de cette flamme : la petite ouverture L ainsi éclairée est assimilable à un point lumineux.

1° Dans une position symétrique de ce point par rapport au centre de courbure est disposé un microscope M à faible grossissement, à travers lequel on examine l'image que le miroir forme du point lumineux. Si la surface est parfaite, l'image est nette, bien circulaire, entourée des anneaux de diffraction, et subit,

---

([1]) L. FOUCAULT, *Mémoire sur la construction des télescopes en verre argenté* (*Annales de l'Observatoire de Paris*, t. V; 1859).

si l'on fait varier la mise au point de part et d'autre, des altérations
symétriques.

Dans le cas contraire, l'aspect que prend l'image au foyer même
et de part et d'autre du foyer donne, sur les défauts de la surface,
des indications suffisantes pour que l'on puisse les corriger en
retouchant localement la surface du verre.

Cette première méthode d'examen sert surtout à vérifier que la
surface est exactement de révolution.

2° On examine l'image à l'œil nu, en déplaçant l'œil vers le
miroir jusqu'à ce que toute la surface en paraisse uniformément
éclairée; puis, au moyen d'un écran à bord rectiligne, on intercepte peu à peu l'image jusqu'à la faire entièrement disparaître :
si la surface est parfaite (*fig.* 137, I), l'image est un disque nettement terminé, dont tous les points reçoivent des rayons lumi-

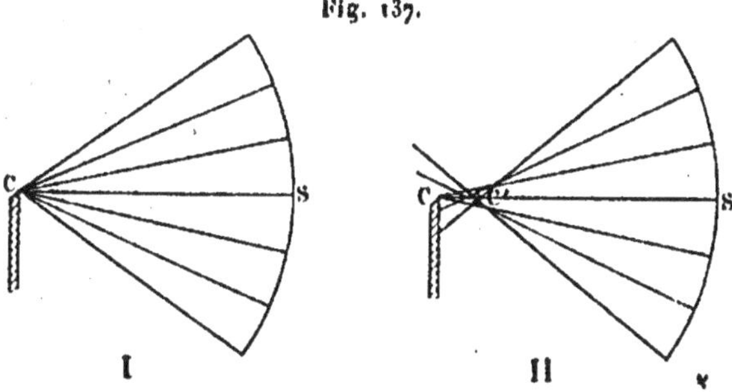

Fig. 137.

I   II

neux réfléchis par toutes les portions du miroir; il en résulte que, la
manœuvre de l'écran masquant progressivement ce disque, l'éclat
de la surface s'éteint progressivement, mais en restant uniforme.

Dans le cas contraire, on voit se produire sur la surface des différences d'éclat, dues à ce que le mouvement de l'écran laisse
arriver jusqu'à l'œil des rayons qui, réfléchis par des portions où
la courbure n'a pas la valeur normale, passent en dehors de l'image
régulière. Supposons, par exemple, que le miroir soit de révolution, mais que la portion marginale présente une courbure trop
forte (*fig.* 137, II) : les rayons réfléchis par la portion centrale
concourant en C, les rayons marginaux extrêmes se coupent plus
près du miroir, en C'; l'écran, interceptant les rayons centraux,
laisse passer, au contraire, les rayons marginaux venant du bord

supérieur si l'écran est déplacé de haut en bas, du bord inférieur
en cas contraire ; au moment de l'extinction progressive du faisceau
central, le bord supérieur paraîtra brillant, alors que le bord
opposé sera déjà noir, et que la région centrale et régulière présentera une teinte faible et uniforme. Des phénomènes inverses
accuseront une courbure trop faible du bord, et, de façon générale, des inégalités d'éclat de la surface pendant la manœuvre de
l'écran mettront en évidence les défauts de courbure, plus ou
moins localisés.

La troisième méthode repose sur l'examen de l'image que donne
le miroir d'un réseau à mailles régulières ; elle présente une sensibilité moins grande.

La sphéricité parfaite étant obtenue, on rapproche un peu le
point lumineux du miroir ; l'image se forme alors un peu plus
loin, et l'on modifie la surface jusqu'à ce que les méthodes
d'examen précédentes montrent qu'elle est de nouveau devenue
aplanétique : elle appartient alors à un ellipsoïde, dont le point
lumineux et son image occupent les foyers : on rapproche encore
la source, et transforme ainsi progressivement la surface en un
ellipsoïde d'excentricité croissante : lorsque enfin cette excentricité est devenue assez grande pour que l'ellipsoïde diffère peu
d'un paraboloïde, on monte le miroir en télescope, on vise un objet
extérieur situé à très grande distance, et l'on retouche la surface
jusqu'à ce que l'image soit parfaite.

Lorsque le travail de la surface est terminé, on dépose sur le
verre, par un procédé chimique, que Liebig avait indiqué et que
Ad. Martin a perfectionné, une couche d'argent que l'on polit avec
un tampon de peau imprégné de rouge d'Angleterre.

Lorsque, par suite d'altérations qui se produisent assez rapidement, le pouvoir réflecteur du miroir se trouve sensiblement
réduit, on redissout à l'acide azotique la couche d'argent, et l'on
procède à une nouvelle argenture.

108. Télescopes à deux miroirs. — Dans les télescopes de Cassegrain et de Gregory, c'est un petit miroir sphérique, centré à
poste fixe sur l'axe de l'instrument, qui intercepte les rayons
lumineux après leur réflexion par le grand miroir concave jouant
le rôle d'objectif ; il les renvoie, à travers une ouverture pratiquée

au sommet de ce miroir, sur un oculaire également centré sur
l'axe de l'instrument, et qui peut être, pour la mise au point,
déplacé sur cet axe. On réalise ainsi ce que l'on peut appeler des
télescopes à vision directe.

Soit, de façon générale (*fig.* 138), un système centré, comprenant deux miroirs sphériques, de sommets S et S′, ayant respecti-

Fig. 138.

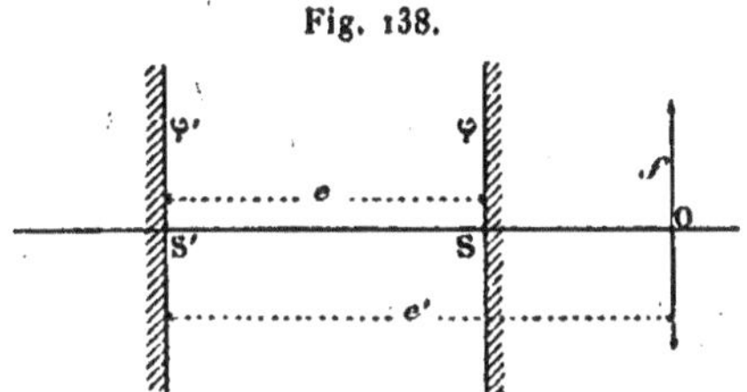

vement pour distances focales φ et φ', tournant l'un vers l'autre
leurs faces réfléchissantes, écartés l'un de l'autre d'une quantité
invariable e; et une lentille convergente de centre optique O, de
distance focale f, placée à une distance variable e' du miroir S′.

Nous supposons que la lumière frappe d'abord le miroir S, puis
le miroir S′, et qu'elle puisse, à travers le miroir S, atteindre la
lentille oculaire.

Un faisceau lumineux venant d'un point P_1 de l'axe commun
donne dans le premier miroir une image P;

$$\frac{1}{p_1} + \frac{1}{p} = \frac{1}{\varphi};$$

puis les rayons se dirigent vers le second miroir, qui donne une
nouvelle image P′; le sens de propagation de la lumière est renversé, et par conséquent le sens des quantités positives; les distances de P et de P′ au second miroir devront donc être considérées comme positives si les points correspondants sont à droite
de S′. Dans ces conditions, la distance du point P au miroir S′
est, en grandeur et en signe,

$$e - p_1$$

et l'équation des foyers conjugués par rapport à ce miroir

$$\frac{1}{e-p} + \frac{1}{p'} = \frac{1}{\varphi'},$$

une valeur positive de φ' caractérisant toujours un miroir concave.

Enfin, par rapport à l'oculaire, le sens de propagation est de nouveau renversé; les distances, à l'oculaire, de P' et de l'image définitive P_2 doivent être comptées positivement à gauche de O; la distance P'O est ainsi $e' - p'$, et l'équation des foyers conjugués par rapport à l'oculaire

$$\frac{1}{e' - p'} - \frac{1}{p_2} = \frac{1}{f}.$$

Entre les trois équations, nous éliminerons p et p', et nous aurons l'équation de mise au point, nous fournissant la valeur que doit prendre e' pour que l'image définitive se fasse à une distance donnée.

Le système d'équations se simplifie beaucoup si nous tenons compte de ce que les objets visés sont à l'infini, et si nous supposons l'observateur doué d'une vue normale accommodée sur l'infini : la première équation de foyers conjugués nous donne alors

$$p = \varphi,$$

la troisième

$$p' = e' - f,$$

et la deuxième devient

$$(103) \qquad \frac{1}{e - \varphi} + \frac{1}{e' - f} = \frac{1}{\varphi'}.$$

C'est l'équation de mise au point.

Cherchons maintenant l'équation du grossissement, toujours défini par le rapport des diamètres apparents de l'image et de l'objet.

En appelant h et h' les grandeurs, dans la première et dans la seconde image, de deux dimensions homologues, le diamètre apparent de l'objet, vu du centre du miroir S, est celui de la première image, vue du même point : c'est donc, en valeur absolue,

$$\frac{h}{\varphi}.$$

Le diamètre apparent de l'image définitive, vue du centre optique de l'oculaire, est celui de la seconde image, vue du même point, c'est-à-dire

$$\frac{h'}{f},$$

toujours dans l'hypothèse que l'image définitive est rejetée à l'infini. Le grossissement est par suite

$$G = \frac{h'}{f}\,\frac{\varphi}{h} = \frac{\varphi}{f}\,\frac{h'}{h}.$$

Mais h' est l'image de h dans le second miroir, et leurs distances à ce miroir sont respectivement $e'-f$ et $e-\varphi$; donc, toujours en valeur absolue,

$$\frac{h'}{h} = \frac{e'-f}{e-\varphi}$$

et

(104)
$$G = \frac{\varphi}{f}\,\frac{e'-f}{e-\varphi};$$

ce que l'on peut, en tirant de l'équation (103) de mise au point

$$\frac{e'-f}{e-\varphi} = \frac{e'-f-\varphi'}{\varphi'},$$

écrire de la manière suivante :

(104 *bis*)
$$G = \frac{\varphi}{f}\,\frac{e'-f-\varphi'}{\varphi'}.$$

On s'arrange en général pour que l'image réelle donnée par le miroir auxiliaire S′, et que l'on examine à travers l'oculaire, se fasse sur l'ouverture même du grand miroir; il faut pour cela que φ, e, φ' satisfassent à l'équation

$$\frac{1}{e-\varphi} + \frac{1}{e} = \frac{1}{\varphi'}.$$

Dans ces conditions, le foyer d'incidence F_1 de l'oculaire doit coïncider avec S, et

$$e' = e + f.$$

L'équation du grossissement devient alors

(105)
$$G = \frac{\varphi}{f}\,\frac{e}{e-\varphi} = \frac{\varphi}{f}\,\frac{e-\varphi'}{\varphi'}.$$

Dans le *télescope de Gregory*, le plus ancien (il est même antérieur d'une dizaine d'années à celui de Newton), le miroir auxiliaire S′ est concave (*fig.* 139); il est compris, ainsi que son foyer Φ', dans l'intervalle $C\Phi$ que limitent le centre et le foyer principal du grand miroir; son centre C′ est en dehors de cet intervalle : l'instrument est donc caractérisé par

$$\varphi' > 0,$$
$$\varphi + \varphi' < e < \varphi + 2\varphi'.$$

C'est seulement après avoir formé la première image réelle que les rayons lumineux rencontrent le miroir auxiliaire, qui donne une nouvelle image réelle, agrandie et renversée par rapport à la première, et par conséquent droite par rapport à l'objet.

Un pinceau de rayons lumineux venant d'un point L_1, et formé, à l'incidence, de rayons parallèles à l'axe secondaire $L_1 C$, converge

Fig. 139.

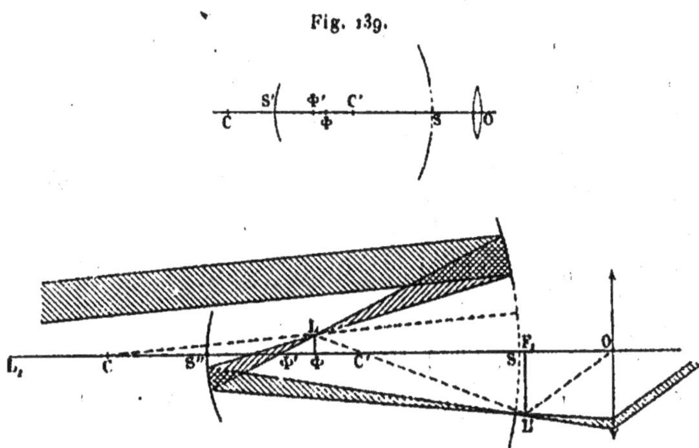

après la première réflexion en un point L du plan focal Φ, et après la seconde réflexion en un point L', qui doit être, dans l'hypothèse que nous avons faite relativement à la vue de l'observateur, compris dans le plan focal F_1 de l'oculaire, sur l'axe secondaire LC'; il donne à l'émergence des rayons parallèles à l'axe secondaire L'O.

L'image définitive est droite ; elle est assez médiocre, les aberrations sphériques des deux miroirs s'accumulant.

Dans le *télescope de Cassegrain* (*fig.* 140), le miroir auxiliaire est convexe ; il est placé en avant du foyer principal Φ du grand miroir, à une distance plus petite que sa distance focale φ'; on a donc

$$\varphi' < 0,$$
$$\varphi + \varphi' < e < \varphi.$$

Le miroir auxiliaire empêche de se former l'image réelle que donnerait le grand miroir; il lui substitue une image réelle, agrandie et droite, et par conséquent renversée par rapport à l'objet : l'image définitive est donc aussi renversée.

Le pinceau venant du point L_1 et parallèle, à l'incidence, à l'axe

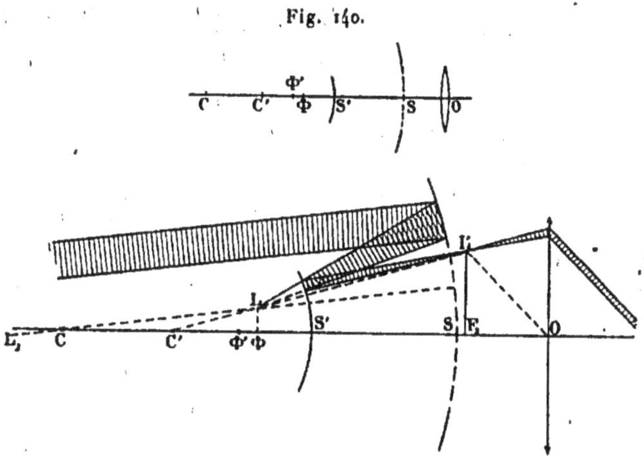

Fig. 140.

secondaire $L_1 C$, se dirige après la première réflexion vers le point L du plan focal principal Φ : intercepté et dévié par le miroir auxiliaire, il converge en L', sur l'axe secondaire L'C' et dans le plan focal F_1 : il est, à l'émergence, parallèle à L'O.

Bien que supérieur au précédent, ce télescope ne donne pas non plus de bonnes images.

Tous deux sont complètement abandonnés.

L'emploi des télescopes se recommande surtout pour les recherches à faire dans le ciel, les lunettes étant au contraire préférées quand il s'agit d'observations précises, de déterminations de position.

En fait, tous les grands instruments établis dans ces dernières années sont des lunettes.

CHAPITRE XII.

MESURE DES INDICES DE RÉFRACTION.

I. — INDICES DES CORPS SOLIDES OU LIQUIDES.

169. Méthodes anciennes. — Nous indiquerons d'abord sommairement deux méthodes anciennes, l'une de Descartes, applicable aux solides, l'autre de Newton, convenant aux liquides :

1° Descartes plaçait un prisme, d'angle A connu, contre un écran opaque P percé d'une petite ouverture O (*fig.* 141) : à une certaine distance, un second écran P′ parallèle au premier présentait à

Fig. 141.

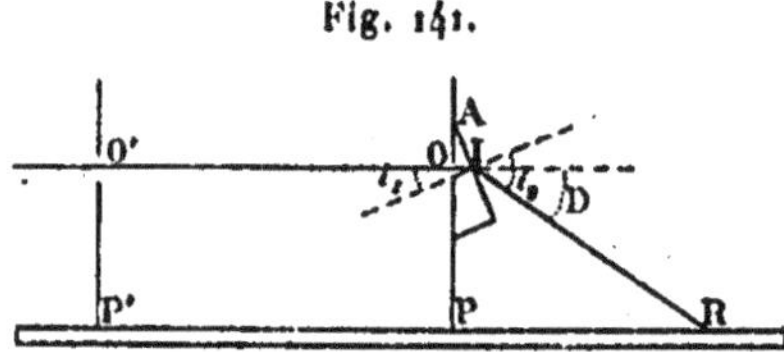

la même hauteur une ouverture O′, limitant avec la première un très fin pinceau de rayons solaires : le tout était installé sur une table que le pinceau réfracté rencontrait en un point R.

Le pinceau traverse normalement la première face du prisme, rencontre la seconde en I, avec un angle d'incidence $i_1 = A$, et sort en éprouvant une déviation D.

L'angle d'émergence étant i_2 et n étant l'indice du prisme,

$$n \sin i_1 = \sin i_2,$$

mais $i_2 = D + i_1 = D + A$; donc

$$n = \frac{\sin(D + A)}{\sin A}.$$

Quant à D, il est donné par la mesure de la distance PR : si nous négligeons OI,

$$\tang D = \frac{OP}{PR}.$$

2° Newton se servait d'une règle mobile autour d'un pied vertical (*fig.* 142), l'angle α de la règle avec le pied étant donné à chaque instant par un arc divisé : à l'une de ses extrémités, la

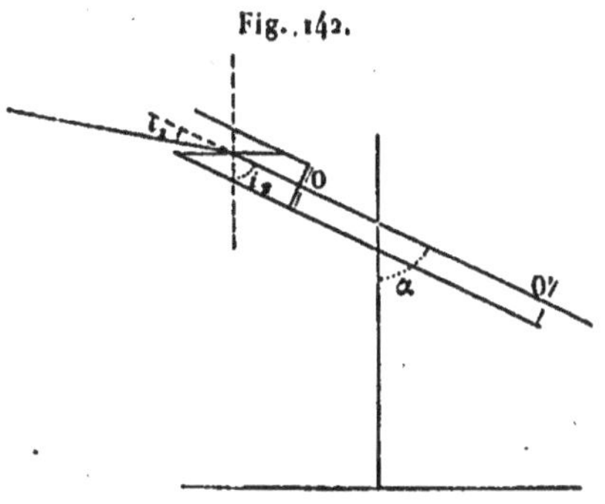

Fig. 142.

règle portait une auge dont le fond opaque présentait au centre une petite tache transparente O; à l'autre extrémité un écran avec une petite ouverture centrale O'; la ligne OO' était parallèle à la règle.

L'auge étant remplie du liquide dont on cherche l'indice, on dirige l'appareil vers le Soleil, de façon qu'un pinceau fin de rayons solaires, après avoir traversé le liquide, suive la direction OO'; l'angle α_2 que fait la règle avec le pied est égal à l'angle de réfraction i_2 : on recommence après avoir enlevé le liquide : cette fois l'angle α_1 de la règle avec le pied est l'angle d'incidence i_1, et

$$n = \frac{\sin \alpha_2}{\sin \alpha_1}.$$

170. Méthode du minimum de déviation. — La méthode du minimum de déviation, qui a été longtemps employée de façon presque exclusive, repose sur la relation [46, équation (16)]

$$n = \frac{\sin \dfrac{A + D}{2}}{\sin \dfrac{A}{2}},$$

A étant l'angle du prisme et D l'angle de déviation minimum. La mesure de n est donc ramenée à celle des deux angles A et D, et s'effectue à l'aide d'instruments appelés *goniomètres*.

Le type le plus fréquemment utilisé est le goniomètre de Babinet. Il se compose essentiellement (*fig.* 143) d'une lunette L et

Fig. 143.

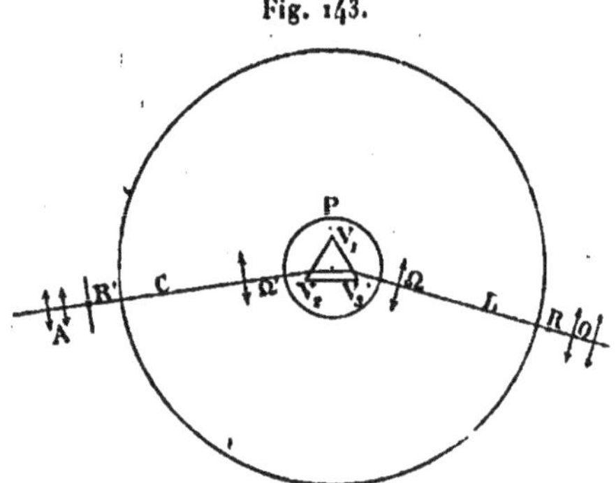

d'un collimateur C, mobiles sur un limbe divisé horizontal, au centre duquel le prisme est installé sur une petite plate-forme P à vis calantes, au moyen d'un peu de cire.

Le collimateur (¹) est constitué par un réticule, tendu dans une fente, qu'on éclaire au moyen d'un petit condensateur A, et par un objectif : l'axe est défini par le centre optique Ω' de l'objectif et par le point de croisement R' des fils du réticule; de celui-ci l'objectif donne une image, qui est rejetée à l'infini si le réticule est amené dans le plan focal principal. Ce collimateur peut être fixé au moyen d'une vis de pression, en un point quelconque du limbe : il peut recevoir un mouvement de bascule, qui permet de faire tourner son axe dans un plan passant par l'axe vertical du goniomètre.

La lunette est du type astronomique, à trois tirages, avec un oculaire de Ramsden O et un réticule R; celui-ci est monté dans une bague que des vis de réglage peuvent faire mouvoir dans son plan, de façon à faire pivoter l'axe optique de la lunette autour du

---

(¹) Les descriptions qui suivent se rapportent plus particulièrement à un goniomètre qui, ayant appartenu à Ad. Martin, se trouve actuellement dans les collections du Lycée Janson de Sailly.

centre optique Ω de l'objectif. Cette lunette est portée par une alidade qu'une vis de rappel relie à une pince, pouvant être fixée au limbe par une vis de pression; on peut ainsi donner à l'alidade des mouvements lents quand la pince est immobilisée. L'alidade entraîne un petit arc divisé formant vernier avec la division du limbe, ou plutôt deux verniers semblables diamétralement opposés.

La plate-forme est montée à frottement dans une pièce à vis calantes, que fait également mouvoir une alidade à vernier, avec pince de serrage et vis de rappel : on peut ainsi, en agissant sur l'alidade, faire tourner la plate-forme d'angles connus, ou bien, en immobilisant l'alidade et en agissant sur la plate-forme seule, lui donner des mouvements de rotation, qui alors ne sont pas mesurés : il est commode de prendre, pour surface supérieure de la plate-forme, une glace noire.

La relation fondamentale étant établie pour le cas où le rayon lumineux est compris dans une section principale, il est indispensable de procéder à un réglage, de façon à obtenir que les axes du collimateur et de la lunette se meuvent dans un même plan, perpendiculaire à l'arête du prisme. Si cependant le collimateur donne bien des faisceaux de rayons parallèles, il suffit que les deux axes se meuvent dans des plans parallèles entre eux et perpendiculaires à l'arête.

Le réglage comprend par suite les opérations suivantes :

1° Amener le réticule R' du collimateur dans le plan focal principal.

Pour cela, on commence par mettre la lunette au point sur l'infini : on règle le tirage de l'oculaire jusqu'à voir nettement le réticule R, puis on vise un objet extrêmement éloigné, un astre, par exemple, et l'on met au point sur cet objet. Cela fait, on amène dans le prolongement de la lunette le collimateur, dont on fait varier le tirage jusqu'à voir nettement dans la lunette l'image du réticule R'. Il faut avoir grand soin de se garder, dans ces opérations, des erreurs de parallaxe (187).

2° Rendre les axes de la lunette et du collimateur perpendiculaires à l'axe de rotation.

Nous emploierons dans ce but la méthode d'*autocollimation,* imaginée par Ad. Martin :

On installe sur la plate-forme centrale, parallèlement à la ligne joignant deux des vis calantes, V_1 et V_2 par exemple, une lame à faces parallèles, fixée avec un peu de cire : on s'assure du parallélisme de ses faces en faisant varier son obliquité par rapport à l'axe, et vérifiant que ces déplacements ne font pas varier la position, dans le champ de la lunette, de l'image du réticule R'.

On dévie alors le collimateur sur le côté, et l'on remplace l'oculaire ordinaire de la lunette par un oculaire spécial, dit *nadiral* ou *à réflexion* (*fig.* 144) : il est à foyer plus long, et présente, en avant des lentilles, une glace sans tain M inclinée à 45°. Une ou-

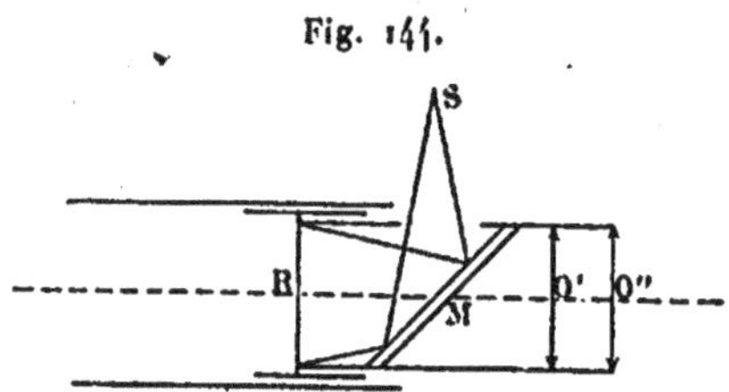

Fig. 144.

verture pratiquée dans la monture permet de faire tomber sur cette glace, qui le renvoie sur le réticule R, un faisceau lumineux venant d'une source S placée latéralement : le réticule est ainsi fortement éclairé (ou plutôt, ce qui revient au même, se détache en noir sur un fond vivement éclairé), tandis que, par transmission à travers la glace sans tain, l'oculaire continue à recevoir les rayons venant de l'objectif.

La lunette étant alors amenée en regard d'une des faces de la lame, les rayons venant du centre R du réticule traverseront l'objectif, formeront, puisque le réticule est dans le plan focal principal, un faisceau parallèle et, après réflexion sur la lame, reviendront, toujours en faisceau parallèle, sur l'objectif; ils le traverseront de nouveau pour venir former, dans ce même plan focal principal, une image réelle de leur point d'émission : nous avons ainsi, du réticule, et dans son plan, une image réelle, égale et renversée; et si l'axe optique de la lunette est rigoureusement normal à la face réfléchissante, l'image du centre R coïncidera exactement avec R, et inversement.

Nous amènerons d'abord, en donnant à la lunette de petits déplacements angulaires, le centre et son image à se trouver sur une même verticale, puis, en relevant peu à peu la lame au moyen de la troisième vis calante V_3, à coïncider exactement entre eux : l'axe de la lunette est alors perpendiculaire à la lame.

Nous ferons ensuite tourner la lunette de 180°, de manière à l'amener, en $R_1\Omega_1$, en regard de la seconde face (*fig.* 145); je suppose que la lame, à la suite de la première opération, fasse un angle α avec l'axe de rotation; c'est que l'axe de la lunette fait avec le limbe un angle égal. Dans le mouvement de rotation, l'axe a par suite décrit, non pas un plan, mais un cône; il fait maintenant avec

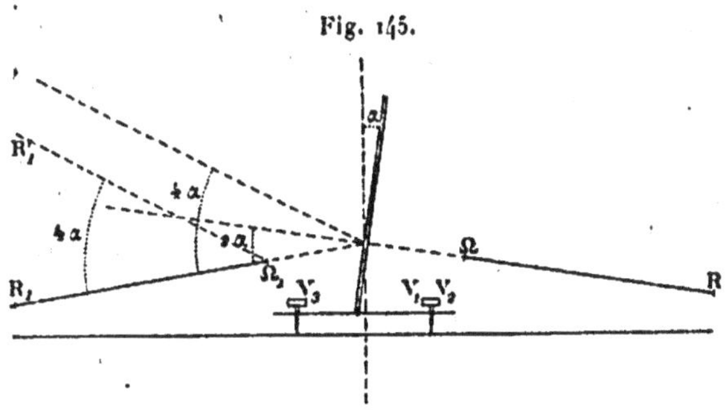

Fig. 145.

la normale à la lame un angle 2α; le rayon qui, partant de R_1, se propage suivant $R_1\Omega_1$, subit en se réfléchissant sur la lame une déviation 4α, et l'image de R_1 se forme, non plus en R_1, mais en R'_1, sur un axe secondaire faisant avec l'axe principal de la lunette l'angle 4α. Agissant sur la vis V_3, pour redresser la lame, on ramène l'image de la moitié de son écart : il a fallu pour cela faire tourner les rayons réfléchis de $\frac{4\alpha}{2}$, ou 2α, et par conséquent la lame réfléchissante de α : elle est donc devenue parallèle à l'axe de rotation : si nous rendons maintenant l'axe optique normal à la lame, en achevant de ramener l'image à coïncidence exacte par un déplacement du réticule, — déplacement effectué au moyen des vis de réglage, — nous rendrons, du même coup, l'ax optique de la lunette perpendiculaire à l'axe de rotation.

En général, on n'arrivera pas en une seule opération à un résultat parfait; il faudra quelques tâtonnements.

Puis on s'assurera que, la lame étant, par une rotation de la plate-forme, placée successivement dans divers azimuts, l'axe de la lunette amenée en regard de la lame lui reste normal: nous serons alors certains que, dans ses déplacements sur le limbe, l'axe de la lunette décrit un plan perpendiculaire à l'axe de rotation.

Reste à rendre l'axe du collimateur parallèle à celui de la lunette; on amène les deux instruments en face l'un de l'autre, de manière à faire coïncider les fils verticaux des deux réticules R et R' (pour cela on élimine un instant la source S et l'on éclaire R'), puis on fait basculer le collimateur jusqu'à ce que les fils horizontaux coïncident également.

Toutes les opérations qui précèdent n'ont pas, en général, besoin d'être faites chaque fois que l'on veut procéder à une mesure d'indices; il faut seulement vérifier que le réglage de la lunette et du collimateur n'a pas été altéré.

3° Rendre l'arête réfringente du prisme parallèle à l'axe de rotation.

On emploie d'ordinaire un prisme à peu près équiangle; on le colle avec un peu de cire molle au centre de la plate-forme, à laquelle on rend les arêtes sensiblement normales, en s'assurant que ces arêtes sont en prolongement avec les images qu'en donne la glace noire : on fait correspondre aux trois vis calantes les trois sommets de la base (*fig.* 146); on a eu soin, pour éviter les

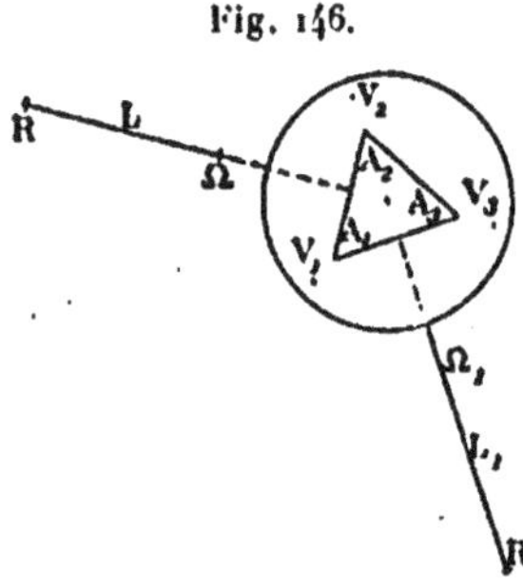

Fig. 146.

images parasites, de noircir la face opposée à l'angle utilisé, qui est, par exemple, A_1.

On éclaire de nouveau le réticule R, et l'on amène la lunette en regard d'une des faces, celle qui, par exemple, est parallèle à $V_1 V_2$, c'est-à-dire $A_1 A_2$, et l'on agit sur la vis V_3 de façon à faire coïncider avec le réticule R son image par réflexion : cette première face est alors normale à l'axe de la lunette, et par conséquent parallèle à l'axe de rotation; on amène ensuite la lunette en regard de la seconde face, $A_1 A_3$, et l'on produit de même la coïncidence en agissant sur la vis V_2 : ce second réglage altère forcément un peu le premier; on le rétablit, en revenant à la première position de la lunette, et, par des tâtonnements, d'ailleurs assez rapides, on rend simultanément parallèles à l'axe de rotation les deux faces de l'angle utilisé.

— Le réglage du goniomètre est alors terminé ([1]); il ne reste plus qu'à mesurer les angles A et D.

On a indiqué, pour la mesure de A, plusieurs méthodes; il faut rejeter celles qui utilisent le voisinage de l'arête, les faces du prisme n'étant jamais bien planes sur les bords.

D'ailleurs la valeur de l'angle A est fournie par la dernière opération de réglage; il suffit de lire sur le limbe les positions L et L_1 de la lunette aux moments où son axe est successivement normal aux deux faces du prisme : l'angle de ces deux positions est supplémentaire de A.

Nous nous bornerons à indiquer une seconde méthode, qui pourra être employée si l'on n'a pas effectué le réglage par la méthode dont nous nous sommes servis.

Je suppose la lunette munie d'un oculaire ordinaire. On fixe le collimateur dans une position C, quelconque, sur le limbe (*fig.* 147), et l'on éclaire son réticule R'; puis on fait tourner la plate-forme de manière à présenter obliquement au collimateur l'une des faces du prisme, soit $A_1 A_2$; on cherche avec la lunette l'image du réticule R' formée par réflexion sur cette face, et l'on amène à coïncider avec elle le réticule R. On immobilise alors la lunette dans cette position, soit L; puis la laissant fixe, ainsi que le collimateur, on fait tourner la plate-forme au moyen de son ali-

---

([1]) Nous n'avons indiqué qu'un seul procédé de réglage, et nous avons choisi celui qu'a préconisé Ad. Martin; on peut évidemment le modifier sur certains points : la méthode antocollimatrice elle-même n'exige pas absolument l'emploi d'un oculaire spécial; mais elle est beaucoup plus facilement applicable lorsqu'on se sert de l'oculaire à réflexion. Celui-ci n'a d'autre rôle que d'éclairer vivement le réticule et d'en rendre ainsi plus visible l'image par réflexion sur les faces planes de la lame et du prisme, dont le pouvoir réflecteur, sous l'incidence normale, est très faible.

dade jusqu'à ce que l'œil, placé à l'oculaire, voie de nouveau les
deux réticules en coïncidence; l'image est formée cette fois par
des rayons réfléchis sur la seconde face $A_1 A_3$; celle-ci est donc
venue prendre une position $A'_1 A'_3$ parallèle à celle qu'occupait

Fig. 147.

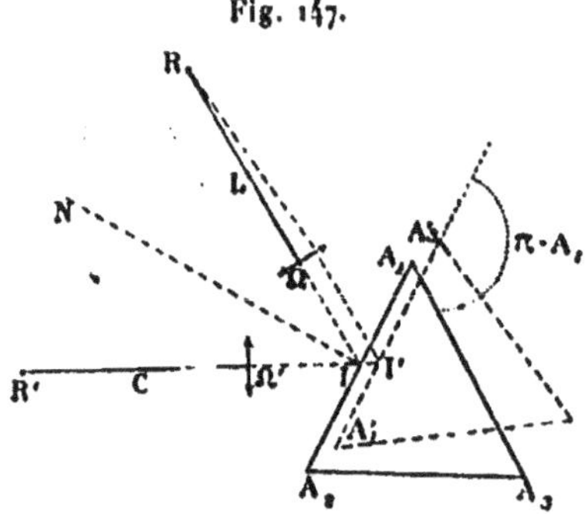

pour la première visée la face $A_1 A_2$, — ce qui suffit, puisque les
rayons venant du point R′ forment, entre l'objectif du collimateur et celui de la lunette, un faisceau parallèle. Le rayon qui se
propage à l'incidence suivant R′Ω′ se réfléchit alors non plus en I,
mais en I′, non plus suivant ΩR, mais suivant une direction parallèle; réfracté par l'objectif, il va passer par le point R; de
même, le faisceau dont ce rayon est l'axe subit simplement une
déviation latérale; quand il rencontre l'objectif de la lunette, il est
toujours parallèle à l'axe principal ΩR, et va par suite toujours concourir en R après sa réfraction.

La face $A_1 A_3$ étant venue prendre la direction occupée d'abord
par $A_1 A_2$, c'est donc que la plate-forme a tourné d'un angle égal
au supplément de l'angle A_1.

Pour la mesure de l'angle D, on dispose naturellement la lunette et le collimateur de part et d'autre du prisme (*fig.* 148); on
fixe, dans une position C, le collimateur, dont le réticule R′ est
éclairé avec une lumière monochromatique, et l'on recueille dans
la lunette le faisceau réfracté : on donne au prisme un mouvement
lent de rotation dans un sens tel que la déviation aille en dimi-
nuant, et l'on suit avec la lunette, en maintenant la coïncidence,
jusqu'au moment où l'image de R′ semble revenir en arrière : on
détermine avec soin la position de la lunette pour laquelle une lé-

gère rotation du prisme dans les deux sens déplace du même côté,
par rapport au réticule R, l'image de R', d'abord amenée à coïncidence : c'est celle du minimum de déviation; soient alors L la position de la lunette, $A_1 A_2 A_3$ celle du prisme. On amène ensuite

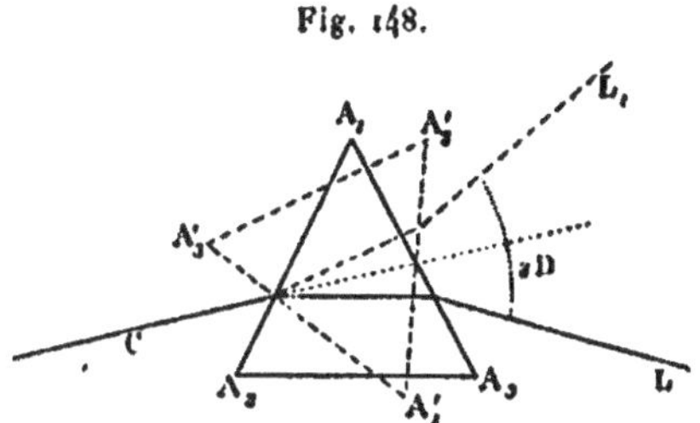

le prisme dans une position à peu près symétrique par rapport au
collimateur, et on recommence les mêmes opérations. Soient L_1
la position de la lunette et $A'_1 A'_2 A'_3$ celle du prisme lorsqu'on se
trouve de nouveau au minimum de déviation; l'angle, mesuré sur
le limbe, des directions L et L_1, est alors égal à $2D$.

Nous avons supposé implicitement qu'on se servait, pour éclairer
le réticule du collimateur, d'une lumière monochromatique; on
peut prendre une source de lumière composée, constituée par des
éléments monochromatiques suffisamment écartés, telle qu'en
donne un tube de Plücker rempli d'hydrogène ou de gaz carbonique. On voit alors, dans le champ de la lunette, simultanément
ou successivement, plusieurs images colorées, nettes et distinctes,
de la fente du collimateur et du réticule qui s'y trouve tendu; et
l'on peut, sur un même prisme, en amenant successivement ces
diverses images au minimum de déviation, mesurer l'indice pour
chacune des raies formant le spectre du gaz.

La méthode du minimum de déviation est applicable aux liquides. On emploie alors une masse prismatique de verre, à section équiangle, dans laquelle est pratiquée une cavité cylindrique
perpendiculaire à l'un des plans bissecteurs. Cette cavité est fer-
mée aux deux extrémités par des lames à faces parallèles, et com-
munique avec l'extérieur par un conduit s'ouvrant dans la base
supérieure et permettant l'introduction du liquide : le système est
maintenu dans une monture rigide, où il est serré au moyen d'une
vis de pression, qui le rend étanche. Pour éviter toute erreur pro-

venant d'un défaut de parallélisme des lames latérales, on prend, pour former celles-ci, les deux moitiés d'une même lame, et on les dispose en sens inverse, de façon à établir une compensation. On a soin d'ailleurs de s'assurer que le prisme, quand la cavité est pleine d'air, ne donne aucune déviation aux rayons qui le traversent.

171. Méthode de la réflexion totale. — La méthode de la réflexion totale a été imaginée par Wollaston; plus directement applicable aux liquides, elle convient cependant très bien à la mesure des indices des corps solides; et, sous une forme un peu modifiée, elle est aujourd'hui très en faveur.

Wollaston plaçait un prisme de verre sur une lame horizontale, de nature quelconque d'ailleurs : dans une petite cavité de la lame on met une goutte du liquide dont on cherche l'indice. On regarde cette goutte avec une lunette, à travers le prisme, qui reçoit dans toutes les directions de la lumière homogène.

Admettons d'abord que la surface de contact du liquide et du prisme soit réduite à un point.

Un rayon lumineux pénétrant dans le prisme suivant SI

Fig. 149.

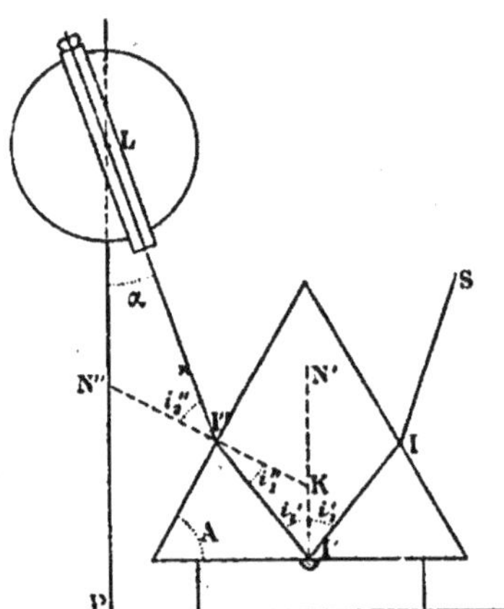

(*fig.* 149) se réfracte suivant II', se réfléchit en I' et sort en I"; il est reçu dans la lunette, qui est mise au point sur la goutte, et où l'on voit de I' une image plus ou moins brillante suivant que la réflexion est plus ou moins complète.

La lunette est mobile dans le plan vertical qui contient le point de contact I', et qui est une section principale du prisme. L'angle que fait avec la verticale l'axe de la lunette peut être à chaque instant connu.

On déplace le système formé par le prisme et la lame, en l'écartant progressivement, de façon à faire croître lentement l'angle d'incidence i'_1 en I'; et l'on suit avec la lunette; au moment où l'angle d'incidence atteint la valeur de l'angle limite l, la réflexion devient totale (37), et l'éclat de l'image augmente brusquement.

Soient à ce moment i''_1 et i''_2 les angles que fait le rayon avec la normale au point d'émergence I''; α l'angle de la lunette avec la verticale; soient enfin A l'angle du prisme, n l'indice du verre, x celui du liquide.

La loi de Descartes nous donne, en I', où l'angle i''_1 est devenu égal à l,

$$n \sin l = x,$$

et en I''

$$n \sin i''_1 = \sin i''_2.$$

Mais comme les angles I''KN' et I''N''P sont tous deux égaux à A, nous avons simultanément

$$A = i''_2 + \alpha, \qquad A = i'_1 + i''_1 = l + i''_1,$$

d'où

$$\begin{cases} x = n \sin(A - i''_1), \\ \sin i''_1 = \dfrac{l}{n} \sin(A - \alpha), \end{cases}$$

$$x = n \sin A \cos i''_1 - n \cos A \sin i''_1,$$

$$(106) \qquad x = n \sin A \sqrt{1 - \frac{\sin^2(A - \alpha)}{n^2}} - \cos A \sin(A - \alpha),$$

relation qui nous donne x en fonction de α, d'une part, et, d'autre part, de A et de n, mesurés une fois pour toutes.

L'expression se simplifie beaucoup si l'on fait $A = 90°$, condition que l'on peut satisfaire, soit en prenant un prisme rectangle, soit en remplaçant le prisme par un cylindre.

On a, dans ce cas,

$$(107) \qquad x = \sqrt{n^2 - \cos^2 x}.$$

Pour qu'il y ait réflexion totale, il faut que x soit plus petit que n; d'autre part, $\cos^2 x$ ayant comme valeur limite l'unité, x est forcément compris entre n et $\sqrt{n^2 - 1}$, c'est-à-dire qu'un prisme de verre d'indice donné n pourra servir pour tous les liquides dont l'indice est compris entre n et $\sqrt{n^2 - 1}$.

En réalité, la surface de contact n'est pas assimilable à un point : son image dans la lunette est une tache d'une certaine étendue où concourent des rayons qui n'ont pas tous été réfléchis sous le même angle. Quand on écarte le système de la lame et du prisme pour faire croître l'angle d'incidence, on ne voit pas, à un moment donné, l'image s'illuminer d'un seul coup : la réflexion totale se produit d'abord en un point, au bord qui est le plus éloigné de la lunette, puis sur une portion croissante de la surface. L'image se trouve ainsi divisée nettement en deux parties, l'une très brillante, correspondant aux points de la surface où l'angle d'incidence est supérieur à l, l'autre, plus sombre, aux points où cet angle est inférieur à l; la ligne de séparation, ou *courbe limite*, est le lieu des images des points pour lesquels l'angle i'_1 est précisément égal à l'angle limite.

Si l'on amène la courbe limite à passer par le centre du réticule, le rayon qui se propage suivant l'axe optique a bien suivi le chemin que nous avons considéré lorsque nous supposions la surface réduite à un point.

Remarquons enfin qu'au lieu de déplacer par rapport au pied de la lunette le système du prisme et de la lame, il revient au même de déplacer, le long du pied vertical, la lunette et le cercle divisé sur lequel elle se meut.

—'Sur la relation simple

$$(107) \qquad x = \sqrt{n^2 - \cos^2 x}$$

Wollaston avait établi un appareil permettant des mesures rapides : l'ensemble de la lame et du prisme, rectangle en A, se meut sur une règle divisée horizontale; il est relié (*fig.* 150) à un système articulé ainsi formé : deux tiges BC et CD, dont l'une est mobile

autour d'un pivot fixe B, tandis que l'autre s'attache en D à la lame
et porte la lunette, dont l'axe lui est parallèle : au milieu de BC
une troisième tige EF, dont la longueur est $\frac{BC}{2}$, et dont l'extré-

Fig. 150.

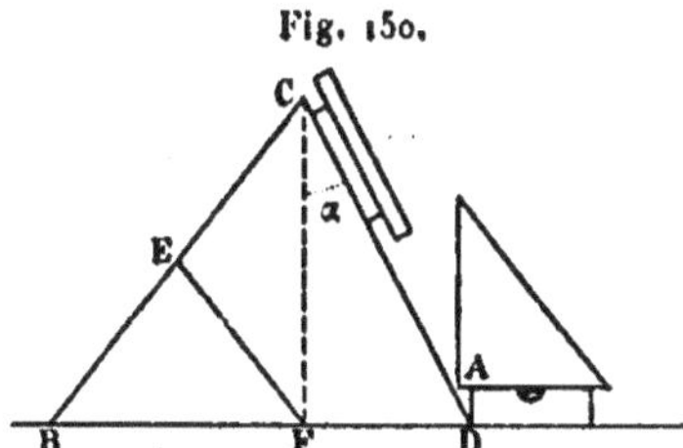

mité F est assujettie à suivre la règle; de telle sorte que les
points C et F restent toujours sur une même verticale. La division
de la règle a été faite en prenant CD comme unité, et l'on a donné
à BC une longueur $= CD \times n$, n étant l'indice du prisme. On voit
de suite que CD étant égal à 1, $CF = \cos\alpha$, et

$$BF = \sqrt{\overline{CB}^2 - \overline{CF}^2} = \sqrt{n^2 - \cos^2\alpha} = x.$$

Donc x est donné immédiatement par la distance, mesurée sur la
règle, des points B et F.

— La méthode de la réflexion totale permet de mesurer l'indice
des solides; d'abord on peut prendre un liquide d'indice connu,
et construire le prisme avec la substance solide que l'on veut étudier. Il vaut beaucoup mieux se servir d'un prisme connu et
appliquer sur sa face inférieure un petit morceau du corps solide,
sur lequel on a poli une facette plane, et que l'on colle au
prisme en les réunissant par l'intermédiaire d'un liquide convenablement choisi.

Il faut évidemment que le liquide interposé ait un indice de
réfraction supérieur à celui du prisme, pour que la réflexion totale
ne puisse pas se produire au contact du prisme et du liquide;
supérieur aussi à celui du solide, pour qu'il puisse y avoir réflexion
totale à la surface de séparation du liquide et du solide.

Il est d'ailleurs inutile de connaître cet indice, qui n'intervient
pas : le liquide constitue entre le prisme et le solide une lame
parallèle infiniment mince; le rayon lumineux y entre en I''', par

exemple (*fig.* 151), se réfléchit en I' sur le solide, et rentre dans le prisme en I^{IV}; soit n l'indice du prisme, m celui du liquide, x celui du solide.

Fig. 151.

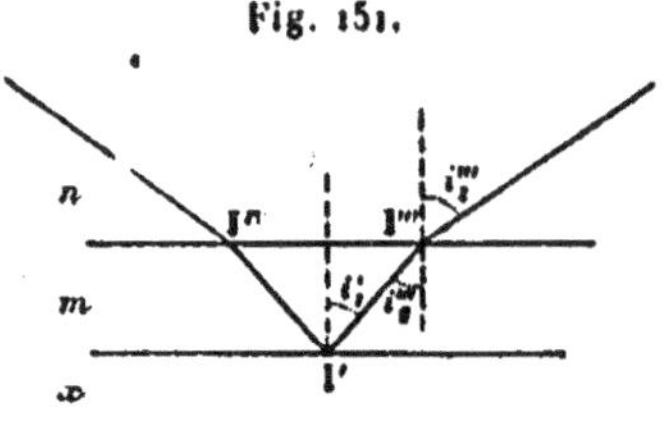

Au point I$^{'''}$

$$n \sin i_1''' = m \sin i_2''';$$

au point I', s'il y a réflexion totale,

$$m \sin i_1'' = x;$$

et comme $i_1'' = i_4'''$,

$$n \sin i_1''' = x.$$

Tout se passe donc comme si la lame n'existait pas et que la réflexion totale eût lieu, en I$^{'''}$, directement sur le corps solide.

Les avantages de la méthode sont immédiatement visibles : une fois connu l'indice du prisme rectangle, ou du cylindre qu'on emploie maintenant de préférence, comme dans le *Totalréflecto-mètre de Pulfrich*, la mesure d'un indice est ramenée à la seule détermination de l'angle α, et elle peut être faite avec une grande précision : d'autre part, il suffit d'avoir à sa disposition un très petit échantillon du corps solide, et d'y polir une simple facette : enfin la méthode peut s'appliquer à des corps à peine transparents.

172. Méthodes fondées sur la réfraction dans les lames. — La plus simple est celle du duc de Chaulnes.

Nous avons vu (41) que quand on regarde normalement un point lumineux à travers une lame à faces parallèles, on perçoit une image nette, avec un déplacement apparent

$$d = e\left(1 - \frac{1}{n}\right),$$

e désignant l'épaisseur et n l'indice de la lame.

La méthode consiste à mettre au point, sur une division micrométrique, un microscope dont les déplacements verticaux peuvent être exactement mesurés. Après avoir noté la position du microscope, on place sur la division la lame à faces parallèles; il faut refaire la mise au point, et pour cela relever le microscope d'une quantité égale à d.

Enfin on met au point sur de fines poussières à la surface supérieure de la lame; le déplacement entre la première et la troisième opération mesure e.

La méthode s'applique immédiatement aux liquides : on met le micromètre au fond d'un vase, et après la première mise au point, on le recouvre d'une couche de liquide.

— On peut éviter la mesure de e en se servant du mode d'observation indiqué par Bertin.

On laisse le microscope dans une position fixe, et fait la mise au point par une variation de tirage, c'est-à-dire que, l'objectif restant immobile, on déplace l'oculaire : soient G le grossissement du microscope, γ celui de l'objectif, g' celui de la lentille de champ, g'' celui de la lentille de l'œil; nous savons que

$$G = \gamma g' g''.$$

Dans les opérations successives, g' et g'' ne changent pas, car la distance à l'oculaire de l'image définitive devant rester la même, la position de l'image réelle par rapport à l'oculaire devra aussi être invariable.

Le seul changement qui se produise porte sur les distances à l'objectif de l'objet et de l'image réelle, et par conséquent sur le grossissement propre de l'objectif,

$$\gamma = \frac{p}{p_1} = \frac{\varphi}{\varphi - p_1}.$$

Soit p_1 la distance réelle du micromètre à l'objectif. Dans la première mise au point,

$$\gamma_1 = \frac{\varphi}{\varphi - p_1}, \qquad G_1 = g' g'' \frac{\varphi}{\varphi - p_1}.$$

Dans la seconde,

$$G_2 = g' g'' \frac{\varphi}{\varphi - p_1 + e\left(1 - \dfrac{1}{n}\right)}.$$

et dans la troisième

$$G_3 = g'g'' \frac{\varphi}{\varphi - p_1 + e},$$

Nous tirons de là

$$\frac{G_1}{G_2} = \frac{\varphi - p_1 + e\left(1 - \frac{1}{n}\right)}{\varphi - p_1}, \qquad \frac{G_1}{G_3} = \frac{\varphi - p_1 + e}{\varphi - p_1},$$

$$\frac{G_1 - G_2}{G_2} = \frac{e\left(1 - \frac{1}{n}\right)}{\varphi - p_1}, \qquad \frac{G_1 - G_3}{G_3} = \frac{e}{\varphi - p_1},$$

$$\frac{G_1 - G_2}{G_2} \frac{G_3}{G_1 - G_3} = 1 - \frac{1}{n}.$$

On est donc ramené à trois mesures de grossissement : on peut
d'ailleurs mesurer ou bien, à la chambre claire, G, grossissement
total, ou bien — ce qui vaut mieux — en se servant d'un micromètre oculaire (145), $\gamma g'$, grossissement du système formé par
l'objectif et la lentille de champ.

II. — INDICES DES GAZ.

173. Expériences de Biot et Arago. — Les indices des gaz se
mesurent par la méthode du minimum de déviation, en se servant
de prismes creux fermés par des glaces à faces parallèles.

Ces prismes sont de trop grandes dimensions pour qu'on puisse
les installer sur un goniomètre semblable à celui que nous avons
décrit; le prisme et la lunette seront montés sur des axes de rotation indépendants. On ne peut donc appliquer, pour la mesure de
l'angle A et de la déviation, les méthodes mêmes dont nous nous
sommes servis pour les solides.

Le prisme de Biot et Arago était constitué par un cylindre en
verre, long de 20^{cm} environ, à sections obliques également inclinées : ce cylindre était relié à une machine pneumatique et soudé
à un long tube contenant un baromètre qui donnait la pression
du gaz, et que des robinets permettaient d'isoler : quant à la température, elle était fournie par des thermomètres appliqués extérieurement contre les glaces.

La lunette était montée sur un cercle divisé horizontal : cercle
et lunette étaient tous deux mobiles autour de l'axe; on pouvait,

au moyen de vis de serrage, soit les rendre solidaires, soit immobiliser l'un ou l'autre.

Pour la mesure de A on visait avec la lunette, d'abord directement, puis par réflexion sur les deux faces du prisme, deux mires éloignées M_1 et M_2 situées de part et d'autre.

Si nous désignons par O l'axe de rotation (*fig.* 152),

$$\widehat{A} = I_1 OI_2 + AI_1 O + AI_2 O$$
$$= I_1 OI_2 + \tfrac{1}{2}(I_1 OM_1 + I_2 OM_2),$$
$$2\widehat{A} = I_1 OI_2 + M_1 OM_2.$$

On avait donc l'angle du prisme en faisant la demi-somme des

Fig. 152.

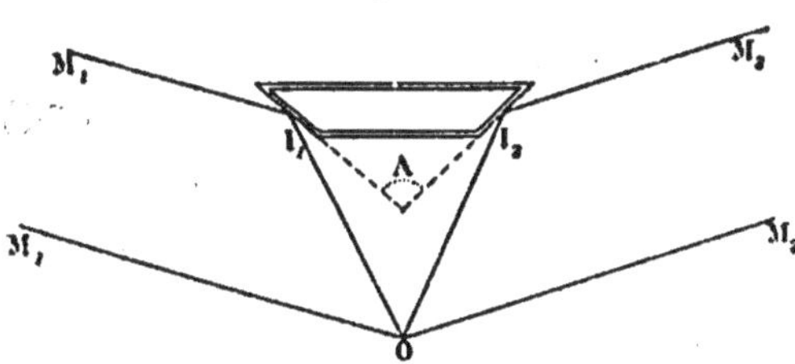

angles $I_1 OI_2$ et $M_1 OM_2$ que font entre elles d'une part les positions moyennes, d'autre part les positions extrêmes de la lunette.

Pour la mesure de D, on visait avec la lunette, à travers le prisme, une ligne verticale (une tige de paratonnerre) très éloignée.

Les déviations étant très faibles, il était difficile, d'abord, de placer exactement le prisme au minimum de déviation, puis de mesurer avec précision la valeur de cette déviation minimum. On opérait de la façon suivante :

On sait que la portion transverse du rayon lumineux, dans un prisme isocèle, est, au moment où la déviation passe par son minimum, parallèle à la base du prisme : on dirigeait vers la mire éloignée les génératrices du tube, et par conséquent la base du prisme ; dans ces conditions, la déviation n'a pas rigoureusement sa valeur minimum, mais elle n'en diffère pas d'une quantité appréciable : et, en fait, on s'assurait qu'on pouvait faire tourner le

prisme de plusieurs degrés autour de cette position sans que la
mire quittât le fil du réticule.

Pour avoir de manière précise l'angle de déviation, on appliquait
la méthode de *répétition des angles* : le prisme étant en BCDE
(*fig.* 153), on amenait la lunette en L, de façon à faire coïncider le

Fig. 153.

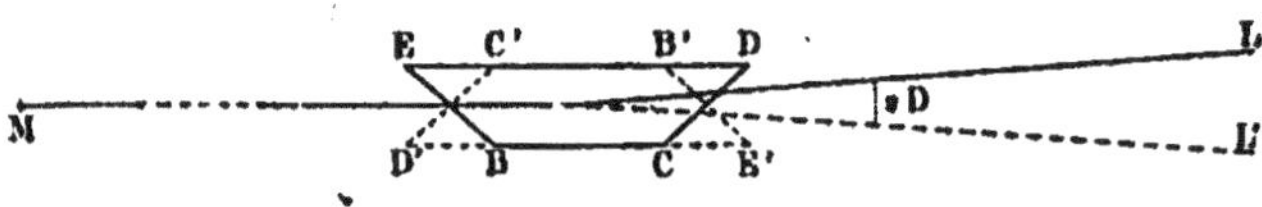

fil vertical du réticule avec l'image de la mire : on notait sa position sur le cercle, puis on donnait au prisme une position symétrique B'C'D'E' et l'on déplaçait la lunette sur le cercle de façon à
l'amener en L', où de nouveau la coïncidence se produisait. Pour
simplifier la figure, nous avons supposé que la déviation du rayon
se fait en une fois, au centre du prisme, et que le prisme et la lunette
ont même axe de rotation; en réalité il n'en était pas ainsi, et les
deux appareils étaient indépendants; mais comme la distance de la
mire peut être considérée comme infinie et que par conséquent la
lunette reçoit un faisceau de rayons parallèles, il suffit, pour que
l'image de la mire se fasse sur le réticule, que l'axe optique de la
lunette soit parallèle à la direction du faisceau; il revient donc au
même que les axes de rotation soient ou non confondus.

Le déplacement angulaire de la lunette entre les deux visées
était 2D : on immobilisait alors la lunette sur le cercle et, par
une rotation du cercle lui-même, on la ramenait en L, après
avoir replacé le prisme dans la position BCDE; on libérait de
nouveau la lunette, et, en la faisant mouvoir seule, on revenait
en L', le prisme étant remis en B'C'D'E'; à ce moment le déplacement de la lunette sur le limbe était 4D.

On répétait *n* fois cet ensemble d'opérations, puis on lisait la
position finale de la lunette sur le cercle; elle faisait avec la
première un angle 4*n*D. On peut ainsi avoir D avec une assez
grande précision, l'erreur de lecture étant divisée par 4*n*.

Les lames de fermeture n'étant pas rigoureusement parallèles
produisaient une déviation, très faible d'ailleurs; on l'avait mesurée par la même méthode, l'intérieur du prisme étant en libre

communication avec l'air extérieur; et on en corrigeait les valeurs de D.

— L'indice dont la valeur est donnée par la fraction

$$\frac{\sin\dfrac{A+D}{2}}{\sin\dfrac{A}{2}}$$

est celui du gaz intérieur par rapport à l'air extérieur, c'est-à-dire le quotient de leurs indices par rapport au vide. On ne peut plus ici négliger les variations d'indice de l'air extérieur, non plus que celles du gaz intérieur, avec la température et la pression.

Si nous voulons des grandeurs comparables, il nous faut les indices, par rapport au vide, des gaz ramenés aux conditions normales de température et de pression.

Pour les déduire des indices relatifs donnés par leur méthode expérimentale, Biot et Arago se servaient d'une loi fondée par Newton sur des considérations théoriques.

Newton appelait *pouvoir réfringent* d'un gaz le quotient

$$\frac{n^2-1}{d},$$

n étant l'indice, et d la densité par rapport à l'air normal; et il avait énoncé que pour un même gaz, quand la température et la pression varient, le pouvoir réfringent reste constant.

Cherchons d'abord l'indice m_0, par rapport au vide, de l'air normal.

Pour cela, on fait une première expérience, dans laquelle le prisme est plein d'air, mais sous une pression différente de celle de l'atmosphère; elle donne un indice relatif que nous appellerons μ, et qui est le rapport $\dfrac{m}{m'}$ des indices par rapport au vide de l'air intérieur et de l'air extérieur.

Soient h et t la pression et la température de l'air intérieur, h' et t' celles de l'air extérieur. Leurs densités, rapportées à celles de l'air normal, sont respectivement

$$a = \frac{h}{760}\,\frac{1}{1+\alpha t},$$
$$a' = \frac{h'}{760}\,\frac{1}{1+\alpha t'};$$

et, d'après la loi de Newton, si nous appelons m_0 l'indice de l'air normal,

$$\frac{m^2-1}{a} = \frac{m'^2-1}{a'} = m_0^2-1,$$

d'où nous tirons

$$m^2 = 1 + a(m_0^2-1), \qquad m'^2 = 1 + a'(m_0^2-1).$$

L'expérience nous a donné $\mu = \dfrac{m'}{m}$; nous avons donc

$$\mu^2 = \frac{1 + a(m_0^2-1)}{1 + a'(m_0^2-1)},$$

équation d'où nous pouvons tirer m_0, seule inconnue.

Il est à remarquer que les considérations théoriques sur lesquelles s'était appuyé Newton, et qui découlaient de la théorie de l'émission, ne peuvent plus être admises. Mais Biot et Arago ayant à diverses reprises, et en se plaçant dans des conditions très différentes, cherché à déterminer m_0 par la méthode précédente, ont toujours trouvé la même valeur; on en peut conclure que la loi de Newton peut être acceptée non plus comme loi théorique, mais comme loi empirique.

Examinons maintenant le cas d'un gaz quelconque; le prisme étant rempli de ce gaz à pression et température h'' et t'', et l'air extérieur ayant pour pression et température h''' et t''', par exemple, nous mesurons un indice relatif

$$\mu' = \frac{n''}{m'''},$$

et, connaissant m_0, nous connaissons m''' par

$$m'''^2 = 1 + a'''(m_0^2-1);$$

évaluons de même l'indice n'' du gaz intérieur en fonction de son indice normal n_0; sa densité est dans les conditions données

$$d'' = d_0 a' = d_0 \frac{h''}{760} \frac{1}{1+ a t''},$$

en appelant d_0 la densité du gaz normal; la loi de Newton donne

$$\frac{n''^2-1}{d_0 a''} = \frac{n_0^2-1}{d_0},$$

$$n''^2 = 1 + a''(n_0^2-1).$$

Nous avons donc n_0 par l'équation

$$\mu'^2 = \frac{1 + a''(n_0^2 - 1)}{1 + a'''(m_0^2 - 1)}.$$

174. Expériences de Dulong. — Dulong fit une série d'études comparatives au moyen de la méthode précédente, un peu modifiée.

En faisant varier de façon convenable la pression du gaz intérieur, Dulong arrivait à produire toujours la même déviation; c'est-à-dire que la valeur de μ était la même dans toutes les expériences.

Soient, dans ces expériences successives, où l'on introduit dans le prisme de l'air, d'abord, puis différents gaz,

$$m, \quad n, \quad p, \quad \ldots,$$

les indices, par rapport au vide, de l'air et des gaz intérieurs, dans les conditions de pression et de température où ils se trouvent; et

$$m', \quad m'', \quad m''', \quad \ldots,$$

les indices, par rapport au vide, de l'air extérieur; μ étant constant,

$$\frac{m}{m'} = \frac{n}{m''} = \frac{p}{m'''} = \ldots = \frac{\sin \frac{A + D}{2}}{\sin \frac{A}{2}}.$$

Si les conditions atmosphériques n'ont pas changé d'une expérience à l'autre

$$m' = m'' = m'''\ldots$$

et par suite

$$m = n = p = \ldots.$$

Soient, par exemple, deux de ces expériences faites, la première sur l'air, la seconde sur un autre gaz d'indice normal n_0; pour l'air, dans la première, la pression et la température à l'intérieur du prisme étaient h et t; pour le gaz, dans la seconde, h_1 et t_1;

$$m = 1 + a(m_0^2 - 1), \qquad n = 1 + a_1(n_0^2 - 1).$$

Je suppose que, dans l'intervalle, les conditions atmosphériques n'aient pas changé :

$$1 + a(m_0^2 - 1) = 1 + a_1(n_0^2 - 1),$$

$$\frac{n_0^2 - 1}{m_0^2 - 1} = \frac{a}{a_1}.$$

La méthode, dont le principal avantage est de supprimer l'influence des lames de fermeture, puisque, la déviation totale étant la même dans toutes les expériences, la déviation produite par ces lames s'élimine dans la comparaison des résultats, permet donc d'obtenir les valeurs relatives, pour les divers gaz, de la différence $n_0^2 - 1$, et par suite du pouvoir réfringent.

Dulong a trouvé que le pouvoir réfringent n'avait pas la même valeur pour tous les gaz.

175. Expériences de M. Le Roux ([1]). — C'est encore d'une méthode très analogue à celle de Biot et Arago que M. Le Roux s'est servi pour étudier les indices des vapeurs.

Un prisme creux, de 125° environ, fermé par des lames à faces parallèles, est interposé entre un collimateur C et une lunette ΩR, qui est munie d'un réticule micrométrique (*fig.* 154).

Fig. 154.

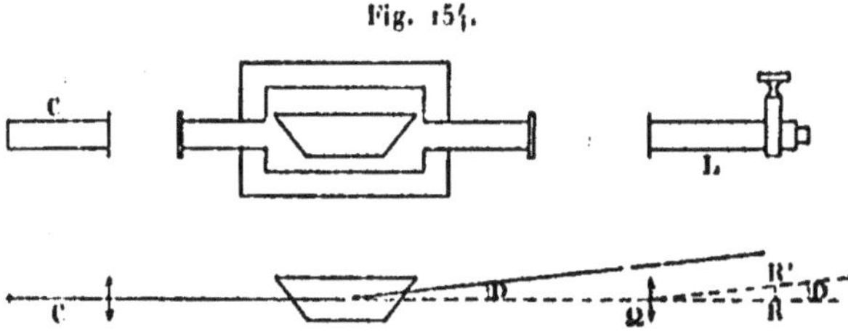

Le prisme étant plein d'air en communication avec l'extérieur, on amène le réticule à coïncider en R avec l'image de la fente, qui est placée au foyer principal du collimateur; si l'on substitue à l'air intérieur un autre gaz, le faisceau est dévié, d'un angle D par exemple; l'image qu'il forme de la fente dans le plan focal de la lunette se déplace et vient, de l'axe ΩR, sur l'axe secondaire $\Omega R'$: le déplacement ϵ, que l'on mesure en ramenant, par la vis micro-

---

([1]) *Annales de Chimie et de Physique*, 3ᵉ série, t. LXI; 1861.

métrique, le réticule à coïncider avec l'image, est

$$\iota = \mathrm{D}\varphi,$$

où φ est la distance focale de l'objectif et D la déviation due au gaz seul. La base du prisme était dirigée parallèlement à l'axe du collimateur, de façon que le rayon incident fût, comme dans l'expérience de Biot et Arago, perpendiculaire au plan bissecteur du prisme. Il est facile de voir que, dans ces conditions, l'angle d'incidence est $\dfrac{A}{2}$, et que n est donné en fonction de A et de D par le système

$$\sin \frac{A}{2} = n \sin r,$$

$$\sin\left(\frac{A}{2} + D\right) = n \sin(A - r).$$

En réalité, dans les expériences de M. Le Roux, D ne différait jamais, d'une quantité appréciable, de la déviation minimum.

Le micromètre oculaire donnait le $\frac{1}{100}$ de millimètre, et une variation de $1''$ dans la valeur de D correspondait à peu près à un déplacement de quatre divisions.

La fente du collimateur était éclairée par un héliostat; pour avoir une lumière homogène, on faisait traverser aux rayons solaires des verres de couleur.

Le prisme, formé d'un tube de fer à sections obliques également inclinées et fermées par des glaces à faces parallèles, était enfermé dans une caisse de fer, placée elle-même dans un bain de métal fondu. Des tubes cylindriques, disposés dans le prolongement du prisme et fermés par des glaces à faces parallèles, traversaient ces enveloppes successives et laissaient passer le faisceau lumineux. Au cas où, par suite d'une déviation trop forte, l'image de la fente sortait du champ de la lunette, on l'y ramenait en interposant sur le passage des rayons un prisme très aigu dont l'effet avait été soigneusement mesuré d'avance.

176. Résultats. — La loi de Newton

$$\frac{n^2 - 1}{d} = \text{const.}$$

se vérifie assez exactement pour un grand nombre de gaz ou de vapeurs.

M. Le Roux a observé quelques particularités intéressantes : par exemple, que le pouvoir réfringent $\dfrac{n^2-1}{d}$ est le même pour l'oxygène et la vapeur de soufre, pour l'azote et la vapeur de phosphore ; que dans un mélange de gaz le pouvoir réfringent est la somme des pouvoirs réfringents des éléments ; et qu'à cet égard l'air se comporte comme un mélange

On a proposé de substituer à la loi de Newton la loi de *Gladstone*

$$\frac{n-1}{d} = \text{const.}.$$

$\dfrac{n-1}{d}$ étant appelé l'*énergie réfractive*. MM. Rivière et Chappuis ont trouvé que pour l'air, le gaz carbonique, le cyanogène, cette loi se vérifie très rigoureusement si l'on calcule la densité au moyen des lois exactes de compressibilité.

Il est à remarquer que les deux lois de Newton et de Gladstone ne sont pas aussi contradictoires qu'il semblerait d'abord : n est de la forme $1+\varepsilon$, où ε est une quantité très petite ; ε^2 est en général absolument négligeable, et alors

$$n^2-1 = 2(n-1).$$

— L'indice de l'air par rapport au vide est, à $0°$ et sous la pression de 760^{mm} de mercure, pour la raie D du spectre solaire,

$$1,000293.$$

On peut prendre pour valeur de l'indice à $t°$ et sous pression H

$$n = 1 + (n_0-1)\frac{d}{d_0} = 1 + 0,000293\,\frac{H}{760}\,\frac{1}{1+\alpha t}.$$

Pour déduire, de son indice par rapport à l'air, l'indice par rapport au vide d'une substance quelconque, il faudra multiplier le premier par l'indice de l'air dans les conditions de l'expérience.

CHAPITRE XIII.

VITESSE DE PROPAGATION DE LA LUMIÈRE.

177. Méthodes astronomiques. — La vitesse de la lumière fut
d'abord déterminée à l'aide d'observations astronomiques. Nous
nous bornerons à indiquer sommairement le principe de ces
méthodes :

I. Rœmer, astronome danois, utilisa (1672-1676) l'occultation
des satellites de Jupiter : ces satellites, à chaque révolution, pénètrent dans le cône d'ombre de l'astre, et le phénomène est évidemment périodique. Or si l'on observe les époques où se produisent
les immersions successives du premier de ces satellites, par
exemple, on trouve qu'elles ne sont pas séparées par des intervalles égaux. L'intervalle varie de façon régulière, présentant une
durée minimum quand la Terre et Jupiter sont en conjonction,
une durée maximum quand ils sont en opposition.

La variation ne peut s'expliquer que par celle du chemin que
doit parcourir la lumière entre l'astre et la Terre; la différence
entre l'intervalle maximum et l'intervalle minimum représente
donc certainement le temps que met la lumière à franchir le diamètre de l'orbite terrestre.

Cette différence ne peut être déterminée avec une très grande
précision. Rœmer l'avait évaluée à 22 minutes. Delambre, par la
comparaison d'un très grand nombre d'observations, lui a attri-
bué une valeur de $16^m 26^s,4$; on a donné depuis (Glasenapp,
1874) $16^m 41^s,6$.

Il faut, d'autre part, pour le calcul de V, connaître le diamètre
de l'orbite terrestre : on le déduit de la parallaxe solaire, c'est-
à-dire de l'angle sous lequel est vu, du centre du Soleil, le rayon
équatorial de la Terre. Cette parallaxe, qui sert à calculer la dis-

tance de la Terre au Soleil, était assez mal connue à l'époque de Rœmer. On admet maintenant 8″,80.

La vitesse de propagation calculée en se servant des valeurs les plus récemment déterminées ($16^m 41^s,6$ et 8″,80) serait de

$$298\,500^{km}.$$

II. Bradley (1725-1728) utilisa le phénomène de l'*aberration*, découvert par lui.

En observant une série d'étoiles voisines du zénith, Bradley constata qu'elles éprouvaient une variation périodique en déclinaison, et que, si l'amplitude de cette variation différait d'une étoile à une autre, la période était uniformément d'un an. Le phénomène était donc en relation évidente avec le mouvement de la Terre. Bradley l'expliqua par une composition de ce mouvement de la Terre avec celui de la lumière.

Quand, visant une étoile dans une lunette, nous amenons l'image à se former au point de croisement des fils du réticule, nous disons que l'étoile se trouve sur l'axe optique, défini par ce point de croisement R et par le centre optique Ω de l'objectif. En réalité, entre le moment où un rayon lumineux passe en Ω et celui où il arrive en R, c'est-à-dire pendant le temps qu'il met à parcourir la longueur de la lunette, celle-ci a été entraînée par le mouvement de la Terre, le centre du réticule s'est déplacé, et l'axe optique fait avec la direction du rayon lumineux un angle qu'on appelle l'*aberration*.

En déduisant les conséquences mathématiques de cette hypothèse, on trouve que l'étoile doit décrire autour de sa position moyenne une ellipse dont le grand axe a est parallèle au plan de l'écliptique et est vu de la Terre sous un angle dont le sinus a pour mesure le rapport $\frac{v}{V}$, v étant la vitesse de translation de la Terre et V la vitesse de propagation de la lumière; il est par conséquent le même pour toutes les étoiles; seul le petit axe est variable avec la latitude de l'étoile.

On appelle *constante de l'aberration* l'angle sous lequel a est vu de la Terre, angle dont le sinus est égal à $\frac{v}{V}$.

Bradley trouvait pour cet angle 20″,2; on admet maintenant

$20'',47$. Déduisant d'autre part la valeur de v de celle de la parallaxe solaire, et adoptant pour cette parallaxe $8'',8o$, on trouve

$$V = 299980^{km}.$$

Remarque. — Il semble que la méthode de l'aberration doive donner la vitesse de propagation dans le milieu qui remplit la lunette; il n'en est rien : l'aberration n'est pas influencée par la nature du milieu réfringent interposé; Fresnel a montré comment on pouvait l'expliquer théoriquement.

La vitesse mesurée est donc la vitesse de propagation dans le vide.

178. Méthode de Fizeau. — Le principe de la méthode de Fizeau ([1]) est le suivant : En deux stations éloignées sont deux objectifs Ω et Ω_1, centrés sur un même axe (*fig.* 155). Supposons qu'au foyer principal de l'objectif Ω soit un point lumineux S et,

Fig. 155.

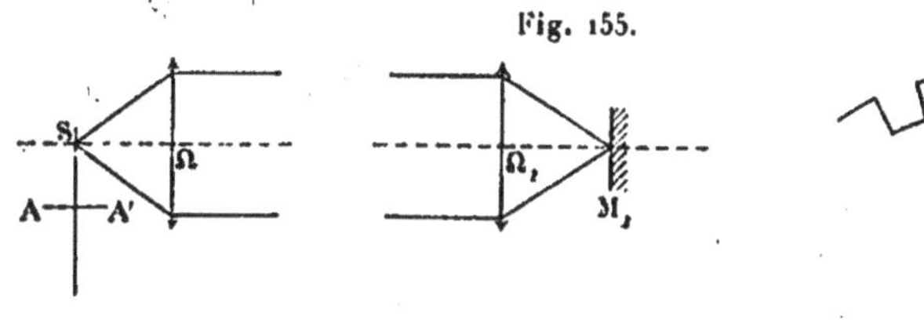

au foyer de Ω_1 un miroir M_1 : les rayons émis par la source S forment un faisceau qui devient parallèle après réfraction par Ω, et qui, après avoir traversé la seconde lentille, donne sur le miroir M_1 une image de S; mais, réfléchis, les rayons reviennent en arrière, et le faisceau de retour, se superposant au faisceau incident, forme au point S lui-même son point de concours; chaque rayon, suivant, au retour, un chemin symétrique de celui qu'il a parcouru à l'aller, parvient au point de départ après un intervalle de temps qui, si nous désignons par D la distance des deux stations et par V la vitesse de propagation de la lumière, est égal à

$$\frac{2\,D}{V}.$$

([1]) *Comptes rendus de l'Académie des Sciences*, t. XXIX, 23 juillet 1849.

Supposons maintenant qu'en avant du point S, à une distance infiniment petite, se trouve une roue dentée très mince, tournant autour d'un axe AA' parallèle à celui du système optique, et dont les dents se présentent successivement devant le point lumineux. Imaginons que les dents soient de forme carrée, que les pleins soient égaux aux vides, et que l'angle au centre correspondant à une dent complète (dent et entre-dent) soit δ.

L'émission de lumière sera intermittente, les rayons lumineux ne pouvant passer que quand ils trouvent devant eux un intervalle vide.

Si la vitesse de rotation est uniforme, l'émission sera périodique; θ étant l'intervalle de temps nécessaire pour que la roue tourne d'un angle δ, la lumière passe pendant un temps égal à $\frac{\theta}{2}$, puis est interceptée, et ainsi de suite.

L'arrivée des rayons réfléchis sera également périodique, et de même période, mais avec un retard égal à $\frac{2D}{V}$; quoique l'image de retour soit ainsi éclairée de façon intermittente, on aura, si la vitesse de rotation de la roue n'est pas très petite, et grâce à la persistance des impressions rétiniennes, la sensation d'une image permanente; quant à l'éclat de cette image, il dépendra de la vitesse de rotation et par conséquent, de la valeur de θ.

Si θ est précisément égal à $\frac{2D}{V}$, chaque rayon de retour, en arrivant à la roue dentée, trouvera substitué, au point par lequel il a passé au départ, le point semblablement placé de l'entre-dent suivant; tous les rayons de retour auront donc libre passage, et l'image présentera un éclat maximum. Il en sera de même si θ est un sous-multiple exact quelconque de $\frac{2D}{V}$.

Si, au contraire, $\frac{2D}{V}$ est égal à $\frac{\theta}{2}$, chaque rayon de retour trouvera substitué, au point par lequel il a passé au départ, le point semblablement placé d'une demi-dent pleine, et il sera intercepté; tous les rayons de retour seront ainsi arrêtés par la roue, et aucun d'eux ne pourra parvenir au point S : l'image de retour aura un éclat nul; et il en sera de même pour toute valeur de $\frac{\theta}{2}$ qui sera un sous-multiple exact et impair de $\frac{2D}{V}$.

Pour les vitesses de rotation intermédiaires, une partie des rayons de retour pourra passer, l'autre sera interceptée; et si nous faisons, dans des expériences successives, croître régulièrement la vitesse de rotation, l'éclat de l'image variera régulièrement, passant par un maximum toutes les fois que $\frac{0}{2}$ sera compris un nombre entier pair de fois dans $\frac{2D}{V}$, s'annulant toutes les fois qu'il y sera contenu un nombre entier impair de fois.

La première éclipse se produira pour

$$\frac{0}{2} = \frac{2D}{V};$$

supposons que la roue présente n dents complètes, et qu'elle fasse m tours à la seconde : alors

$$0 = \frac{1}{nm},$$

et par suite

$$\frac{1}{2nm} = \frac{2D}{V};$$

nous avons ainsi V par

$$V = 4nmD :$$

nous pourrons donc déduire la valeur de V du nombre de tours que la roue dentée fait à la seconde au moment où se produit la première éclipse.

La seconde éclipse aura lieu pour un nombre de tours tel que

$$3\frac{0}{2} = \frac{2D}{V}, \qquad V = \frac{4nmD}{3};$$

et pour la $K^{\text{ième}}$, nous aurons

$$V = \frac{4nmD}{2K-1}.$$

Nous pourrons ainsi, en faisant croître, dans des expériences successives, la vitesse de rotation, de façon à observer des éclipses d'ordre de plus en plus élevé, déterminer des valeurs de V qui devront évidemment être égales entre elles, et qui se contrôleront mutuellement.

L'appareil de Fizeau comprenait (*fig.* 156, 1) deux lunettes, disposées dans le prolongement l'une de l'autre, à une distance de plusieurs kilomètres; dans la première, entre l'oculaire O et le foyer, une glace transparente M, inclinée à 45° sur l'axe, recevait, par une ouverture latérale pratiquée dans la monture, la lumière venant, à travers une lentille, d'un diaphragme Δ fortement

Fig. 156,

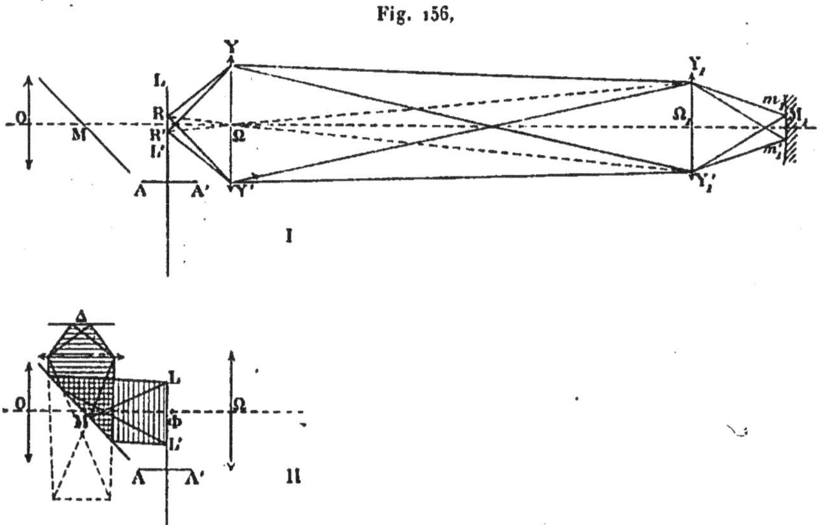

éclairé par le soleil ou par une lampe puissante; et donnait, très près du foyer Φ de l'objectif, sur la face postérieure de la roue dentée, une image du diaphragme, formant un petit cercle lumineux LL' perpendiculaire à l'axe (*fig.* 156, II). Dans la seconde, un miroir M_i était placé en arrière, et très près, du foyer de l'objectif.

La source lumineuse n'étant pas réduite à un point mathématique (et un point mathématique ne pourrait émettre de lumière que s'il avait un éclat infini), il n'y a plus lieu, en effet, de placer aux foyers mêmes des deux objectifs la source et le miroir M_i.

L'appareil était réglé de telle sorte que le cercle LL' et l'objectif $Y_i Y_i'$ fussent conjugués par rapport à Ω; le miroir M_i et l'objectif Ω, conjugués par rapport à Ω_i.

Considérons alors, sur le cercle lumineux LL' (*fig.* 156, I), le point R situé sur l'axe secondaire $\Omega Y_i'$; en Y_i' se forme une image réelle de R; si M_i est un miroir sphérique concave ayant son centre de courbure en Ω_1, il donne de Y'_1 une image qui se forme au point symétrique, en Y_1 ; enfin de Y_1 le premier objectif donne une image R' située, sur le cercle lumineux, dans une position symétrique de R. Le pinceau lumineux, ayant comme sommet R et comme base le premier objectif, concourt d'abord en Y'_1, puis diverge, et va couvrir sur M_1 une surface $m_1 m'_1$ qui est l'image de YY' par rapport à Ω_1 ; réfléchi, il converge en Y_1, forme de nouveau un cône divergent qui couvre entièrement YY', puisque YY' est l'image de $m_1 m'_1$, et, après une nouvelle réfraction, va se réunir en R'.

La portion RR' du cercle lumineux est seule utilisée, et les rayons lumineux qui l'ont traversée reviennent, après avoir parcouru tout le système, former, sur RR' même, son image réelle, égale et renversée.

RR' est extrêmement petit, et l'image de retour forme, au centre du cercle LL', comme un point lumineux, semblable à une étoile, que l'on observe à travers la glace sans tain et l'oculaire.

Les conditions indiquées sont les meilleures que l'on puisse choisir pour que l'image de retour soit aussi fortement éclairée que possible, quand les rayons de retour ne sont pas interceptés.

On voit en effet que, si nous négligeons les pertes par absorption dans les milieux traversés et par réflexion sur les surfaces de séparation, la lumière reçue par l'objectif de la seconde lunette est entièrement ramenée sur l'image de retour, et qu'en chaque point, tel que R', de cette image, le faisceau qui, émané du point symétrique R de l'objet, a traversé le premier objectif, revient en totalité.

Dans ces conditions, et dans ces conditions seulement, la distance des deux stations n'aura pas, sauf bien entendu en ce qui concerne les pertes par absorption, d'influence sur l'éclat de l'image de retour ; elle n'interviendra que pour limiter la portion utile du cercle lumineux ; en d'autres termes, la quantité totale de lumière formant l'image de retour, c'est-à-dire l'*intensité* lumineuse de cette image, variera en raison inverse du carré de la distance qui sépare les deux stations, mais son *éclat* restera constant, et sera aussi grand que possible.

Nous avons supposé que le miroir M_1 était sphérique, concave, et avait comme rayon de courbure la distance focale principale de l'objectif Ω_1. Il est facile de voir que la valeur du rayon de courbure peut varier, et même devenir infinie, sans que la marche des faisceaux en soit très sensiblement modifiée; en réalité, le miroir était plan; dans ces conditions, l'action du collimateur sur les rayons lumineux est celle qu'indique la *fig.* 157; le pinceau

Fig. 157.

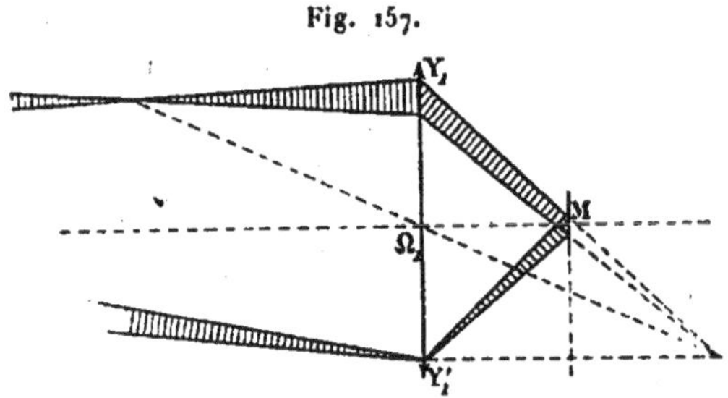

réfléchi, au lieu de se réunir sur l'objectif Ω_1 lui-même, forme son point de concours en avant de cet objectif, à une distance qui, très sensiblement égale au double de la distance focale, est par conséquent absolument négligeable par rapport à celle qui sépare les deux stations.

Les expériences de Fizeau furent faites, en 1849, entre Montmartre et le Mont-Valérien, la distance étant de 8633^m; les lentilles avaient 6^{cm} d'ouverture; la roue, commandée par un mouvement d'horlogerie avec compteur, avait 720 dents. L'image de retour était facilement perçue, et la première éclipse se produisait pour une vitesse de rotation de 12,6 tours par seconde.

Fizeau en déduisit, pour la vitesse de la lumière, 70948 lieues de 25 au degré, soit 315000^{km} environ.

179. Expériences de M. Cornu. — La méthode de Fizeau a été reprise par M. Cornu ([1]), en 1872 : une première série d'expériences fut faite entre l'École Polytechnique et le Mont-Valérien; elle avait surtout pour but d'étudier les modifications apportées aux dispositions anciennes; et elle donna pour V une valeur de 298500^{km}. Les expériences définitives furent faites pen-

---

([1]) CORNU, *Annales de l'Observatoire de Paris*, t. XIII (Mémoires); 1876.

dant les années suivantes entre l'Observatoire et la tour de Montlhéry, distants de 22910^m.

Le dispositif de Fizeau fut conservé, mais avec des instruments plus puissants : la lunette d'émission avait 9^m environ de distance focale, avec $0^m,38$ de diamètre; le collimateur, 2^m de distance focale et $0^m,15$ de diamètre. Le réglage se faisait d'après les mêmes principes : la lunette était mise au point sur l'objectif du collimateur, dont on amenait l'image à se faire nettement, au centre du champ, dans le plan de la roue dentée : du côté du collimateur, on remplaçait le miroir, formé d'une lame de verre à faces parallèles argentée sur sa face postérieure, par une glace transparente de même épaisseur, portant gravés sur sa face postérieure quelques traits; et, au moyen d'un oculaire, adapté en arrière et transformant le collimateur en une lunette, on mettait au point sur l'objectif de la lunette d'émission, amenant l'image de cet objectif à se faire, au centre du champ, dans le plan des divisions; on substituait alors de nouveau le miroir à la glace transparente. (C'est en vue de ce réglage, qui n'aurait pu être fait commodément à travers une masse de verre à faces courbes, qu'on employait un miroir plan.)

La surface réfléchissante est donc encore conjuguée de l'objectif Ω par rapport à Ω_1; et la roue dentée, conjuguée de l'objectif Ω_1 par rapport à Ω.

M. Cornu s'était assuré qu'on obtenait, ainsi qu'on pouvait le prévoir, les mêmes résultats en faisant simplement la mise au point sur la tour de Montlhéry elle-même, d'une part, et d'autre part sur les coupoles de l'Observatoire; et c'est ainsi qu'il opérait ordinairement pour vérifier ou rectifier le réglage.

On peut remarquer aussi qu'étant donnée la grande distance des deux stations, il n'est pas nécessaire que les axes optiques des deux lunettes soient rigoureusement confondus : il suffit qu'ils soient parallèles et très voisins.

Les lunettes étant réglées, on disposait le système éclairant de façon à former sur la face postérieure de la roue dentée, faite d'une feuille d'aluminium très mince, que renforçait au centre un disque de cuivre, l'image nette du diaphragme éclairé; le centre de cette image étant, sur l'axe principal, à la hauteur des dents.

L'observateur placé à l'oculaire voit, sur la roue en mouvement, ce cercle lumineux, dont l'éclat, notablement plus grand que celui de l'image de retour, affaiblie par les absorptions, gênerait beaucoup les observations : on avait donc eu soin de noircir la face postérieure de la roue, de façon à en diminuer considérablement le pouvoir réflecteur : le cercle lumineux avait alors l'aspect d'une tache grise, au centre de laquelle l'image de retour formait un point brillant.

La modification la plus importante introduite par M. Cornu porte sur la disposition et la manœuvre de la roue dentée.

La portion utile du cercle lumineux, et l'image de retour, qui lui est égale, présentent, quoique très petites, une certaine étendue.

Il en résulte qu'avec une roue à dents carrées, ayant des pleins et des vides égaux entre eux, on ne peut pas obtenir d'extinction complète; on s'en rendra facilement compte de la manière suivante :

Considérons, par sa face antérieure, la roue dentée au moment où, cette roue tournant par exemple dans le sens des aiguilles d'une montre, une dent (*fig.* 158, I) commence à masquer la

Fig. 158.

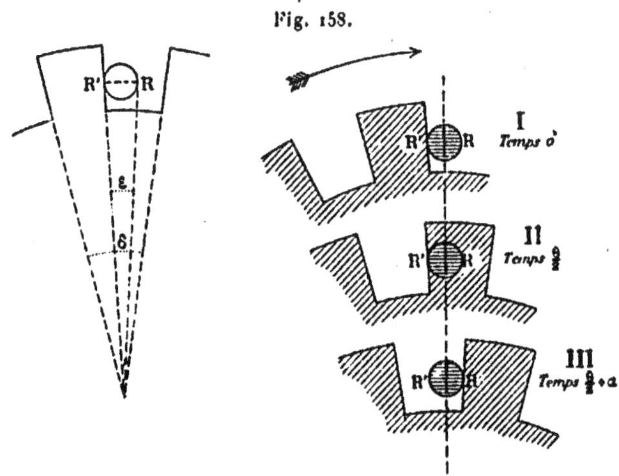

partie utile RR' du cercle lumineux qui constitue la source. Nous prenons ce moment comme origine des temps.

Soit ε l'angle au centre correspondant à RR'; l'angle qui correspond à une dent complète étant δ, et θ l'intervalle de temps nécessaire pour que la roue tourne de cet angle δ.

La source ne sera entièrement masquée qu'au bout d'un temps

$$\alpha = \theta\,\frac{\varepsilon}{\delta},$$

pendant lequel de la lumière continuera à passer, venant de la partie encore découverte. Puis il y aura interruption complète jusqu'au moment où (II) la dent pleine affleurera en R', ce qui arrivera au temps $\frac{\theta}{2}$.

Sur la période θ, il y aura donc une durée d'occultation

$$\frac{\theta}{2} - \alpha,$$

et une durée d'émission

$$\frac{\theta}{2} + \alpha.$$

Supposons qu'on observe la première éclipse, c'est-à-dire que la lumière mette précisément $\frac{\theta}{2}$ pour parcourir la double distance des deux stations ; lorsque la lumière, partie de la source au temps ρ, revient sur la roue dentée, elle la trouve dans la position (II) et est complètement arrêtée; mais quand arrive ensuite celle qui, entre le temps o et le temps α, a été émise par les portions voisines de l'extrémité R, la roue, qui a continué à tourner, a démasqué les points voisins de R', où ces faisceaux vont concourir puisque l'image de retour est une image renversée.

Quand revient en particulier, au temps $\frac{\theta}{2} + \alpha$, le faisceau parti de R au temps α, et qui doit se réunir au point R', la roue a tourné d'un angle ε et occupe la position III, démasquant complètement RR'.

Le libre passage de la lumière de retour commence au temps $\frac{\theta}{2}$, pour le faisceau qui, parti de R au temps o, revient en R' au moment où ce point commence à se démasquer; il finit au temps $\frac{\theta}{2} + \alpha$, pour le faisceau parti de R au temps α.

L'image de retour reçoit donc une certaine quantité de lumière pendant un intervalle α; elle en recevra de même entre les temps 0 et $0 + \alpha$, et ainsi de suite; soit, en tout, pendant un intervalle 2α pour chaque période égale à 0.

L'éclat de l'image de retour ne sera donc jamais nul; il présentera seulement un minimum toutes les fois que $\frac{0}{2}$ sera égal à $\frac{2D}{V}$ ou à un sous-multiple impair de $\frac{2D}{V}$.

Pour avoir une extinction complète, il faut ramener la durée d'émission à être au plus égale à la durée d'interruption, et, pour cela, augmenter l'importance relative des pleins par rapport aux vides; mais il ne faut pas dépasser le but, sans quoi on aurait éclipse pour une vitesse de rotation simplement voisine de celle qui satisfait à

$$\frac{0}{2} = \frac{1}{2K-1}\,\frac{2D}{V}.$$

M. Cornu a résolu le problème en se servant d'une roue à dents triangulaires, et en rendant mobile, parallèlement à lui-même, l'axe de rotation AA′ de cette roue; en le rapprochant peu à peu de l'axe de la lunette, il engageait de plus en plus dans les dents la source lumineuse, et faisait croître progressivement le rapport des pleins aux vides. Il le faisait jusqu'au moment précis où le minimum d'éclat de l'image de retour devenait — ou paraissait devenir — égal à zéro.

M. Cornu avait, d'autre part, reconnu qu'il était impossible de donner à la roue un mouvement de rotation absolument uniforme : aussi avait-il franchement renoncé à l'emploi du mouvement d'horlogerie utilisé par Fizeau, et adopté la méthode suivante : le mouvement de la roue, produit par la chute d'un poids, allait s'accélérant; on pouvait le ralentir en agissant sur un frein : on laissait donc la roue tourner de plus en plus vite, jusqu'à ce qu'une éclipse se produisît; et alors, au moyen du frein, on faisait osciller la vitesse autour de la valeur correspondant à l'éclipse.

Cette valeur n'est pas exactement définie; il y a éclipse apparente dès que la quantité de lumière reçue par l'image de retour, sans être encore nulle, est devenue très faible. On notera le moment de l'apparition et celui de la disparition de l'image; on peut admettre que l'éclipse se produit réellement à l'heure moyenne

entre ces deux instants. Auprès de l'appareil est un cylindre
enregistreur sur lequel s'appuient quatre styles : le premier est
commandé par un pendule battant la seconde ; il laisse une trace
continue présentant, à chaque seconde, une déviation ; le second
est commandé par un chronographe donnant les dixièmes de
seconde ; la troisième trace enregistre les tours de la roue ; l'intervalle de deux saillies correspond à un certain nombre, connu, de
tours ; enfin, on agit sur le quatrième style au moyen d'un manipulateur de Morse ; quand le courant est ouvert, ce style laisse une
trace continue.

Lorsque l'opérateur voit disparaître l'image, il donne au manipulateur un mouvement rythmé, et le tracé devient sinueux ; quand
l'image réapparaît, on abandonne le manipulateur. L'ensemble des
quatre tracés présente sensiblement l'aspect de la *fig.* 159 ; il est

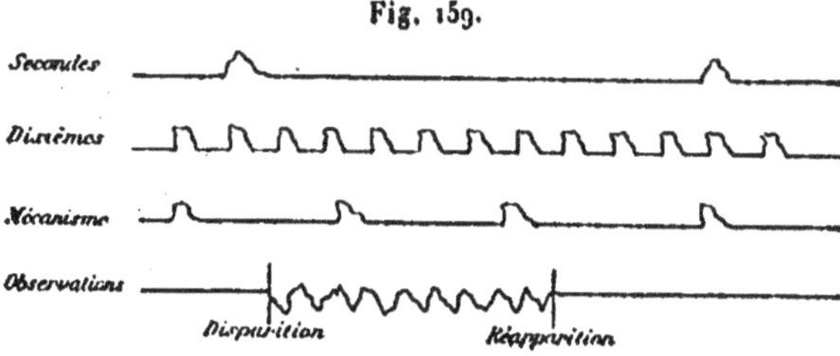

Fig. 159.

relativement facile, après l'expérience, de déterminer, par l'étude
de ces tracés, la vitesse exacte de rotation de la roue au moment
de l'éclipse.

Comme résultat d'un grand nombre d'expériences, où il avait
observé jusqu'à la 22ᵉ éclipse, M. Cornu a trouvé, pour valeur de V,

$$300\,400^{km},$$

à 300^{km}, c'est-à-dire à $\frac{1}{1000}$, près.

Par une méthode semblable, Young et Forbes, en 1881, ont
trouvé

$$301\,380^{km}.$$

180. Méthode de Foucault. — Les expériences de Foucault
présentent ce caractère remarquable que la vitesse de la lumière y
a été mesurée sur un parcours de quelques mètres seulement.

Foucault s'est servi du miroir tournant, qui avait été employé par Wheatstone pour mesurer la vitesse de l'électricité, et préconisé par Arago pour les expériences sur la vitesse de la lumière.

Voici quel est le principe de la méthode de Foucault :

Derrière un objectif achromatique Ω (*fig.* 160), plaçons un point lumineux L : l'objectif en donne une image réelle, que nous recevons sur un miroir sphérique concave S; chacun des rayons lumineux, se réfléchissant sur le miroir, revient, en suivant un

Fig. 160.

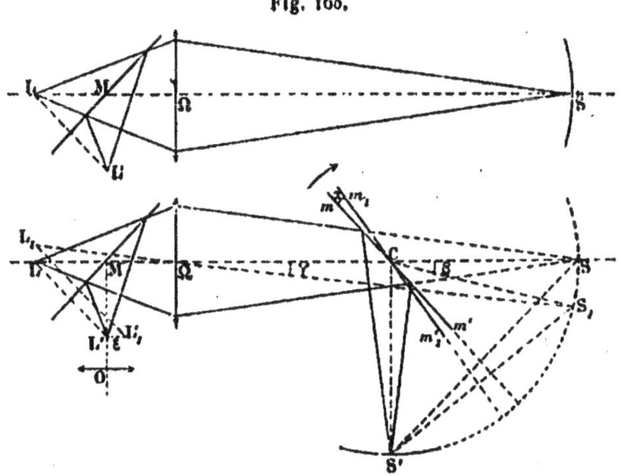

chemin symétrique, sur l'objectif et de là au point L; déviés par une glace sans tain M inclinée à 45°, les rayons de retour vont concourir en L′ et y former une image de L.

A quelque distance de l'objectif, et passant par le centre de courbure C du miroir sphérique, est interposé un miroir plan mm'; et le miroir sphérique est rejeté sur le côté : son centre demeure en C, son sommet vient en S′. Le miroir plan restant immobile, nous avons toujours en L′ une image de L, et elle est permanente.

L'image se fait encore en L′ si le miroir plan tourne lentement autour d'un axe passant par C et perpendiculaire au plan du Tableau; mais elle est intermittente : le faisceau réfléchi, tournant autour du point C, balaye la surface du miroir sphérique, mais cette surface est forcément limitée; si l'angle d'ouverture du miroir est $\frac{2\pi}{K}$, l'image de retour reçoit de la lumière, à chaque tour du miroir, pendant un temps

$$\frac{\theta}{K}$$

θ étant la durée d'une révolution, c'est-à-dire $\frac{1}{n}$ si le miroir fait n tours par seconde : à cause de la persistance des impressions rétiniennes, l'image paraît permanente dès que la vitesse de rotation n'est plus très faible; on peut d'ailleurs doubler le nombre des périodes d'éclairement, et par suite l'éclat de l'image, en employant un miroir à double face.

Si maintenant la vitesse de rotation devient assez grande pour que, pendant le temps que met la lumière à parcourir la double distance des deux miroirs, mm' subisse un déplacement angulaire appréciable, l'image s'écarte de L'.

Supposons qu'au moment où la lumière quitte le miroir plan, celui-ci occupe la position mm', et qu'en revenant du point S' où il l'a fait converger, elle le trouve dans la position $m_1 m_1'$; elle est réfléchie vers l'objectif suivant des directions qui passent non plus par S, mais par S_1, symétrique de S' par rapport à $m_1 m_1'$: après réfraction par l'objectif, les rayons se dirigent vers L_1, conjugué de S_1, et le miroir plan les renvoie sur l'image L_1' qu'il donne de L_1.

Soient α le déplacement angulaire mCm_1 du miroir, n le nombre de tours qu'il fait en une seconde, r le rayon de courbure du miroir concave, V la vitesse de la lumière; le temps 2θ que met la lumière à parcourir la double distance des miroirs, c'est-à-dire $2r$, est

$$2\theta = \frac{2r}{V}$$

et

$$\frac{\alpha}{2\pi n} = 2\theta = \frac{2r}{V}.$$

Soient β l'angle SCS_1, γ l'angle $S\Omega S_1$, d la distance ΩC, l la distance ΩL, ε le déplacement $L'L_1'$ de l'image de retour;

$$\beta = 2\alpha,$$

d'après le théorème du miroir tournant (13);

$$\gamma = \beta \frac{r}{r+d},$$

$$\varepsilon = l\gamma.$$

Nous avons donc

$$t = l\,\frac{r}{r+d}\,2z = \frac{8\,n\,\pi\,r^2\,l}{(r+d)\mathrm{V}}.$$

Nous pouvons donc déduire de la mesure de t la valeur de V :

$$\mathrm{V} = \frac{8\,n\,\pi\,r^2\,l}{t(r+d)}.$$

Les expériences de Foucault furent poursuivies de 1850 à 1862 ; la disposition expérimentale fut plusieurs fois modifiée.

Au début, elle se réduisait à celle que nous avons indiquée : l'appareil comprenait un miroir sphérique unique, ayant un rayon de courbure de 4^m ; le parcours de la lumière entre les deux miroirs était donc de 8^m. Plus tard, Foucault employa plusieurs miroirs concaves se renvoyant l'un à l'autre le faisceau lumineux, et portant ainsi le parcours à 40^m.

Le miroir plan, de petites dimensions, était monté sur l'axe d'une turbine ; le mouvement de rotation était obtenu en envoyant dans cette turbine, soit de la vapeur, soit l'air venant d'une soufflerie à haute pression de Cavaillé-Coll ; la soufflerie donnait une pression très constante, qu'on réglait par un obturateur agissant sur l'écoulement de l'air, et la vitesse pouvait atteindre 800 tours à la seconde. Par une série de retouches méthodiques, on avait obtenu un réglage assez parfait de l'appareil pour éviter presque complètement l'ébranlement de l'axe ; suffisamment atténué pour ne pas troubler la formation des images, cet ébranlement produit cependant encore un son facilement perceptible, et le nombre de vibrations de ce son, dû aux chocs de l'axe contre les coussinets et appelé *son d'axe*, est précisément égal au nombre de tours du miroir ; Foucault l'utilisait, du moins dans une partie de ses expériences, pour mesurer la vitesse de rotation, en le mettant à l'unisson avec un diapason étalonné.

La source lumineuse était une mire micrométrique au dixième de millimètre, gravée sur verre, et éclairée au moyen d'un héliostat : le déplacement de l'image, avec le parcours de 8^m et une vitesse de 600 à 800 tours, atteignait de $0^{mm},4$ à $0^{mm},6$. On mesurait ce déplacement, avec une assez grande précision, en observant l'image dans un microscope à micromètre.

W.   20

Comme résultat de ces expériences, Foucault donna

$$V = 298\,000^{km},$$

à 500^{km} près.

La même méthode a été employée depuis par d'autres physiciens, mais en augmentant considérablement le parcours de la lumière entre le miroir tournant et le miroir concave.

On a trouvé ainsi

$$
\begin{array}{ll}
\text{Michelson (1879)} \dots\dots & 299\,910 \pm 50 \text{ km}\\
\text{Michelson (1882)} \dots\dots & 299\,853 \pm 60\\
\text{Newcomb (1882)} \dots\dots & 299\,860 \pm 50 \;(^1)
\end{array}
$$

181. Valeur de la vitesse de propagation dans l'air et dans le vide. — En résumé, on peut adopter pour valeur de la vitesse de propagation dans l'air,

$$V = 300\,000^{km},$$

avec une faible erreur probable par excès.

La vitesse dans le vide ne paraît pas pouvoir différer de la vitesse dans l'air d'une quantité comparable aux erreurs que comporte la détermination de cette dernière.

182. Comparaison des vitesses de propagation dans l'air et dans l'eau. — Une des premières recherches que fit Foucault au moyen de sa méthode de mesure fut relative à la comparaison des vitesses de propagation de la lumière dans l'air et dans l'eau.

Cette question présente un grand intérêt : la théorie de l'émission entraîne forcément cette conséquence que la vitesse de la lumière dans les divers milieux doit être proportionnelle aux indices de réfraction ; la théorie des ondulations exige au contraire que les vitesses soient inversement proportionnelles aux indices.

Arago avait signalé, en 1849, l'importance d'une comparaison décisive, et indiqué l'emploi, pour cette expérience, du miroir tournant.

Elle se fait très simplement au moyen de la disposition de Foucault (^{2}).

(^{1}) Dufet, *Recueil de données numériques,* publié par la Société française de Physique, *Optique,* fascicule I. Paris, Gauthier-Villars et fils; 1898.

(^{2}) Foucault, *Annales de Chimie et de Physique,* t. XLI; 1854.

On prend comme mire un fil fin, tendu verticalement dans une
ouverture carrée fortement éclairée ; de part et d'autre de l'axe
général de l'appareil (*fig.* 161), on dispose deux miroirs con-

Fig. 161.

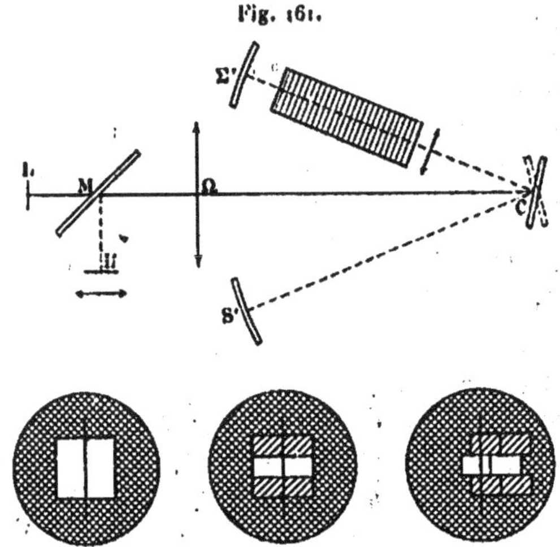

caves S′ et Σ′ appartenant à une même sphère de centre C. Quand
le miroir plan tournera, le faisceau réfléchi balaiera successivement ces deux miroirs concaves : une fois par tour, si nous supposons que le miroir plan n'ait qu'une face argentée, deux fois par
tour, s'il en a deux ; l'image de retour recevra alternativement
de la lumière réfléchie par S′ et de la lumière réfléchie par Σ′.

Plaçons maintenant, entre C et Σ′, un tube plein d'eau : la lumière venant de S′ a parcouru, entre les deux miroirs, une distance 2*r*, à travers l'air ; celle qui est renvoyée par Σ′ a parcouru
cette même distance 2*r*, mais pour partie dans l'air, pour partie
dans l'eau : elles donneront deux images distinctes, l'une, que
Foucault appelait *l'image dans l'air*, blanche et brillante ;
l'autre, *l'image dans l'eau*, très affaiblie et colorée en vert, par
suite du passage à travers le liquide des rayons qui la forment. La
colonne d'eau a d'ailleurs un autre effet encore : elle modifie la
mise au point ; mais il suffit de placer en avant du tube une lentille
simple, de distance focale convenable, pour compenser cette dernière influence.

On peut très simplement observer successivement les deux images en masquant l'un des deux miroirs concaves pendant qu'on fait tourner le miroir plan.

Laissant libres les surfaces des deux miroirs, les deux images se forment simultanément; elles sont superposées si le miroir tourne lentement; on les reçoit sur un verre plan, disposé au foyer de l'oculaire, et sur lequel est gravé un trait vertical qu'on amène en coïncidence avec elles.

Si la vitesse de rotation devient très grande, l'image tout entière, de la fenêtre et du fil, se déplace, et les deux images du fil se séparent : mais leur différence d'éclat ne permettrait pas de constater le dédoublement : aussi Foucault avait-il soin de couvrir le miroir S′ d'un écran fendu, ne laissant libre qu'une étroite bande horizontale dans la partie médiane de la surface réfléchissante; dans ces conditions, l'image dans l'eau garde toute sa hauteur, tandis que l'image dans l'air est réduite à sa portion centrale.

Quand le miroir plan tourne lentement, on reçoit, sur le trait de repère, une image dont le tiers central est blanc, les tiers extrêmes verdâtres et beaucoup moins brillants. A mesure que la vitesse de rotation augmente, on voit l'image se disloquer en même temps qu'elle se transporte, et les tiers extrêmes, appartenant à l'image dans l'eau, sont plus fortement déviés que le tiers médian, qui est l'image dans l'air.

L'expérience est d'ailleurs très nette; avec les données sui-vantes :

$$n = 5\text{oo}, \quad r = CS' = \text{1}^{m}, \quad l = \Omega L = 3^{m}, \quad d = \Omega C = 1^{m},18;$$

enfin le tube d'eau ayant une longueur de 3^m, de telle sorte que, pour aller de C à Σ' et en revenir, la lumière traverse 6^m d'eau et 2^m d'air, la déviation était

$$\text{o}^{mm},375 \text{ pour l'image blanche,}$$
$$\text{o}^{mm},469 \text{ pour l'image verte.}$$

Or, la déviation est proportionnelle à l'angle dont le miroir plan tourne pendant que la lumière parcourt deux fois la distance r qui le sépare du miroir concave; sans donc même qu'on ait besoin de mesurer exactement les déviations, l'expérience permet d'affirmer que, pour parcourir cette distance $2r$, la lumière a mis plus de temps entre C et Σ' qu'entre C et S'.

La lumière se propage donc moins vite dans l'eau que dans l'air.

Pour déduire d'ailleurs le rapport des vitesses du rapport des déviations, il faudrait tenir compte de ce que le chemin $2r$ parcouru par la lumière entre C et Σ' se compose d'air, d'eau et de verre : nous avons donc en réalité deux inconnues, la vitesse dans l'air et la vitesse dans le verre : si l'on néglige l'influence du verre, on trouve très sensiblement, pour rapport des deux vitesses dans l'eau et dans l'air, $\frac{3}{4}$, et l'indice de l'eau par rapport à l'air est $\frac{4}{3}$.

CHAPITRE XIV.

COMPLÉMENTS.

I. — THÉORÈMES DE GERGONNE ET DE STURM.

183. Théorème de Gergonne. — Le théorème qui sert de base à l'étude de la formation des images par un système quelconque de surfaces réfléchissantes et réfringentes, porte le nom de *Gergonne*, et peut s'énoncer ainsi :

Si l'on considère un système de rayons lumineux, normaux à une même surface, ces rayons sont encore, après un nombre quelconque de réflexions et de réfractions, normaux à une même surface.

En se reportant aux notions très sommaires que nous avons données sur la théorie des ondulations (6), on voit que ces surfaces, auxquelles sont normales les portions incidentes et les portions émergentes des rayons lumineux, ne sont autre chose que les surfaces de l'onde à l'incidence et à l'émergence. Le théorème de Gergonne est donc une conséquence immédiate du théorème des ondes enveloppes, par lequel Fresnel a complété le principe d'Huyghens.

On peut, en dehors de toute hypothèse, démontrer, comme l'a fait Timmermans, le théorème de Gergonne par des considérations purement géométriques.

Observons, tout d'abord, qu'il est inutile de traiter séparément le cas de surfaces réfringentes et de surfaces réfléchissantes, la réflexion pouvant être, ainsi que nous l'avons vu, considérée comme une réfraction pour laquelle $n_2 = -n_1$.

Soit, en premier lieu, une surface plane, réfringente, et un pinceau de rayons parallèles rencontrant cette surface (*fig.* 162); ils sont perpendiculaires à un même plan I'P; et nous savons qu'après réfraction, ils sont encore parallèles entre eux, et par conséquent perpendiculaires à un même plan. Soit I'R ce plan, que nous pouvons facilement déterminer : nous avons en effet, par la loi de Descartes, pour un rayon quelconque du faisceau, rencontrant en I

Fig. 162.

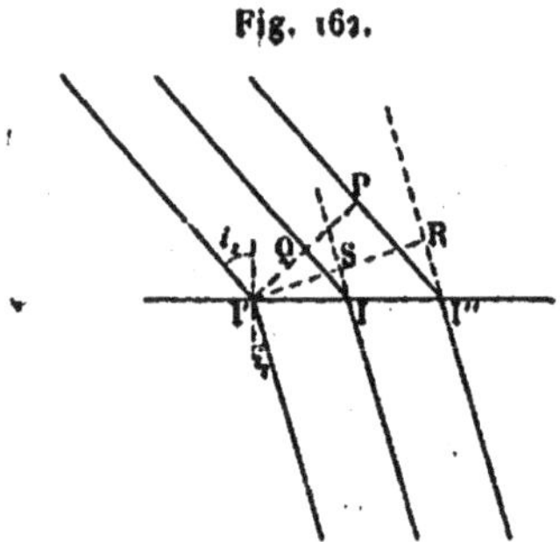

la surface réfringente et dont les portions incidente et émergente coupent en Q et S les plans I'P et I'R,

$$n_1 \sin i_1 = n_2 \sin i_2,$$
$$IQ = II' \sin i_1, \qquad IS = I'I \sin i_2,$$
$$IS = IQ \frac{n_1}{n_2}.$$

Si, prenant comme centre successivement chaque point de la surface réfringente, je trace deux sphères, l'une de rayon r_1, tangente à I'P, l'autre de rayon $r_2 = r_1 \frac{n_1}{n_2}$, les sphères de rayon r_2 auront comme enveloppe le plan I'R, normal aux rayons réfractés.

Ceci posé, considérons une surface quelconque S, séparant toujours deux milieux d'indices n_1 et n_2; et un système de rayons incidents normaux à une même surface M. Je pourrai toujours diviser le système en pinceaux assez étroits pour qu'il soit permis de regarder comme plans les éléments s et m que l'un quelconque de ces pinceaux intéresse sur les deux surfaces; et si, de chaque point de s, pris comme centre, je trace deux sphères, l'une de rayon r_1 tangente à m, l'autre de rayon $r_2 = r_1 \frac{n_1}{n_2}$, les sphères de rayon r_2 auront comme enveloppe un élément plan m' normal aux rayons réfractés; les éléments m' ainsi obtenus pour chacun des éléments s de la surface S ont eux-mêmes comme enveloppe une surface M' qui est, en tous ses points, normale aux rayons réfractés.

Nous pourrons ainsi, de proche en proche, après un nombre quelconque de réfractions et de réflexions, déterminer une surface normale en tous ses points aux rayons émergents.

Remarquons d'ailleurs que si je désigne par M_1 et par M_2 les surfaces auxquelles sont normales les portions incidentes et les portions définitivement émergentes des rayons lumineux, je pourrai toujours trouver une surface jouissant de cette propriété que de chacun de ses points comme centre on puisse tracer deux sphères, dont les rayons soient dans un rapport constant, et qui soient tangentes, l'une à la surface M_1, l'autre à la surface M_2; c'est-à-dire qu'à un système quelconque de réflexions et de réfractions, je puis toujours substituer une réfraction unique à travers une surface convenablement choisie.

Le théorème de Gergonne est immédiatement applicable à un système de rayons lumineux parallèles, puisqu'ils sont normaux à un même plan; et à un système de rayons émanés d'un point, puisqu'ils sont normaux à une même sphère.

184. Théorème de Sturm. — Le théorème de Sturm, qui se fonde sur le précédent, peut s'énoncer comme il suit :

Un pinceau étroit de rayons lumineux normaux à une même surface, s'appuie, après un nombre quelconque de réfractions et de réflexions, sur deux éléments de droite rectangulaires entre eux.

Je considère, dans un faisceau de rayons normaux, à l'incidence, à une même surface M_1, et par conséquent normaux, à l'émergence, à une même surface M_2, un pinceau étroit : il intéresse, sur M_2, un très petit élément m_2.

De façon générale, si, par un point A d'une surface (*fig.* 163), je trace sur cette surface un petit élément de courbe dd', les normales en d et d' se coupent en un point qui, lorsque d et d' se rapprochent indéfiniment de A, tend vers une position bien déterminée C, appartenant à la normale en A, et qu'on appelle le *centre de courbure* de l'élément dd' au point A; la distance CA est dite *rayon de courbure*, et son inverse $\frac{1}{\mathrm{CA}}$ est la courbure de l'élément dd' au point A.

Si maintenant, par A, je trace sur la surface un système quelconque de deux éléments de courbe, orthogonaux, on démontre, en Analyse, que la somme des courbures de ces deux éléments est constante, et par suite égale à la somme des courbures de deux

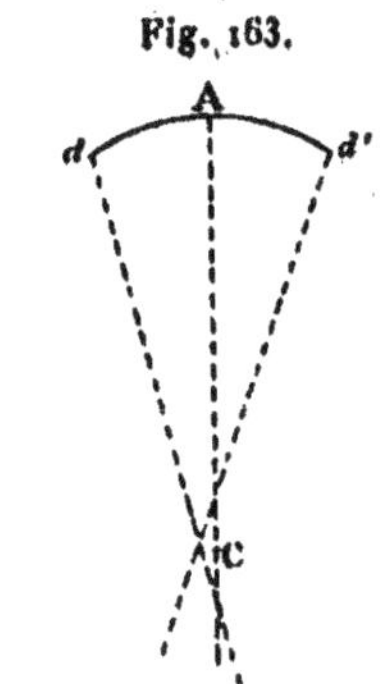

Fig. 163.

éléments, orthogonaux aussi, mais d'orientation particulière, qu'on appelle *lignes de courbure principales :* la somme constante mesure ce qu'on nomme la *courbure de la surface* au point A.

Fig. 164.

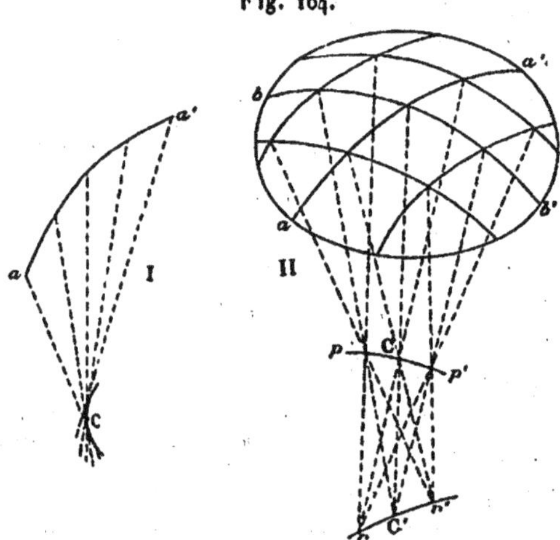

Traçons sur l'élément de surface m_2 les deux séries de lignes de courbure principales (*fig.* 164); prenons d'abord une ligne de la première série, soit aa'; les normales en ses divers points enveloppent une très petite courbe, et celle-ci, vue très obliquement, se réduit sensiblement à un point, qui est le centre de courbure C de la ligne à son sommet (*fig.* 164, I). Les diverses lignes de la première série me fournissent chacune un point semblable, et le lieu pp' de ces points peut être considéré comme un élément de droite, perpendiculaire à la direction commune des lignes principales appartenant à cette première série (*fig.* 164, II).

Celles de la seconde série, telles que bb', me donneront de même des points tels que C', dont le lieu sera un élément de droite rr', qui sera perpendiculaire au premier, puisque les deux séries de lignes principales sont orthogonales.

Ces deux éléments de droite, qu'on appelle *lignes focales de Sturm*, se projettent en croix l'un sur l'autre, mais ils ne se coupent que si les deux séries de lignes de courbure principales ont même courbure; ceci exige que l'élément m_2 soit sphérique, et alors les rayons émergents auront un point de concours commun.

Ainsi, de façon générale, un pinceau étroit de rayons lumineux, provenant d'un même point, à distance finie ou infinie, s'appuiera, après un nombre quelconque de réflexions et de réfractions, sur deux petites droites rectangulaires, dont l'ensemble formera une croix lumineuse; c'est cette petite croix qui, en général, constitue l'image du point : et elle ne se réduit elle-même à un point que si les portions incidentes des rayons lumineux sont normales à une même sphère.

Appliquons ce qui précède au cas de la formation des images par une surface plane. Dans le cas de la réflexion, les portions réfléchies des rayons sont, par rapport à la surface réfléchissante, symétriques des portions incidentes, et par suite sont, comme elles, normales à une sphère. Dans le cas de la réfraction, nous avons vu (38) que les rayons émergents sont normaux à un ellipsoïde : les lignes de courbure principales, sur un ellipsoïde, sont les traces des sections droites et celles des sections méridiennes ; les lignes équatoriales, qui sont des arcs de cercle, fournissent chacune rigoureusement un point de concours unique, situé sur le grand axe, et le lieu de ces points est une petite portion du grand axe : chacune des sections méridiennes donne sensiblement un point, et le lieu de ces points est un élément de circonférence, assimilable, si le pinceau est très étroit, à une droite, parallèle à la surface réfringente (39).

Nous prendrons comme dernier exemple ce qui se passe pour la réfraction dans un prisme, au cas d'un pinceau très fin passant sous le minimum de déviation (49) : les portions émergentes des rayons lumineux font le même angle que les portions incidentes avec le plan bissecteur du prisme; elles sont donc symétriques de celles-ci, normales, comme elles, à une même sphère, et donnent un point de concours unique.

Le théorème général nous ramène ainsi aux résultats que nous avions trouvés en traitant de façon particulière ces divers problèmes.

II. — GÉNÉRALISATION DE LA THÉORIE DES LENTILLES ÉPAISSES.

185. Points et foyers principaux. — Je suppose que l'on ait établi, pour un système de K surfaces centrées, l'existence de deux plans principaux, jouissant des propriétés que nous avons dites (83), et celle de deux foyers principaux (84) avec la relation

$$\frac{\varphi_1}{\varphi_2} = - \frac{n_1}{n_2},$$

φ_1 et φ_2 étant les distances de ces foyers aux points principaux correspondants, n_1 et n_2 étant les indices des milieux extrêmes. Je dis que les mêmes propriétés subsistent pour un système de K + 1 surfaces.

Soient S_3 (*fig.* 165) la surface ajoutée au système, a_2 et b_3 ses

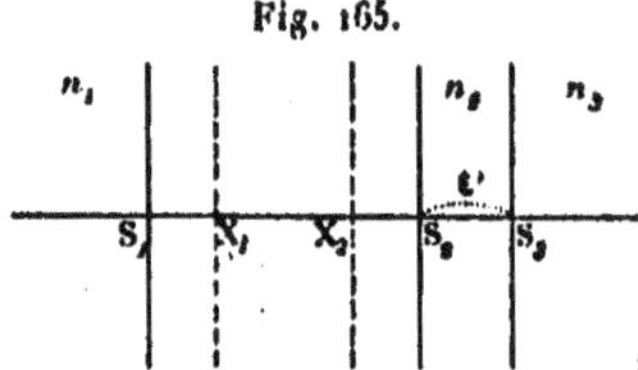

Fig. 165.

distances focales propres, n_3 étant l'indice du milieu situé derrière elle; soit t' sa distance à la surface S_2. Nous savons (84) que

$$\frac{a_2}{b_3} = - \frac{n_2}{n_3},$$

Soient X_1 et X_2 les points principaux, F_1 et F_2 les foyers principaux du système primitif.

Un point P_1 situé à distance π_1 de X_1 donne dans le système primitif une image P_2 située à distance π_2 de X_2 et (86),

$$\frac{\varphi_1}{\pi_1} + \frac{\varphi_2}{\pi_2} = 1.$$

La distance de cette image P_2 au sommet S_3 de la dernière surface est

$$\pi_2 + x_2 + \varepsilon',$$

et si j'appelle p_3 la distance, à ce sommet, S_3 de la nouvelle image P_3 (55),

$$\frac{a_2}{\pi_2 + x_2 + \varepsilon'} + \frac{b_2}{p_3} = 1.$$

Quant au grossissement, il est

$$G = \frac{h_2}{h_1}\frac{h_3}{h_2} = \frac{n_1\pi_2}{n_2\pi_1}\frac{n_2}{n_3}\frac{p_3}{\pi_2 + x_2 + \varepsilon'}.$$

L'équation des foyers conjugués, par rapport au système primitif, donne

$$\pi_2 = \frac{\varphi_2\pi_1}{\pi_1 - \varphi_1}, \qquad \frac{\pi_2}{\pi_1} = \frac{\varphi_2}{\pi_1 - \varphi_1}.$$

L'équation des foyers conjugués par rapport à S_3,

$$p_3 = \frac{b_2(\pi_2 + x_2 + \varepsilon')}{\pi_2 + x_2 + \varepsilon' - a_2}, \qquad \frac{p_3}{\pi_2 + x_2 + \varepsilon'} = \frac{b_3}{\pi_2 + x_2 + \varepsilon' - a_2}.$$

D'où, substituant à π_2 sa valeur en fonction de π_1,

$$p_3 = b_3\frac{\varphi_2\pi_1 + (x_2 + \varepsilon')(\pi_1 - \varphi_1)}{\varphi_2\pi_1 + (x_2 + \varepsilon' - a_2)(\pi_1 - \varphi_1)},$$

$$\frac{p_3}{\pi_2 + x_2 + \varepsilon'} = \frac{b_3(\pi_1 - \varphi_1)}{\varphi_2\pi_1 + (x_2 + \varepsilon' - a_2)(\pi_1 - \varphi_1)}.$$

Nous avons donc définitivement

$$p_3 = b_3\frac{\pi_1(\varphi_2 + x_2 + \varepsilon') - \varphi_1(x_2 + \varepsilon')}{\pi_1(\varphi_2 + x_2 + \varepsilon' - a_2) - \varphi_1(x_2 + \varepsilon' - a_2)},$$

$$G = \frac{n_1}{n_3}\frac{\varphi_2 b_3}{\pi_1(\varphi_2 + x_2 + \varepsilon' - a_2) - \varphi_1(x_2 + \varepsilon' - a_2)}.$$

J'aurai le point principal d'incidence en faisant $G = 1$; soit x_1 la distance de ce point au point principal X_1 :

$$n_1 \varphi_2 b_3 = n_3 [z_1(\varphi_2 + x_2 + \varepsilon' - a_2) - \varphi_1(x_2 + \varepsilon' - a_2)],$$

$$z_1 = \frac{n_1 \varphi_2 b_3 + n_3 \varphi_1(x_2 + \varepsilon' - a_2)}{n_3(\varphi_2 + x_2 + \varepsilon' - a_2)};$$

et comme, par suite des relations entre les distances focales principales,

$$\frac{a_2 \varphi_1}{\varphi_2 b_3} = \frac{n_1}{n_3},$$

$$z_1 = \varphi_1 \frac{x_2 + \varepsilon'}{\varphi_2 + x_2 + \varepsilon' - a_2}.$$

J'aurai z_3, distance du point principal d'émergence à S_3, en portant cette valeur de z_1 dans l'expression de p_3; il vient

$$z_3 = b_3 \frac{\varphi_1(x_2 + \varepsilon')(\varphi_2 + x_2 + \varepsilon') - \varphi_1(x_2 + \varepsilon')(\varphi_2 + x_2 + \varepsilon' - a_2)}{\varphi_1(x_2 + \varepsilon')(\varphi_2 + x_2 + \varepsilon' - a_2) - \varphi_1(x_2 + \varepsilon' - a_2)(\varphi_2 + x_2 + \varepsilon' - a_2}$$

$$z_3 = b_3 \frac{x_2 + \varepsilon'}{\varphi_2 + x_2 + \varepsilon' - a_2};$$

et l'on a, pour le rapport des deux distances,

$$\frac{z_1}{z_3} = \frac{\varphi_1}{b_3}.$$

Pour les foyers principaux, l'équation qui donne p_3 me fournit, en y faisant successivement infinis π_1 et p_3, la distance f_1 du foyer d'incidence au point principal X_1,

$$f_1 = \varphi_1 \frac{x_2 + \varepsilon' - a_2}{\varphi_2 + x_2 + \varepsilon' - a_2},$$

et la distance f_3 du foyer principal d'émergence au sommet S_3,

$$f_3 = b_3 \frac{\varphi_2 + x_2 + \varepsilon'}{\varphi_2 + x_2 + \varepsilon' - a_2}.$$

Si je rapporte les foyers aux plans principaux, appelant ψ_1 et ψ_3 leurs distances,

$$\psi_1 = f_1 - z_1 = \frac{- \varphi_1 a_2}{\varphi_2 + x_2 + \varepsilon' - a_2},$$

$$\psi_3 = f_2 - z_3 = \frac{b_3 \varphi_2}{\varphi_2 + x_2 + \varepsilon' - a_2},$$

et le rapport

$$\frac{\psi_1}{\psi_3} = - \frac{n_1}{n_3}.$$

Nous voyons d'ailleurs qu'il nous est possible de calculer de proche en proche la position des points principaux et des foyers pour un système quelconque, z_1 et z_3, ψ_1 et ψ_3 étant exprimés en fonction des éléments optiques de la dernière surface et de ceux du système auquel elle est ajoutée.

186. Réduction à une lentille épaisse unique d'un système centré quelconque formé de surfaces sphériques. — Connaissant ces quatre points, nous pouvons appliquer au système la méthode de construction géométrique des images que nous avons établie pour une surface unique, et en déduire immédiatement la relation des foyers conjugués sous la forme générale ordinaire; puis, nous appuyant sur ce que le rapport des distances focales principales est, au signe près, le rapport des indices extrêmes, montrer que la formule générale du grossissement subsiste aussi; et en déduire, comme nous l'avons fait pour une lentille unique, l'existence et les propriétés des points nodaux et du centre optique.

Il en résulte donc définitivement que tout système centré formé de dioptres peut être ramené à une lentille épaisse unique; il en est de même pour un système centré quelconque de surfaces sphériques réfléchissantes et réfringentes, puisqu'une surface réfléchissante peut être considérée comme une surface réfringente séparant deux milieux dont les indices sont égaux et de signes contraires (42).

III. — APLANÉTISME DES LENTILLES.

Dans l'étude de la réfraction par un dioptre, nous avons, considérant les rayons émanés d'un point P_1 et rencontrant le dioptre à une distance y du sommet, trouvé que les rayons réfractés donnaient un point de concours P_2 défini par la relation

$$(18) \qquad \frac{n_2}{n_1} \frac{p_2 - r}{p_1 - r} = \frac{p_2}{p_1},$$

dans le cas où nous pouvions négliger y^2 par rapport à r^2 (rayons centraux), et par

$$(27) \qquad \frac{n_2}{n_1} \frac{p_2 - r}{p_1 - r} = \frac{p_2 + \dfrac{y^2}{2}\left(\dfrac{1}{p_2} - \dfrac{1}{r}\right)}{p_1 + \dfrac{y^2}{2}\left(\dfrac{1}{p_1} - \dfrac{1}{r}\right)},$$

dans le cas où nous négligions seulement y^4 et les puissances supérieures (rayons marginaux).

Pour traiter le problème de l'aplanétisme des lentilles ([1]), il est avantageux, comme l'a indiqué Herschel, d'introduire dans les calculs les inverses des quantités que nous avons considérées jusqu'ici.

Nous poserons donc, de façon générale,

$$q = \frac{1}{p}, \qquad s = \frac{1}{r}, \qquad m = \frac{1}{n}, \qquad g = \frac{1}{f}.$$

187. Cas d'une surface unique. — 1° *Rayons centraux.* — La relation devient, avec ce changement de notations,

$$\frac{m_1}{m_2} \frac{\dfrac{1}{q_2} - \dfrac{1}{s}}{\dfrac{1}{q_1} - \dfrac{1}{s}} = \frac{q_1}{q_2};$$

ou, multipliant, dans les deux membres, le numérateur par $q_2 s$, et le dénominateur par $q_1 s$,

$$\frac{m_1}{m_2} \frac{s - q_2}{s - q_1} = 1;$$

d'où la valeur de q_2 qui convient aux rayons centraux :

$$(108) \qquad (q_2)_c = s\left(1 - \frac{m_2}{m_1}\right) + q_1 \frac{m_2}{m_1}.$$

2° *Rayons marginaux.* — La relation (27) peut s'écrire

$$\frac{m_1}{m_2} \frac{\dfrac{1}{q_2} - \dfrac{1}{s}}{\dfrac{1}{q_1} - \dfrac{1}{s}} = \frac{\dfrac{1}{q_2} + \dfrac{y^2}{2}(q_2 - s)}{\dfrac{1}{q_1} + \dfrac{y^2}{2}(q_1 - s)}.$$

Multipliant, comme tout à l'heure, en haut par $q_2 s$, en bas

---

([1]) Je suivrai pour cette étude la méthode de M. Ad. Martin, à très peu près sous la forme que je lui avais donnée en publiant le Mémoire de M. Martin, *Méthode directe pour la détermination des courbures des objectifs de Photographie.* Paris, Gauthier-Villars et fils; 1894.

par $q_1 s$,

$$\frac{m_1}{m_2}\frac{s-q_2}{s-q_1} = \frac{s+\frac{y^2}{2}sq_2(q_2-s)}{s+\frac{y^2}{2}sq_1(q_1-s)} = \frac{1+\frac{y^2}{2}q_2(q_2-s)}{1+\frac{y^2}{2}q_1(q_1-s)},$$

d'où

$$s-q_2 = \frac{m_2}{m_1}(s-q_1)\cdot\frac{1-\frac{y^2}{2}q_2(s-q_2)}{1-\frac{y^2}{2}q_1(s-q_1)}.$$

Multipliant haut et bas la fraction du second membre par

$$1+\frac{y^2}{2}q_1(s-q_1),$$

et négligeant toujours les termes en y^4,

$$s-q_2 = \frac{m_2}{m_1}(s-q_1)\left[1-\frac{y^2}{2}q_2(s-q_2)+\frac{y^2}{2}q_1(s-q_1)\right],$$

$$q_2 = s\left(1-\frac{m_2}{m_1}\right)+q_1\frac{m_2}{m_1}+\frac{y^2}{2}\frac{m_2}{m_1}(s-q_1)[q_2(s-q_2)-q_1(s-q_1)].$$

Dans le second membre, entre un terme qui contient $\frac{y^2}{2}q_2(s-q_2)$ et par conséquent des termes en y^4; comme ceux-ci doivent être négligés, il me suffit de substituer dans ce produit la valeur de $q_2(s-q_2)$ que je tire des deux dernières équations en laissant de côté les termes où entre y^2. Elles me donnent, en multipliant membre à membre,

$$q_2(s-q_2) = \frac{m_2}{m_1}(s-q_1)\left[s\left(1-\frac{m_2}{m_1}\right)+q_1\frac{m_2}{m_1}\right].$$

Substituant :

$$q_2 = s\left(1-\frac{m_2}{m_1}\right)+q_1\frac{m_2}{m_1}$$
$$+\frac{y^2}{2}\frac{m_2}{m_1}(s-q_1)\left\{\frac{m_2}{m_1}(s-q_1)\left[s\left(1-\frac{m_2}{m_1}\right)+q_1\frac{m_2}{m_1}\right]-q_1(s-q_1)\right\},$$

$$q_2 = s\left(1-\frac{m_2}{m_1}\right)+q_1\frac{m_2}{m_1}$$
$$+\frac{y^2}{2}\frac{m_2}{m_1}(s-q_1)^2\left\{s\frac{m_2}{m_1}\left(1-\frac{m_2}{m_1}\right)-q_1\left[1-\left(\frac{m_2}{m_1}\right)^2\right]\right\};$$

et enfin, désignant par $(q_2)_a$ la valeur de q_2 qui convient aux rayons marginaux,

$$(109) \quad \begin{cases} (q_2)_a = s\left(1 - \dfrac{m_2}{m_1}\right) + q_1 \dfrac{m_2}{m_1} \\[2mm] \qquad + \dfrac{y^2}{2} \dfrac{m_2}{m_1}\left(1 - \dfrac{m_2}{m_1}\right)(s - q_1)^2 \left[s\dfrac{m_2}{m_1} - q_1\left(1 + \dfrac{m_2}{m_1}\right)\right]. \end{cases}$$

Si, dans cette expression, je néglige le terme en y^2, je retrouve naturellement la valeur de q_2 qui convient aux rayons centraux; le terme en y^2 mesure l'aberration, que je représenterai par δq_2,

$$(110) \qquad (q_2)_a = (q_2)_c + \delta q_2.$$

3° *Points aplanétiques.* — L'aberration δq_2 s'annule pour

$$\begin{cases} s = q_1. \\[2mm] s = q_1\left(1 + \dfrac{m_2}{m_1}\right)\dfrac{m_1}{m_2}. \end{cases}$$

c'est-à-dire pour

$$\begin{cases} p_1 = r, \\[2mm] p_1 = r\,\dfrac{n_1 + n_2}{n_1}. \end{cases}$$

La surface est donc aplanétique pour deux points, dont nous avions déjà, dans une étude plus particulière (61) déterminé les positions.

188. Cas d'une lentille mince. — 1° *Rayons centraux.*

La première surface, de rayon r_1, donne un point de concours P, et, d'après l'équation (108), comme $\dfrac{m_2}{m_1}$ est ici $\dfrac{1}{n}$, n étant l'indice de la lentille,

$$(111) \qquad (q)_c = s_1(1 - m) + q_1 m;$$

la deuxième, de rayon r_2, donne un point P_2; et d'après la même équation, où $\dfrac{m_2}{m_1}$ est maintenant égal à n,

$$\begin{aligned} (q_2)_c &= s_2(1 - n) + qn \\ &= s_2(1 - n) + s_1 n(1 - m) + q_1 nm \\ &= s_2(1 - n) + s_1(n - 1) + q_1, \end{aligned}$$

$$(112) \qquad (q_2)_c = q_1 + (n - 1)(s_1 - s_2).$$

Dans le cas particulier où, le point lumineux étant à l'infini,

$q_1 = 0$, j'ai le foyer principal d'émergence des rayons centraux

$$(113) \qquad (g_2)_c = (n-1)(s_1 - s_2);$$

la distance focale principale est

$$(g)_c = -(g_2)_c = -(n-1)(s_1 - s_2).$$

2° *Rayons marginaux.*

La première surface donne une aberration δq; celle-ci, d'après l'équation (109), est

$$(114) \qquad \delta q = \frac{y^2}{2} m(1-m)(s_1 - q_1)^2[s_1 m - q_1(1+m)];$$

et le point de concours des rayons marginaux, après la première réfraction, est défini par

$$(115) \qquad (q)_a = (q)_c + \delta q.$$

Après la seconde réfraction, ces rayons vont concourir en un point défini, toujours d'après l'équation (109), par

$$(q_2)_a = s_2(1-n) + (q)_a n$$
$$+ \frac{y^2}{2} n(1-n)[s_2 - (q)_a]^2[s_2 n - (q)_a(1+n)],$$

où je dois remplacer $(q)_a$ par $(q)_c + \delta q$,

$$(q_2)_a = s_2(1-n) + [(q)_c + \delta q)]n$$
$$+ \frac{y^2}{2} n(1-n)[s_2 - (q)_c - \delta q]^2\{s_2 n - [(q)_c + \delta q](1+n)\}.$$

Mais je dois négliger les termes en $y^2 \delta q$, qui contiennent y^4, et *a fortiori* les termes en $y^2(\delta q)^2$. L'équation se réduit alors à

$$(116) \quad \left\{ \begin{array}{l} (q_2)_a = s_2(1-n) + (q)_c n + n\delta q \\[2mm] \qquad + \frac{y^2}{2} n(1-n)[s_2 - (q)_c]^2[s_2 n - (q)_c(1+n)]; \end{array} \right.$$

dans laquelle le terme en y^2 représente l'aberration δq_2 propre à la seconde face; de sorte qu'en somme l'aberration totale est

$$(117) \qquad \Delta q_2 = n\delta q + \delta q_2.$$

Or, d'une part, d'après l'équation (114) et en remarquant que

$$mn = 1,$$

$$n\delta q = \frac{y^2}{2}(1-m)(s_1-q_1)^2[s_1 m - q_1(1+m)];$$

et, d'autre part, en remplaçant dans le dernier terme de l'équation (116) $(q)_c$ par sa valeur, que donne l'équation (111),

$$\delta q_2 = \frac{y^2}{2} n(1-n)[s_2-s_1(1-m)-q_1 m]^2$$
$$\times \big| s_2 n - [s_1(1-m)+q_1 m](1+n) \big|,$$
$$= \frac{y^2}{2} n(1-n)[s_2-s_1+m(s_1-q_1)]^2$$
$$\times [(s_2-s_1)n+(s_1-q_1)m-q_1],$$
$$= \frac{y^2}{2} n(1-n)[(s_2-s_1)^2+2m(s_2-s_1)(s_1-q_1)+m^2(s_1-q_1)^2]$$
$$\times [(s_2-s_1)n+(s_1-q_1)m-q_1].$$

Réunissant les termes en $s_2 - s_1$,

$$\delta q_2 = \frac{y^2}{2} n(1-n)(s_2-s_1) \left| \begin{array}{l} n(s_2-s_1)^2 \\ +(s_2-s_1)[2(s_1-q_1)+m(s_1-q_1)-q_1] \\ +(s_1-q_1)^2(2m^2+m)-2m(s_1-q_1)q_1 \end{array} \right.$$
$$+ \frac{y^2}{2}(m-1)(s_1-q_1)^2[s_1 m - q_1(1+m)];$$

le dernier terme est égal et de signe contraire à $n\delta q$; donc

$$\Delta q_2 = \frac{y^2}{2} n(1-n)(s_2-s_1) \left| \begin{array}{l} n(s_2-s_1)^2 \\ +(s_2-s_1)[2(s_1-q_1)+m(s_1-q_1)-q_1] \\ +(s_1-q_1)^2(2m^2+m)-2m(s_1-q_1)q_1 \end{array} \right| ;$$

ou, tenant compte de ce que

$$(117) \qquad (1-n)(s_2-s_1) = (g_2)_c,$$

et mettant, dans la parenthèse, n en facteur commun,

$$(118) \quad \Delta q_2 = \frac{y^2}{2} n^2(g_2)_c \left| \begin{array}{l} (s_2-s_1)^2 \\ +(s_2-s_1)[(s_1-q_1)(m^2+2m)-mq_1] \\ +(s_1-q_1)^2(2m^3+m^2)-2m^2 q_1(s_1-q_1); \end{array} \right.$$

équation qui peut se mettre sous la forme

$$(119) \qquad \Delta q_2 = \frac{y^2}{2} n^2(g_2)_c(S + Tq_1 + Vq_1^2).$$

Nous aurons l'aberration principale Δg_2 en faisant $q_1 = 0$:

$$(120) \qquad \Delta g_2 = \frac{\gamma^2}{2} n^2 (g_2)_c S = - \frac{\gamma^2}{2} n^2 (g)_c S.$$

3° *Condition d'aplanétisme.*

La condition d'aplanétisme, pour les rayons parallèles à l'axe, et toujours aux termes en y^1 près, se réduit à

$$S = 0,$$

$$(121) \qquad (s_2 - s_1)^2 + (s_2 - s_1)s_1(m^2 + 2m) + s_1^2(2m^3 + m^2) = 0,$$

$$\left(\frac{s_2}{s_1}\right)^2 + \frac{s_2}{s_1}(m^2 + 2m - 2) + (2m^3 - 2m + 1) = 0.$$

Pour que cette équation ait des racines réelles, il faut

$$(m^2 + 2m - 2)^2 - 4(2m^3 - 2m + 1) > 0,$$
$$m^4 - 4m^3 > 0,$$
$$m > 4.$$

On ne pourrait donc réaliser une lentille aplanétique, dans les conditions données, qu'en se servant d'une matière d'indice

$$n < \frac{1}{4};$$

et une telle matière n'existe pas. Le problème ne comporte donc pas de solution, du moins avec des faces sphériques.

4° *Lentille d'aberration minimum.*

Mais on peut se proposer de réduire au minimum l'aberration pour les rayons parallèles.

La condition à satisfaire est que la dérivée de S soit nulle : par exemple, que

$$\frac{dS}{ds_1} = 0,$$

$$2(s_2 - s_1)\left(\frac{ds_2}{ds_1} - 1\right) + \left(\frac{ds_2}{ds_1} - 1\right)s_1(m^2 + 2m)$$

$$+ (s_2 - s_1)(m^2 + 2m) + 2s_1(2m^3 + m^2) = 0.$$

Mais nous avons

$$(113) \qquad (g_2)_c = (n - 1)(s_1 - s_2),$$

$$0 = (n - 1)\left(1 - \frac{ds_2}{ds_1}\right),$$

$$\frac{ds_2}{ds_1} - 1 = 0.$$

L'équation se réduit donc à

$$(s_2 - s_1)(m^2 + 2m) + 2s_1(2m^3 + m^2) = 0,$$

$$s_2 = s_1\left(1 - \frac{4m^3 + 2m^2}{m^2 + 2m}\right),$$

$$(122) \qquad \frac{s_2}{s_1} = - \frac{4m^2 + m - 2}{m + 2}.$$

Si, par exemple, on emploie du verre d'indice $\frac{3}{2}$, la condition devient

$$\frac{s_2}{s_1} = \frac{r_1}{r_2} = - \frac{1}{6}.$$

Il faut donc que les deux rayons de courbure soient de signes contraires, c'est-à-dire que la lentille soit biconvexe ou biconcave; que la face la plus courbe soit tournée vers la lumière; et que, en valeur absolue, le rayon de cette face soit au rayon de l'autre dans le rapport $\frac{1}{6}$.

La lentille ainsi construite est dite *lentille croisée*. Il est clair que la forme devra être modifiée si l'indice du verre a une autre valeur, ou si le point lumineux se rapproche de la lentille.

189. Points de Lister. — On peut se proposer de rechercher si une lentille présente des points aplanétiques : ces points satisferaient à l'équation

$$(123) \qquad S + T q_1 + V q_1^2 = 0.$$

On trouve qu'elle n'admettrait de racines réelles que pour des indices qui n'existent pas.

Cependant Lister a observé expérimentalement l'existence de deux points aplanétiques : Ad. Martin a montré d'où venait cette contradiction apparente.

Si l'on établit l'équation d'aplanétisme en tenant compte de l'épaisseur donnée à la lentille, l'équation en q_1 est du quatrième degré, et elle admet deux racines réelles et deux racines imaginaires. Quand on néglige, dans cette équation, les termes où l'épaisseur entre en facteur, elle tombe au deuxième degré, les deux racines réelles devenant infinies : ce qui montre que les points de Lister sont bien prévus par le calcul, mais que leurs distances à la lentille sont des fonctions de l'épaisseur qui s'annulent pour une valeur nulle de l'épaisseur; $q_1 = \infty$ correspond en effet à $p_1 = 0$.

190. Cas d'un système de lentilles minces centrées. — 1" *Rayons centraux.*

Nous avons trouvé dans le cas d'une lentille mince, pour déterminer le point de concours des rayons venant d'un point situé à distance $p_1 = \dfrac{1}{q_1}$ de la lentille, l'équation

$$(112) \qquad (q_2)_c = (n-1)(s_1 - s_2) + q_1 = (g_2)_c + q_1 = q_1 - (g)_c.$$

Prenons maintenant une série de lentilles, dont les distances focales soient respectivement, pour les rayons centraux,

$$g, \quad g', \quad g'', \quad \ldots;$$

si j'appelle P, P', P'', ... les images intermédiaires, et P_2 l'image définitive, j'aurai successivement

$$\begin{aligned}
q &= q_1 - g, \\
q' &= q - g', \\
&\ldots\ldots\ldots\ldots\ldots, \\
q_2 &= q^{(n-1)} - g^{(n)},
\end{aligned}$$

ou, en additionnant,

$$(124) \qquad (q_2)_c = -\Sigma g + q_1$$

$\Big($ce qui n'est évidemment autre chose, avec des notations différentes, que l'équation connue (38) $\dfrac{1}{p_1} - \dfrac{1}{p_2} = \displaystyle\sum \dfrac{1}{f}\Big)$.

2° *Rayons marginaux.*

L'aberration totale sera

$$\Delta q_2 = -\frac{y^2}{2}\left[n^2 g(S + T q_1 + V q_1^2) + n'^2 g'(S' + T' q + V' q^2) + \ldots\right],$$

et l'aberration principale, pour les rayons parallèles à l'axe,

$$\begin{aligned}
\Lambda = -\frac{y^2}{2}\Big[&n^2 g\, S + n'^2 g'(S' - T' g + V' g^2) \\
&+ n''^2 g''(S'' - T''(g + g') + V''(g + g')^2) + \ldots\Big].
\end{aligned}$$

Si, en particulier, nous considérons un système de deux len-

tilles, l'équation d'aplanétisme, pour les rayons parallèles à l'axe,
sera

$$(125) \qquad n^2 g \, S + n'^2 g' (S' - T' g + V' g^2) = 0,$$

et l'on peut satisfaire à cette équation avec les verres existants.

IV. — LOUPES ET OCULAIRES COMPOSÉS.

191. Foyers principaux et points nodaux des oculaires composés. — Nous avons trouvé [82, équation (40)] que, de façon générale, dans un système de deux lentilles, dont les distances focales sont f' et f'' et dont l'écartement est ε,

$$p_2 = - f'' \frac{p_1(f' - \varepsilon) + f'\varepsilon}{p_1(f' + f'' - \varepsilon) + f'(\varepsilon - f'')},$$

$$G = - \frac{f'f''}{p_1(f' + f'' - \varepsilon) + f'(\varepsilon - f'')};$$

nous aurons le foyer principal d'émergence, rapporté à la seconde lentille, en faisant $p_1 = \infty$ dans l'expression de p_2 :

$$(126) \qquad f_2 = - f'' \frac{f' - \varepsilon}{f' + f'' - \varepsilon};$$

le foyer d'incidence, rapporté à la première lentille, en égalant à o le dénominateur de p_2 :

$$(126 \; bis) \qquad f_1 = f' \frac{f'' - \varepsilon}{f' + f'' - \varepsilon};$$

le point nodal d'incidence, par sa distance à la première lentille, en écrivant que $G = 1$:

$$(127) \qquad x_1 = \frac{- \varepsilon f'}{f' + f'' - \varepsilon};$$

enfin la distance du point nodal d'émergence à la seconde lentille, en introduisant x_1 dans l'expression de p_2 :

$$x_2 = - f'' \frac{- \varepsilon f'(f' - \varepsilon) + f'\varepsilon(f' + f'' - \varepsilon)}{- \varepsilon f'(f' + f'' - \varepsilon) + f'(\varepsilon - f'')(f' + f'' - \varepsilon)},$$

$$(127 \; bis) \qquad x_2 = \frac{\varepsilon f''}{f' + f'' - \varepsilon}.$$

La distance focale principale du système est, en grandeur et signe,

$$(128) \qquad f = f_1 - x_1 = -\frac{f'f''}{f'+f''-\varepsilon}.$$

1° *Doublet de Wollaston.* — Les dimensions sont

f'	ε	f''
1	$\frac{3}{2}$	3

et par suite $f'+f''-\varepsilon = \frac{5}{2}f'$,

$$f_2 = -3f' \frac{1-\frac{3}{2}}{\frac{5}{2}} = \frac{3f'}{5},$$

$$f_1 = +f' \frac{3-\frac{3}{2}}{\frac{5}{2}} = \frac{3f'}{5};$$

les deux foyers principaux sont donc *semblablement* placés par

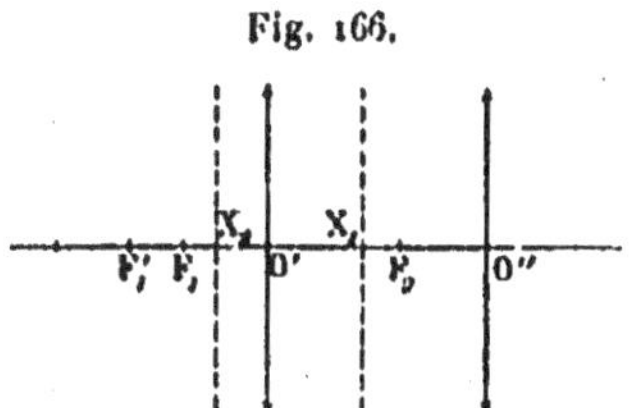

Fig. 166.

rapport aux deux lentilles (*fig.* 166). Pour les points nodaux,

$$x_1 = \frac{-\frac{3}{2}f'^2}{\frac{5}{2}f'} = -\frac{3f'}{5},$$

$$x_2 = \frac{\frac{9}{2}f'^2}{\frac{5}{2}f'} = +\frac{9f'}{5},$$

et la distance focale principale est

$$\frac{6f'}{5}.$$

, 2° *Oculaire de Ramsden.*

f'	ε	f''
1	$\frac{2}{3}$	1

d'où $f' + f'' - \varepsilon = \frac{4}{3} f'$,

$$f_2 = -\frac{f'}{4},$$

$$f_1 = +\frac{f'}{4},$$

$$x_1 = -\frac{f'}{2},$$

$$x_2 = +\frac{f'}{2}.$$

Foyers principaux et points nodaux sont donc *symétriquement*

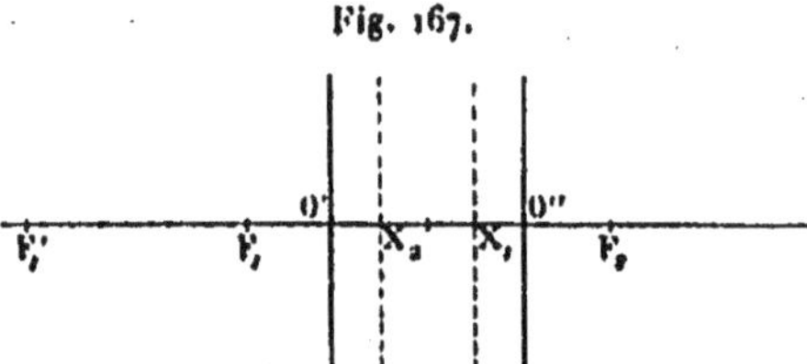

Fig. 167.

placés par rapport aux lentilles, ce qui était évident *a priori*, le système étant symétrique (*fig.* 167).

La distance focale principale est

$$\frac{3f'}{4},$$

3° *Oculaire d'Huyghens.*

f'	ε	f''
1	$\frac{2}{3}$	$\frac{1}{3}$

ce qui donne $f' + f'' - \varepsilon = \frac{2}{3} f'$,

$$f_2 = -\frac{f'}{6},$$

$$f_1 = -\frac{f'}{2},$$

$$x_1 = -f',$$

$$x_2 = +\frac{f'}{3}.$$

Les foyers principaux et les points nodaux sont placés *symétriquement* par rapport à la seconde lentille; les points nodaux

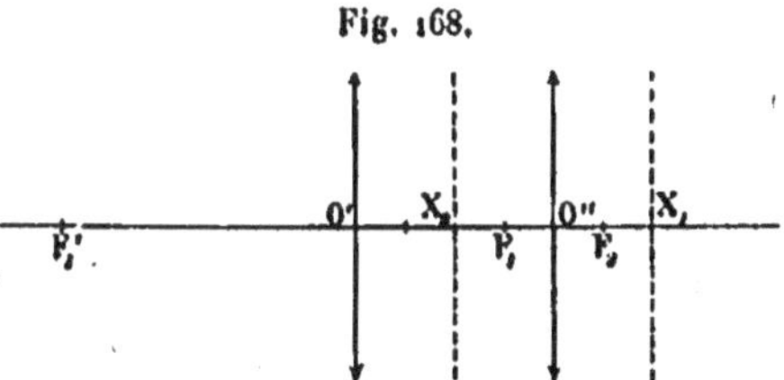

Fig. 168.

sont encore inversés, et le point nodal d'incidence coïncide avec les foyers d'émergence des deux lentilles (*fig.* 168).

La distance focale principale est

$$\frac{f'}{2}.$$

192. Calcul de l'oculaire d'Huyghens. — Le calcul de l'oculaire d'Huyghens est fondé sur les principes suivants :

On a cherché : 1° à réaliser, dans l'association de cet oculaire avec un objectif, que l'on suppose lui-même corrigé, l'achromatisme latéral : c'est-à-dire à obtenir que les diverses images colorées soient vues sous le même angle du centre optique de la seconde lentille (lentille de l'œil); 2° à réduire à un minimum les aberrations sphériques en répartissant également la réfraction des rayons entre les deux lentilles.

La première condition peut s'exprimer en disant que le diamètre apparent de l'image, pour un objet donné, doit être indépendant de la couleur.

Elle sera satisfaite si le grossissement de la lunette est indépendant de la couleur, puisque le grossissement est précisément défini par le rapport des diamètres apparents de l'image et de l'objet. Elle le sera de façon pratiquement suffisante si le grossissement ne varie pas pour une faible variation de couleur, c'est-à-dire si

$$\frac{dG}{dn} = 0.$$

Or nous savons que, de façon générale (155),

$$G = \frac{\varphi}{f},$$

et que, dans un oculaire formé de deux lentilles (191),

$$f = \frac{f'f''}{f'+f''-\iota},$$

ou

$$\frac{1}{f} = \frac{1}{f'} + \frac{1}{f''} - \frac{\iota}{f'f''},$$

avec

$$\frac{1}{f'} = (n'-1)\left(\frac{1}{r'_2} - \frac{1}{r'_1}\right).$$

Dans l'oculaire d'Huyghens (comme aussi dans l'oculaire de Ramsden) les deux lentilles sont de même verre ; soit n l'indice de ce verre pour la couleur moyenne :

$$\frac{dG}{dn} = \varphi\left[\frac{d}{dn}\frac{1}{f'} + \frac{d}{dn}\frac{1}{f''} - \iota\left(\frac{1}{f''}\frac{d}{dn}\frac{1}{f'} + \frac{1}{f'}\frac{d}{dn}\frac{1}{f''}\right)\right],$$

où

$$\frac{d}{dn}\frac{1}{f'} = \frac{1}{f'(n-1)}, \qquad \frac{d}{dn}\frac{1}{f''} = \frac{1}{f''(n-1)},$$

ce qui donne

$$\frac{dG}{dn} = \frac{\varphi}{n-1}\left(\frac{1}{f'} + \frac{1}{f''} - \frac{2\iota}{f'f''}\right).$$

Il faut donc que

$$\frac{1}{f'} + \frac{1}{f''} = \frac{2\iota}{f'f''},$$
$$f' + f'' = 2\iota.$$

Examinons maintenant la seconde condition.

Un rayon, parallèle à l'axe, qui rencontre la première lentille, est dévié par elle vers son foyer principal d'émergence F'_2, puis, par la seconde, vers le foyer d'émergence F_2 du système (*fig.* 169).

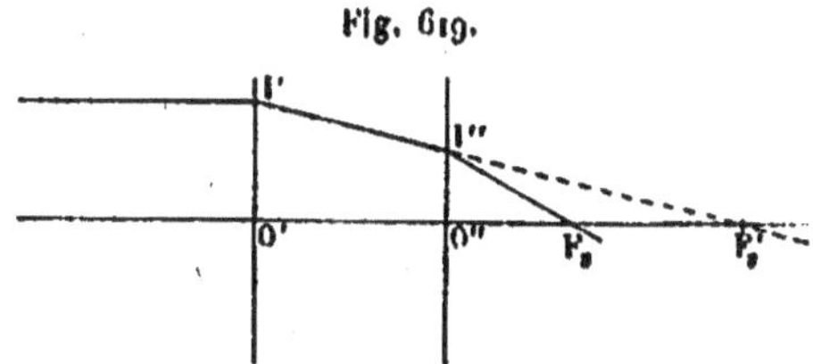

Fig. 619.

Si nous voulons que la déviation soit la même pour chacune des lentilles, il faut que le triangle $I''F_2F'_2$ soit isocèle ; donc il faut que

$$\widehat{I''F_2O'} = 2\,\widehat{I''F'_2O'}\,;$$

ou, remplaçant les angles par leurs tangentes,

$$\varepsilon - f' = 2f_2\,;$$

et nous avons trouvé [191, équation (126)] que

$$f_2 = -f''\,\frac{f'-\varepsilon}{f'+f''-\varepsilon}\,;$$

la seconde condition s'exprime donc par

$$\varepsilon - f' = 2f''\,\frac{\varepsilon - f'}{f'+f''-\varepsilon}\,,$$
$$f'+f''-\varepsilon = 2f''\,,$$
$$\varepsilon = f' - f''\,.$$

Nous devons donc avoir à la fois

$$2\varepsilon = f'+f''\,,$$
$$\varepsilon = f'-f''\,,$$

d'où

$$\varepsilon = \tfrac{2}{3}f'\,,$$

$$f'' = \tfrac{1}{3}f'\,.$$

On peut remarquer que l'oculaire d'Huyghens, retourné, constituerait un oculaire positif, c'est-à-dire que le foyer d'incidence serait, comme dans l'oculaire de Ramsden, placé en avant des lentilles.

Nous avons vu, en effet (191, 3°), que le deuxième foyer est extérieur à l'oculaire, et que sa distance à O'' est $\frac{f'}{6}$. L'oculaire, ainsi employé, serait encore achromatique, mais l'image serait mauvaise au point de vue de l'aberration sphérique.

Quant à l'oculaire de Ramsden il est de construction empirique; avec les dimensions indiquées par Pouillet, il ne s'éloigne d'ailleurs pas beaucoup de la condition d'achromatisme, puisqu'il donne

$$\imath = \frac{f' + f''}{3},$$

au lieu de $\frac{f' + f''}{2}$.

FIN.

TABLE DES MATIÈRES.

CHAPITRE V.

RÉFLEXION PAR LES SURFACES SPHÉRIQUES.

CHAPITRE VI.

RÉFRACTION PAR LES SURFACES PLANES.

I. — *Lois générales.*

II. — *Réfraction par une surface plane.*

III. — *Réfraction par les lames à faces parallèles.*

IV. — *Réfraction par les prismes.*

CHAPITRE VII.

RÉFRACTION PAR LES SURFACES SPHÉRIQUES.

I. — *Réfraction par une surface sphérique.*

II. — *Réfraction par un système quelconque de surfaces sphériques centrées, infiniment voisines.*

III. — *Réfraction par un système de deux surfaces sphériques non infiniment voisines.*

IV. — *Réfraction par une lentille mince.*

V. — *Réfraction par un système quelconque de lentilles minces centrées et infiniment voisines.*

VI. — *Réfraction par un système de deux lentilles minces non infiniment voisines.*

VII. — *Lentilles épaisses.*

VIII. — *Mesure des distances focales principales.*

CHAPITRE VIII.

DISPERSION.

CHAPITRE IX.

ACHROMATISME.

CHAPITRE X.

ŒIL ET VISION.

CHAPITRE XI.

INSTRUMENTS D'OPTIQUE.

I. — *Instruments simples à image réelle.*

II. — *Instruments simples à image virtuelle.*

LOUPE.

III. — *Instruments composés.*

MICROSCOPE COMPOSÉ.

LUNETTE ASTRONOMIQUE.

LUNETTE DE GALILÉE.

TÉLESCOPES.

CHAPITRE XII.

MESURE DES INDICES DE RÉFRACTION.

I. — *Indices des corps solides ou liquides.*

II. — *Indices des gaz.*

CHAPITRE XIII.

VITESSE DE PROPAGATION DE LA LUMIÈRE.

CHAPITRE XIV.

COMPLÉMENTS.

I. — *Théorèmes de Gergonne et de Sturm.*

II. — *Généralisation de la théorie des lentilles épaisses.*

III. — *Aplanétisme des lentilles.*

FIN DE LA TABLE DES MATIÈRES.

PARIS. — IMPRIMERIE GAUTHIER-VILLARS,

26823   Quai des Grands-Augustins, 55.